普通高等教育“十三五”规划教材

化工原理实验及课程设计

第二版

陈均志　李磊　编著

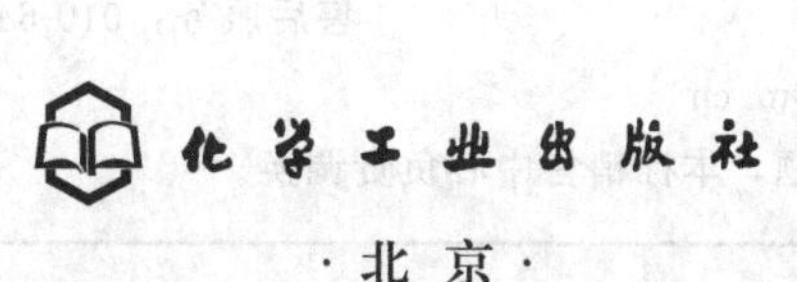
化学工业出版社

·北京·

《化工原理实验及课程设计》（第二版）是与化工原理理论课教学紧密配合的实验和课程设计实践课教学用书。本书在保持第一版特色的基础上，根据目前化工原理实验新形势下的教学要求、仪器设备的更新、教学方式的改进对内容进行了修改和增删。全书由两部分组成。第一篇：化工原理实验及基础，包括化工实验数据处理、常用化工测量技术及仪表等实验基础知识，以及化工原理教学大纲所规定的实验内容。第二篇：化工原理课程设计，结合多年的教学经验和实际应用的需要，编写了传热中的列管换热器设计和传质中的板式精馏塔设计。

《化工原理实验及课程设计》（第二版）可作为高等院校本科、专科的化工原理实验和课程设计教材，亦可供化工领域从事科研、设计及生产的工程技术人员参考。

图书在版编目（CIP）数据

化工原理实验及课程设计/陈均志，李磊编著. —2版. —北京：化学工业出版社，2020.3（2024.8重印）
普通高等教育“十三五”规划教材
ISBN 978-7-122-36105-9

Ⅰ.①化… Ⅱ.①陈… ②李… Ⅲ.①化工原理-实验-高等学校-教材②化工原理-课程设计-高等学校-教材 Ⅳ.①TQ02

中国版本图书馆 CIP 数据核字（2020）第 021907 号

责任编辑：刘俊之　　装帧设计：
责任校对：刘　颖

出版发行：化学工业出版社（北京市东城区青年湖南街 13 号　邮政编码 100011）
印　　装：北京科印技术咨询服务有限公司数码印刷分部
787mm×1092mm　1/16　印张 11¼　字数 275 千字　　2024 年 8 月北京第 2 版第 2 次印刷

购书咨询：010-64518888　　售后服务：010-64518899
网　　址：http://www.cip.com.cn
凡购买本书，如有缺损质量问题，本社销售中心负责调换。

定　　价：29.00 元

前　言

化工原理是化学工程、化学工艺类及其相近专业的一门主干技术基础课，它是紧密联系化工生产实际、实践性极强的一门工程性学科。化工原理建立在数学、物理学、物理化学等课的基础上，重点介绍化工单元操作的基本原理与工艺计算、典型设备的结构及选型等。通过本课程的学习，要求学生掌握化工过程的基本原理、典型设备的构造、性能、操作原理、设计计算方法以及强化过程的途径，为后续专业课的学习打好坚实的基础。

化工原理由课堂理论教学、化工原理实验及化工原理课程设计三个教学环节组成，通过这三个过程的综合训练，可培养学生扎实的化工基础理论知识、较强的实验动手能力和初步的工程设计能力，为了配合实验课教学和课程设计，我们在 2008 年出版了《化工原理实验及课程设计》，受到广大师生的欢迎和认可。经过十多年教学实践的检验，在保持第一版特色的基础上，根据目前化工原理实验新形势下的教学要求、仪器设备的更新、教学方式的改进对内容进行了修改和增删。进一步优化了实验项目，改进了新的实验设备条件下的操作流程，修改了第一版内容中的疏漏。

《化工原理实验及课程设计》（第二版）由两部分组成。第一篇：化工原理实验及基础，包括化工实验数据处理，常用化工测量技术及仪表等实验基础知识，以及流体流动综合实验、离心泵特性曲线的测定、液-液板式换热实验、恒压过滤实验、板式塔精馏实验、填料吸收塔传质系数的测定、填料塔流体力学特性实验、转盘塔萃取实验、厢式干燥器干燥实验、流化床干燥实验、管路拆装实训等，以及雷诺实验、机械能转换实验、流体压强测量实验、流体流线演示实验、固体流态化实验、非均相分离实验、板式塔流体力学实验等演示实验。对实验的目的、方法、数据处理进行了阐述，并附有实验报告的编写格式和要求，以及实验复习思考题。第二篇：化工原理课程设计，由于可供化工原理设计的单元操作内容较多，考虑到新形势下的教学要求和实际应用的需要，本篇编写了传热中的列管换热器设计和传质中的板式精馏塔设计内容，对设计方案的确定、工艺设计的方法、步骤、设备的结构设计和附属设备的选型进行了详细的介绍，并附有设计所需的公式、图表、数据以供查用。

尤艳雪、赵强同志也参加了本书部分内容的修订，在编写中参阅了不少院校的有关教材，在此一并深致谢意。由于水平所限，书中不妥之处，敬请读者在使用过程中批评指正。

编著者

2019 年 12 月

目　录

第一篇　化工原理实验及基础

第二篇 化工原理课程设计

第一篇

化工原理实验及基础

第一章　绪论（一）

一、化工原理实验的地位及特点

《化工原理》是化学工程与工艺及其相近专业的一门主干技术基础课。它是紧密联系化工生产实际、实践性极强的一门工程性学科。化工原理实验则是通过工程实践和实验验证所学理论知识，并在运用理论分析实验的过程中使理论知识进一步得到理解和巩固。因此，化工原理是建立在实验基础上的学科，只有将理论教学与实验教学有机联系在一起，化工原理才可成为一门完整的学科。化工原理实验之所以重要，更是因为它具有明显的工程特点，它与一般的化学实验有极大的不同，它所研究的是工程实际问题，所用的设备大部分为工业或近于工业的设备，其规模具有工程或者中间实验性质，它所得到的结论，对于化工单元操作设备的设计、选型具有重要的指导意义。

二、化工原理实验的目的

化工原理实验是化工类专业教学计划中必不可少的一部分，通过实验应达到如下目的。

① 验证有关化工单元操作的基本理论，并在运用理论分析实验的过程中巩固和加深对理论知识的理解，同时使所学知识得到充实和提高。

② 熟悉实验装置的流程、结构、原理，以及化工上常用的仪表，给予学生工程设备及流程的初步概念。

③ 掌握化学工程实验的方法和技巧。如确定实验装置的流程及操作条件、仪表的选择、过程控制和准确数据的获得，以及实验操作过程的分析、故障的处理等。

④ 增强工程观点，培养学生从事科学实验研究的能力。它包括训练学生为完成一定研究课题进行实验方案的确定和设计的能力；进行实验、观察和分析实验现象的能力；正确选择和使用测量仪表的能力；组织实验、利用实验数据进行处理以获得可靠结论的能力，以及运用文字、图表等形式表达技术报告的能力。

⑤ 培养学生实事求是、严肃认真的学习态度和一丝不苟的工作作风。

总之，化工原理实验是对学生进行工程实践的初步训练，这将为以后做好专业实验和实际工作打下扎实的基础。

三、化工原理实验的教学要求

化工原理实验是学生第一次用工程装置进行实验，因此必须做到以下几点。

1. 实验前做好预习

为了很好地完成每个实验，学生在实验前必须做好预习，认真阅读实验指导书，清楚了解实验目的、要求、原理，详细了解实验装置的流程、设备的构造、仪器仪表的使用方法、实验操作步骤、所需数据的测取方法、数据的整理方法等，以期达到预定目的。

2. 实验中认真操作

在实验中，要严格按照实验规程全神贯注地进行操作，细心观察。要安排好测量点的范围、测点数目，对实验过程中出现的各种现象、仪表读数的变化，要随时如实记录在记录本上。实验数据必须记录在表格内，并注明单位、条件，绝不允许记在零散纸片上。对于实验过程中出现数据重复性差、规律性差，甚至反常现象时，务必找出原因加以解决或者作出合理解释。有必要时可重复进行实验。学生应在实验中注意培养自己严谨求实的科学作风和认真负责的学习态度。

3. 实验后作好总结

实验做完后，应认真进行实验总结，编写实验报告。实验报告是一项技术文件，是学生用文字的形式将自己所进行实验、观察、判断和分析的结论表达出来，它是为今后在工作岗位上进行题材更广泛的科学研究进行的一种综合训练。实验报告要求必须书写工整、图表美观清晰、结论明确、分析中肯。实验报告的形式和要求可参阅附录一《实验报告的编写及要求》。

四、实验室守则

① 准时进入实验室，不得迟到，不得无故缺课。

② 遵守纪律，严肃认真地进行实验，室内不准吸烟，不准大声喧哗，不得穿拖鞋进入实验室，不要进行与实验无关的活动。

③ 在仪器设备的使用方法没有明确之前，不得动用仪器设备。在实验开始时要得到老师许可后方可开始操作。与本实验无关的仪器设备，不得乱摸、乱动。

④ 爱护仪器设备，节约水、电、汽及药品。开闭阀门不要用力过大，以免损坏。

⑤ 保持实验室及设备的整洁，实验完毕后将仪器设备恢复原状，并做好清洁工作。衣服、书包应放在固定地点，不得乱放，不得挂在设备上。

⑥ 注意安全及防火。开动电动机前，应注意电动机及运动部件附近是否有人在工作。合电闸时，慎防触电，并注意电机有无异声。精馏塔附近不准使用明火。

第二章　实验误差分析和数据处理

第一节　有效数字及其运算规则

一、有效数字

在化工实验中，我们经常遇到两类数字：一类是没有单位的数字，例如π、e，还有一些经验公式中的常数值、指数值等；另一类是有单位的数字，用来表示结果，例如温度、压强、流量等。在测量和计算中，究竟取几位数才是有效的呢？这要根据测量仪表的精度来确定，一般应记录到仪表最小刻度的十分之一位。例如，某液面计算尺的最小分度为1mm，则读数可以到0.1mm。如在测定时，液位高在刻度52mm与53mm中间，则应记液面高为52.5mm，其中前两位是直接读出的，是准确的，最后一位是估计的，是欠准确的或可疑的，故称该数据为三位有效数字。如液位恰在52mm刻度上，则应记作52.0mm。若记为52mm，则失去了一位有效数字。总之，有效数字中应有而且只能有一位（末位）欠准数字。

二、科学记数

在科学与工程中，测量的精确度是通过有效数字的位数来表示的，为了清楚表达数据的精度，通常将有效数字写出并在第一位数后加小数点，而数值的数量级用10的整数幂来确定。这种以10的整数幂来记数的方法称科学记数法。例如981000中，若有效数字为4位，就写成9.810×10^{5}；若只有两位有效数字，就写成9.8×10^{5}。应注意在科学记数法中，在10的整数幂之前的数字应全部为有效数字。

三、有效数字的运算规则

1. 数字舍入规则

在用实验数据进行计算时，经常需要将数字截到所需要的有效数字位数，此时应采取以下舍入规则：

舍去部分的第一个数小于5，则留下部分的末位数不变。

舍去部分的第一个数大于5，则留下部分的末位数加1。

若舍去部分的第一个数正好等于5，则按“偶舍奇入”原则。即留下部分的末位数为偶数，则此末位数不变；留下部分的末位数为奇数，则此末位数加1。

例如将下面数据舍为三位有效数字。

25.47→25.5　　25.44→25.4　　25.55→25.6　　25.45→25.4

采用上述舍入规则的目的是，使舍入误差成为随机性，它较四舍五入法优越。四舍五入法见5就入，易使所得数有偏大的趋势，而采用以上舍入规则，就有一半的机会舍掉，有一半机会进入，使舍入概率相等。

2. 加、减法运算

各不同位数有效数字相加减，所得和或差的有效数字的位数与其中位数最少的一致。

例如求13.65，0.0082，1.632三数之和。

13.65+0.0082+1.632=15.2902

则按舍入原则，应取15.29。

3. 乘、除法运算

乘积或商的有效数字，其位数与各乘、除数中有效数字位数最少的相同。

例如求0.0121，25.64，1.05782三数之积

0.0121×25.64×1.05782=0.328182308

按舍入原则，应取0.328。

4. 对数运算

在对数运算中，所取对数有效数字位数与其真数相同。

例如 lg2.35=0.371　　lg4.0=0.60

5. 多数运算

在四个数以上的平均值运算中，平均值的有效数字位数可较各数据中最小有效位数多一位。

另外，所有取自手册上的数据，其中有效数字按计算需要选取，但如原始数据有限制，则应服从原始数据。

第二节　实验数据的误差分析

一、误差分析的重要性

由于实验方法和实验设备的不完善，周围环境的影响，以及人的观察力等原因，使实验观测值和真实值之间总存在一定差异，在数值上即表现为误差。在进行实验数据整理时，首先应对所测量数据进行客观地评价，以确定其精确程度，这就是误差分析。通过误差分析，可以认清误差的来源及其影响，并设法排除数据中所包含的无效成分，并为今后实验的改进指出途径，缩小实验值与真实值之间的差距，提高实验的精度。

二、真值与平均值

1. 真值

真值是待测物理量客观存在的确定值，它是一个理想的观念，又称理论值或定义值。由于测量时不可避免地存在一定误差，故真值是无法测得的。但是经过细致地消除系统误差，经过无数次测定，根据正、负误差出现概率相等的规律，测定的平均值可以无限接近真值。所以在实验科学中定义：真值是指无限多次观测值的平均值。但由于实验工作中观测的次数总是有限的，由此得出的平均值只能近似于真值，故称这一最佳值为平均值。计算中可将此最佳值当作真值，或用“标准仪表”（即高精度级仪表）所测之值当作真值。

2. 平均值

在化工领域中，常用的平均值有以下几种。

(1)算术平均值　这种平均值最为常用。设 x_1，x_2，…，x_n 为各次测量值，n 代表测量次数，则算术平均值为

$$x_m=\frac{x_1+x_2+\cdots+x_n}{n}=\frac{\sum_{i=1}^{n}x_i}{n} \tag{2-1}$$

(2) 均方根平均值　均方根平均值常用于计算气体分子的平均动能，其定义为

$$x_s=\sqrt{\frac{x_1^2+x_2^2+\cdots+x_n^2}{n}}=\sqrt{\frac{\sum_{i=1}^{n}x_i^2}{n}} \tag{2-2}$$

(3) 几何平均值　几何平均值是将一组 n 个测量值连乘并开 n 次方求得，即

$$x_c=\sqrt[n]{x_1\cdot x_2\cdot\cdots x_n} \tag{2-3}$$

(4) 对数平均值

$$x_L=\frac{x_1-x_2}{\ln\frac{x_1}{x_2}} \tag{2-4}$$

对数平均值多用于热量和质量传递中。对数平均值总是小于算术平均值，若 $x_1>x_2$，且 $\frac{x_1}{x_2}<2$ 时，则可用算术平均值代替对数平均值，引起的误差不超过4.4%。

使用不同的方法求取的平均值，并不都是最佳值。平均值计算方法的选择，取决于一组观测值的分布类型。在化工实验和科学研究中，数据的分布多属于正态分布，这种类型的最佳值是算术平均值，故算术平均值在计算中使用最为普遍。

三、误差的来源和分类

误差是指测量值与真值之差。偏差是指测量值与平均值之差。在测量次数足够多时，因平均值接近于真值，则测量误差与偏差也很接近，故习惯上常将两者混用。

根据误差的性质及产生的原因，可将误差分为以下三种。

1. 系统误差

它是由于某些固定不变的因素引起的。在相同条件下进行多次测量，其误差的数值大小正负始终保持恒定，只有当改变实验条件时，才能发现系统误差的变化规律。

产生系统误差的原因：仪器不良，刻度不准，安装不正确，或仪器未经校准等；周围环境温度、湿度、压力等引起的误差；实验人员的习惯偏向，如读数偏高或偏低等。

系统误差有固定的偏向和确定的规律，可根据情况改进仪器和装置以及提高实验技术或用修正公式进行消除。

2. 随机误差

它是由某些不易控制的因素造成的。在相同条件下多次测量，其误差的数值和符号的变化，时大时小，时正时负，没有确定的规律，这类误差称随机误差或偶然误差。这类误差产生的原因不明，因而无法控制和补偿。但随机误差服从统计规律，误差的大小或正负的出现完全由概率决定，因此随测量次数的增加，出现的正负误差可互相抵消，多次测量值的算术平均值接近于真值。

3. 过失误差

过失误差是一种显然与事实不符的误差。它主要是由于实验人员粗心大意，如读错数据，操作失误所致。存在过失误差的观测值应从实验数据中剔除。这类误差只要操作人员认真细致地工作和加强校对是可以避免的。

四、误差的表示方法

1. 绝对误差

某物理量在一系列测量中，某测量值与其真值之差称为绝对误差。实际工作中以最佳值

(即平均值)代替真值，把测量值与最佳值之差称为残余误差，习惯上也把它称为绝对误差。

$$d_i = x_i - x \approx x_i - x_m \tag{2-5}$$

式中　d_i——第 i 次测量的绝对误差；

x_i——第 i 次测量值；

x——真值；

x_m——测量的算术平均值。

绝对误差只可表示某测量值偏离真值数值的大小，并不能反映各测量值之间误差的大小。

2. 相对误差

为了比较不同测量值的精确度，以绝对误差与真值或近似地以绝对误差与平均值之比称为相对误差。

$$d_{ri} = \frac{d_i}{|x|} \approx \frac{d_i}{x_m} \tag{2-6}$$

式中　d_{ri}——第 i 次测量的相对误差；

d_i——第 i 次测量的绝对误差；

$|x|$——真值的绝对值。

3. 算术平均误差

它是一系列测量值绝对误差的算术平均值，是表示一系列测量值误差的常用方法。

$$\Delta = \frac{\sum_{i=1}^{n} |x_i - x_m|}{n} = \frac{\sum_{i=1}^{n} |d_i|}{n} \tag{2-7}$$

式中　Δ——算术平均误差；

x_i——第 i 次测量值；

x_m——测量的算术平均值；

d_i——第 i 次测量的绝对误差；

n——测量的次数。

4. 标准误差

标准误差又称均方根误差，在有限次测量中，标准误差可用式(2-8)表示。

$$\sigma = \sqrt{\frac{\sum_{i=1}^{n} (x_i - x_m)^2}{n-1}} = \sqrt{\frac{\sum_{i=1}^{n} d_i^2}{n-1}} \tag{2-8}$$

式中各符号意义同前。

标准误差是目前常用的一种表示精确度的方法，它不但与一系列测量值中每个数据都有关，而且对其中较大的误差或较小的误差敏感性很强，能较好地反映实验数据偏差的离散程度。实验愈精确，其标准误差愈小。

五、精密度与精确度

测量的质量和水平，可以用误差的概念来描述，也可用精密度和精确度来描述。

1. 精密度

在测量中所测得的数值重现的程度称为精密度。它可以衡量某物理量几次测量值之间的一致性，反映随机误差的影响程度。

2. 精确度

测量值与真值之间的符合程度，或者逼近速度称为精确度。它可反映系统误差和随机误差综合影响的程度。

精密度高，精确度不一定高，但精确度高，其精密度一定高。为了说明精密度和精确度的区别，可用打靶作比喻，如图 2-1 所示。

图 2-1（a）说明系统误差大而随机误差小，其精密度高而精确度低；图 2-1（b）说明系统误差小而随机误差大，其精密度和精确度都不高；图 2-1（c）说明系统误差和随机误差都小，精密度和精确度都高。

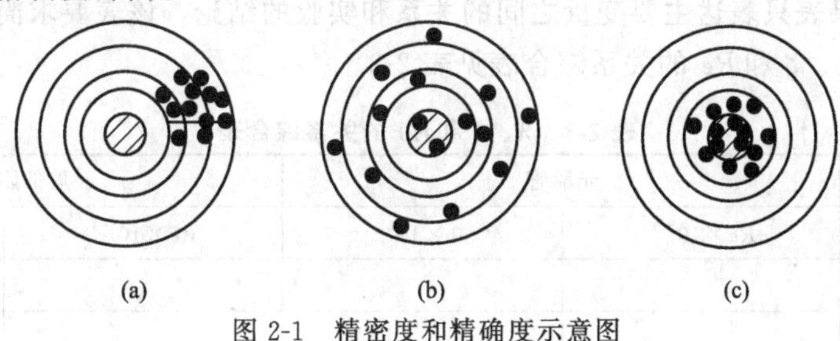

图 2-1 精密度和精确度示意图

第三节 实验数据处理

由实验测得的大量数据，必须进行进一步的处理，用最合适的方法表达出来，使人们清楚地观察到各变量之间的定量关系，以便进一步分析实验现象，得出规律，指导今后的工作。

数据处理的方法有列表法、图示法和函数法三种。

一、列表法

列表法是将实验数据列成表格，以反映各变量之间的对应关系及变化规律。它是标绘曲线或整理成方程式的基础。

实验数据表可分为原始记录表、中间运算表和最终结果表。

原始数据表是根据实验内容提前设计好，可清楚地记录所有待测数据。例如流体流动阻力实验原始记录表格见表 2-1。

表 2-1 流体流动阻力实验原始记录

序 号	流量计读数	光滑管阻力/cm		局部阻力/cm	
		左	右	左	右
0					
1					
2					
3					
⋮					

管径：　　mm　长度：　　m

水温：　　℃　其他参数：

在实验过程中完成一组实验数据测试，必须及时地将有关数据记录在表内，绝对不可用单页纸张随便记录。

流体流动阻力运算表格见表 2-2。

表 2-2 流体流动阻力运算表格

序号	流量 /(m^3/s)	流速 /(m/s)	$Re\times10^{-4}$	直管阻力 /m	摩擦系数 $\lambda\times10^2$	局部阻力 /m	阻力系数 ζ
1							
2							
3							
⋮							

实验最终结果表只表达主要变量之间的关系和实验的结论，该表要求简明扼要，例如流体流动阻力实验 λ、ζ 和 Re 的关系综合表见表 2-3。

表 2-3 λ、ζ 和 Re 的关系综合表

序号	光滑管		局部阻力	
1	$Re\times10^{-4}$	$\lambda\times10^2$	$Re\times10^{-4}$	ζ
2				
3				
⋮				

拟制实验表时，应注意下列事项：

① 表格的表头要列出变量名称、单位；

② 数字要注意有效位数，要与测量仪表的精确度相匹配；

③ 数字较大或较小时，要用科学计数法表示，将 $10^{\pm n}$ 记入表头；

④ 记录表格要清楚、整齐，并妥为保管。

二、图示法

实验数据处理通常是在将数据整理成表格后，再标绘成描述因变量和自变量依从关系的曲线图，它比结果表更简明直观，可显示出函数变化趋势、极点、转折点等规律。

作图时应注意：要选择合适的坐标纸，使图形尽量直线化，以方便求得经验方程式；另外，坐标分度要适当，使变量的函数关系表现清楚。

1. 坐标纸的选择

化工领域常用的坐标有直角坐标、对数坐标和半对数坐标，市场上有相应的坐标纸出售。其选用依据因变量和自变量的函数关系而定。

对线性函数 $y=a+bx$，选用直角坐标。

幂函数：$y=ax^b$ 选用对数坐标，因 $\lg y=\lg a+b\lg x$ 在对数坐标纸上为一直线。指数函数：$y=a^{bx}$ 选用半对数坐标纸，因 $\lg y$ 与 x 呈直线关系。

另外，若自变量和因变量两者的最大和最小值之间数量级相差较大时，亦可采用对数坐标，若自变量变化范围不大而因变量变化范围比较小，则可采用半对数坐标以使坐标纸长宽比例适当。

2. 坐标的分度

坐标分度指每条坐标轴所代表的物理量大小，即选择适当的坐标比例尺。

习惯上一般取自变量为 x 轴，因变量为 y 轴，在两侧标明变量名称、符号和单位。坐

标分度的选择要反映出实验数据的有效数字位数，即与被标的数值精度一致，并且易于读取。分度值不一定从零开始，以使所得图形能点满全幅坐标纸，匀称居中。

在选择分度时，如比例尺选择不合适，可使图形失真。对同一套数据若以不同比例尺标绘，则可得到不同形状的曲线。如有以下一组实验数据：

x	1.0	2.0	3.0	4.0
y	8.0	8.2	8.3	8.0

若以不同的比例尺标绘，如图 2-2 所示。

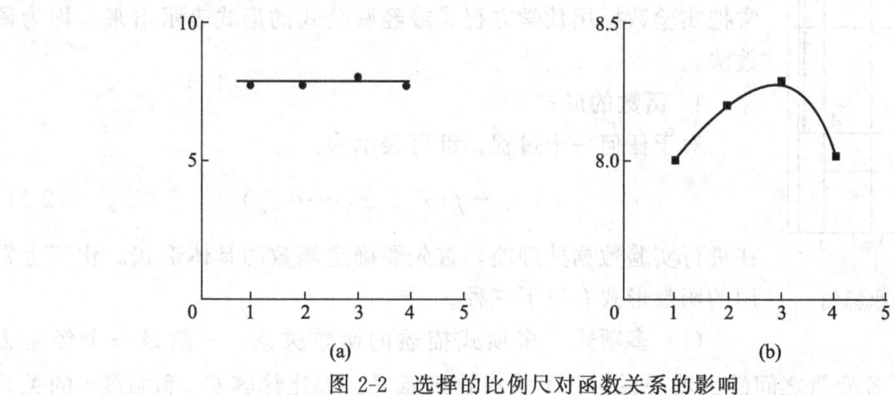

图 2-2　选择的比例尺对函数关系的影响

图 2-2（a）中 y 轴选择的比例尺寸太小，似乎可以看出自变量 x 对因变量 y 没有什么影响（图形为一水平线）。图 2-2（b）中 y 轴所选比例尺过大，似乎可以得出，当 $x=3$ 时，y 有一最大值。这两种不同的结论，就是因为 y 轴所选比例尺不恰当所至，正确的函数曲线应如图 2-3 所示。

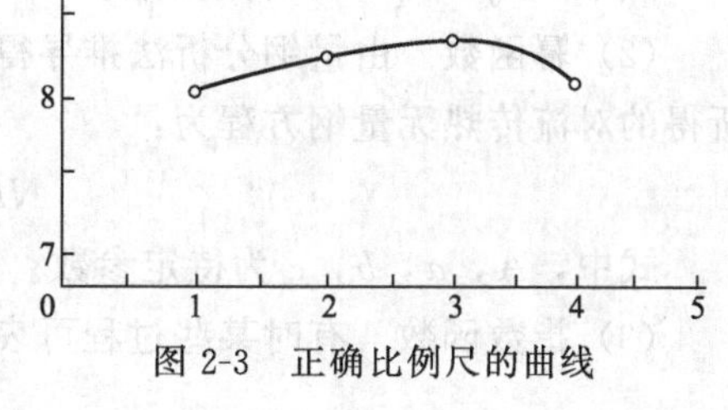

图 2-3　正确比例尺的曲线

3. **对数坐标**

对数坐标的特点如下。

① 某点与原点的实际距离为该点所表示量的对数值，但是该点标出的量是其本身的数值，即是对数本身的真数。例如对数坐标上标 5 的一点，本身表示是数值 5，但距离原点的距离实际是 lg5=0.7。

② 对数坐标上，由于 0.01，0.1，1，10，100，1000 等数的对数分别为 −2，−1，0，1，2，3 等，它们之间的差值相等，所以在对数坐标上，每一数量级的距离是相同的。但在每一数量级内的各数，如 2，3，4 的对数却分别为 0.301，0.477，0.602，它们之间的差值不相等，故在对数坐标上的距离是不相同的。

③ 对数坐标上的原点表示 $x=1$，$y=1$，而不是零，因为 lg1=0。

④ 在对数坐标上求取斜率的方法，与直角坐标上的求法不同。直角坐标上求斜率，可直接由坐标所标度的数值来求取，而对数坐标上标度的数值是真数而不是对数，因此，双对数坐标上直线的斜率，需用对数值来求算，其斜率应为：

$$\lg a=\frac{\lg y_2-\lg y_1}{\lg x_2-\lg x_1} \tag{2-9}$$

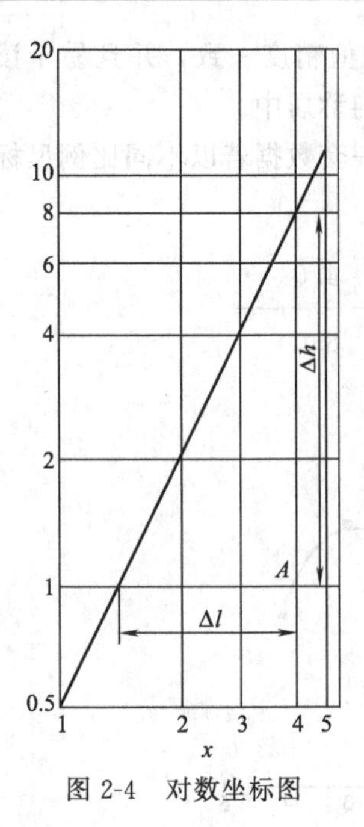

图 2-4 对数坐标图

或者可直接用尺子在双对数坐标纸上量取线段的长度来求取，因为对数坐标上的距离即表示两相应数值的对数值之差，如图 2-4 所示。

$$\lg a=\frac{\Delta h}{\Delta l} \tag{2-10}$$

三、函数法

在化工实验研究中，除了用表格和图形描述变量关系外，常常把实验数据用数学方程式或经验公式的形式表示出来，称为函数法。

1. 函数的形式

对于任何一个过程，都可表示为：

$$y=f(x_1,\ x_2\cdots\cdots x_n) \tag{2-11}$$

在进行实验数据处理前，首先要确定函数的具体形式。化工上常用的函数形式有以下三种。

（1）多项式　多项式描述的函数关系，一般是一个经验方程，它仅反映了各变量之间的函数关系，并不具有物理意义。如比热容 C_p 和温度 t 的关系通常表示为

$$C_p=a_0+a_1t+a_2t^2+\cdots \tag{2-12}$$

式中，a_0，$a_1\cdots$为待定参数。

（2）幂函数　由量纲分析法推导得出的特征数式，往往是一个幂函数。如在传热过程中所得的对流传热无量纲方程为：

$$Nu=ARe^aPr^bGr^c \tag{2-13}$$

式中，A，a，b，c 为待定参数。

（3）指数函数　有时某些过程可表示为如下指数函数的形式：

$$y=A\mathrm{e}^{bx} \tag{2-14}$$

式中，A，b 为待定参数。

2. 函数待定参数的确定

当函数形式确定后，必须采用一定的方法由实验数据来确定各待定参数。当待定参数确定后，再由此函数关系式检验此数学模型是否可靠、准确。通常使用的方法有图解法和最小二乘法。

（1）图解法　凡属于直角坐标系上可直接标绘出一条直线的，很容易求得直线方程的常数和系数。或者经过适当变换，能绘成直线时，如改用对数坐标等，也可用图解法求得函数式的常数和系数。此种方法已在前面图示法中有所叙述。

（2）最小二乘法　在图解时，坐标纸上标点会有误差，而根据点的分布确定直线位置时，具有人为性。因此，用图解法确定直线斜率及截距常常不够准确。而更多的情况是实验所得数据并不能标绘成直线，或者不能标绘成一根光滑的曲线，因此无法用图解法求出待定参数，此时最好的方法就是用最小二乘法。

最小二乘法的原理是：认为自变量均无误差，而因变量带有测量误差，并且认为测

量值与真值（最佳值）之间的均方根误差平方和为最小。或者说最佳的直线就是能使各数据点同回归线方程求出值的偏差的平方和为最小。依据此原理，按照数理统计的方法进行回归运算。对于一元线性回归，可用手算，也可用计算机进行辅助运算。而对于二元回归和多元回归，运算较为复杂，目前多采用计算机进行运算，这里不再详述，需要时可查阅有关专著。

第三章　测量技术及仪表

在化工生产和科学研究中，为了取得可靠的有关数据，必须掌握有关的测量技术，并熟悉其仪表的使用。它包括流体压强的测量、流量的测量及温度的测量。

第一节　流体压强的测定

在实际应用中，流体压强的测量范围很广，从1000MPa到远低于大气压的负压，要求的精度也各有不同。所以目前使用的压强测量仪器种类很多，原理也各异。根据其工作原理可分为：

① 液柱压强计；

② 弹性压强计；

③ 电测压强计。

一、液柱压强计

液柱压强计是基于流体静力学原理，利用液体柱所产生的压强与被测介质压强相平衡，然后根据液柱高度来确定被测压强值的压强计。液柱所使用的液体称为指示液，其种类很多，可以采用单纯的物质，也可以用液体混合物。但所用液体在与被测介质接触处必须有一清楚而稳定的分界面，因此，指示液必须满足下列条件：

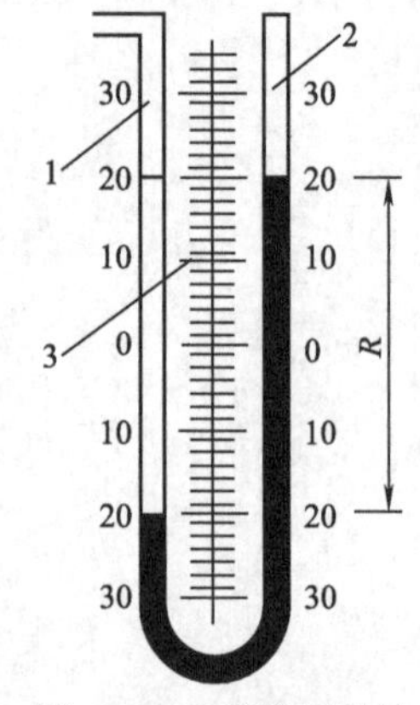

图 3-1　U形管压强计
1,2—玻璃管；3—刻度标尺

① 不能与被测介质发生化学反应及互溶；

② 指示液的密度及其与温度的关系应是已知的，其密度应大于被测介质的密度；

③ 指示液在环境的变化范围内不应汽化或凝固；

常用作指示液的液体有水银、水、四氯化碳、酒精等。

液柱压强计最后测量的是液面的相对垂直位移，因此上限只可能达1.5m左右，下限为0.05m，这样测量的相对误差≤3%。

液柱压强计可以用来测压强，也可用来测压差，其结构有如下几种。

1. U形管压强计

U形管压强计的结构如图3-1所示，它是由一根弯成U形管的粗细均匀的玻璃管1和2组成的，在U形管的中间装有刻度标尺3，读数的零点在标尺的中央，管内充满液体到零点处。

当U形管压强计用来测压强时，其管1与被测介质接通，管2则通大气。当被测介质的压强p大于大气压强时，则管1中指示液的液面下降，管2中指示液的液面上升，一直到两液面的高度差R所产生的压强与被测压强相平衡为止。

如果被测介质是液体，则被测压强p为：

$$p = R(\rho_0 - \rho)g \tag{3-1}$$

式中　R——指示液两液面差，m；

ρ_0——指示液密度，kg/m^3；

ρ——被测介质密度，kg/m^3；

g——重力加速度，m/s^2。

如果被测介质是气体，其密度很小，即 ρ 与 ρ_0 相比，可忽略不计，则被测气体的压强 p 为：

$$p=R\rho_0 g \tag{3-2}$$

当U形管压强计用来测压差时，管1和管2分别与两个测压点接通，当达平衡时，指示液体液面差为 R，则所测压差为：

$$p_1-p_2=R(\rho_0-\rho)g \tag{3-3}$$

如果被测压差的介质是气体，则其压强差为：

$$p_1-p_2=R\rho_0 g \tag{3-4}$$

U形管压强计很难保证两管的直径完全一致，因而在读取液面高度 R 时，必须同时读出两管的液面高度，否则会造成较大测量误差。其读数一般以毫米为刻度，测量范围一般为0～±800mm水柱或汞柱。

有时将U形管压强计倒置，如图3-2所示，称倒U形管压强计。

倒U形管压强计只可用来测介质为液体的两点压差。由于被测量点的压强不同，所以工作介质在两根U形管中上升的高度也不同，其差值为 R。因此倒U形管压强计是用被测的工作介质为指示液，其上部为空气，所测压差值为：

$$p_1-p_2=R(\rho-\rho_{空气})\approx R\rho g \tag{3-5}$$

倒U形管压强计用于被测量液体压差较小的场合。

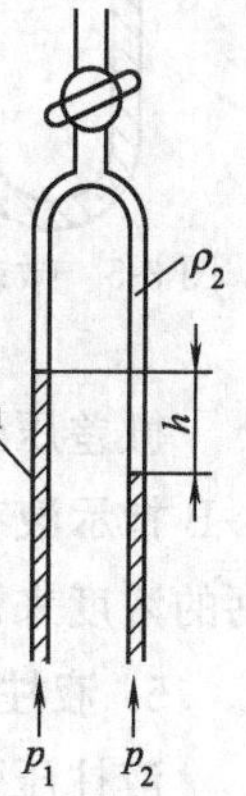

2. 单管压强计

单管压强计是U形管压强计的一种类型，即用一只截面大的杯代替U形管压强计中的一根管子，如图3-3所示。由于杯的截面远大于玻璃管的截面（一般二者之比值要大于或等于200），所以当两端压强不同时，细管一边的液柱从平衡位置升高 h_1，杯形一边则下降 h_2，根据等体积原理，$h_1 \gg h_2$，故 h_2 可忽略不计。因此，在读数时只要读取一边液柱高度，其读数误差可比U形管压强计减少一半。

ρ_2 ρ_1 h p_1 p_2

图3-2　倒U形管压强计

3. 斜管压强计

斜管压强计是把单管压强计的玻璃管在水平方向作 α 角度的倾斜，如图3-4所示。倾斜角 α 的大小可以调节。由于倾斜了一个角度，因而在同样的压强作用下，增加了指示液沿斜管的长度，读数被放大了 $\dfrac{1}{\sin\alpha}$ 倍，从而使读数精度有所提高，即

$$R'=\frac{R}{\sin\alpha} \tag{3-6}$$

斜管压强计可用来测量微小压强、压差或负压。为放大读数，倾斜角可根据需要来调节。但倾斜角也不能太小，否则会使斜管内的液面过分拉长甚至冲散，反而读数不准。一般 α 角不小于15°～20°。

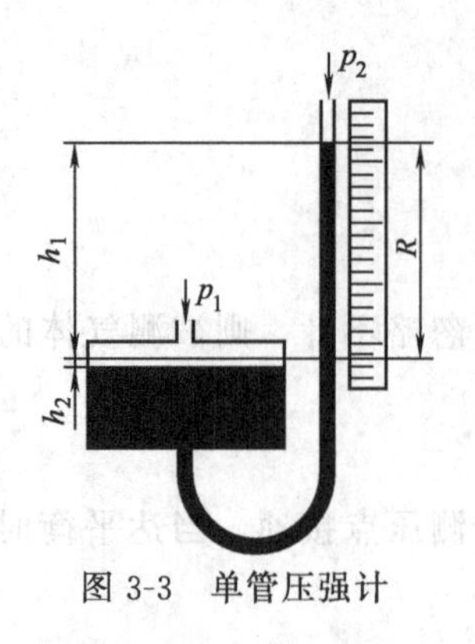

图 3-3 单管压强计

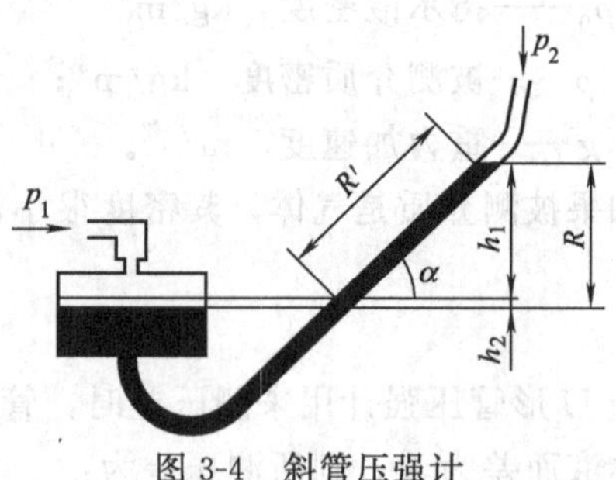

图 3-4 斜管压强计

由于酒精有较小的密度，常用它作为斜管压强计的指示液，以提高压强计的灵敏度。

4. 微差压强计

如倾斜管压强计所指示的读数仍然很小，则可采用微差压强计，其结构如图 3-5 所示。

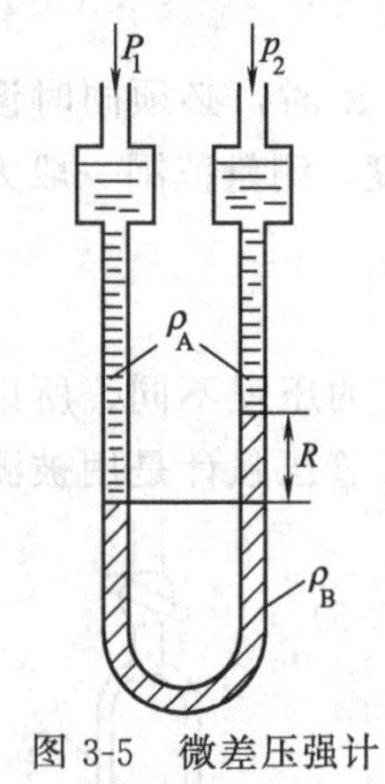

图 3-5 微差压强计

在 U 形管的上端设有两个直径远大于玻璃管的扩大室，U 形管和扩大室分别装有密度不同而又不互溶的两种指示液 A 和 B。扩大室的作用是当 U 形管中的指示液 B 读数 R 有变化时，扩大室内的指示液 A 的液面无显著变化，这样即可认为指示液 A 的液面不随 R 读数的变化而变化。

按静力学方程

$$p_1-p_2=Rg(\rho_B-\rho_A) \tag{3-7}$$

对于一定的压强差，若（$\rho_B-\rho_A$）愈小，则 R 的读数愈大，所以当采用的两种指示液的密度接近时，可以得到读数很大的 R 值，这样即可减少相对读数误差。微差压强计常用于压差较小的气体压差的测量。

微差压强计要求两种指示液的密度比较接近，且不互溶，以保证有清晰的界面。常用的 A-B 指示液有四氯化碳-水，碘乙烷-水，苯甲基醇-氯化钙溶液（氯化钙溶液的密度可用氯化钙的浓度来调节）。

5. 液柱压强计使用注意事项

液柱压强计结构简单，使用方便，测量准确度高，但耐压程度差，结构不牢固，容易破碎，测量范围小，示值与指示液密度有关，因此使用中必须注意以下几点。

① 被测压强不能超过仪表测量范围。有时因被测对象突然增压或操作不当容易造成指示液被冲走。若是水银指示液被冲走，不仅带来损失，还会造成水银污染，因此工作中必须特别注意。

② 液柱压强计安装位置应避开过热、过冷或有震动的地方。因为过热指示液易挥发，过冷指示液可能冻结，震动太大会震破玻璃管，且液面不稳，造成读数误差。

③ 由于液体的毛细管现象，在读取指示液的读数时，视线应与凹面或凸面的弯月面水平切线取平，如图 3-6 所示。

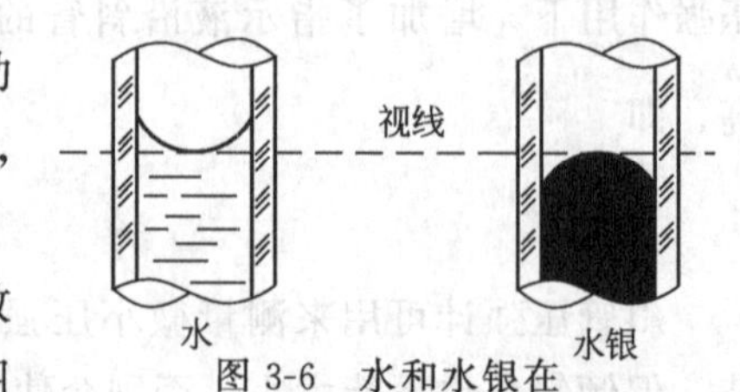

图 3-6 水和水银在玻璃管中的毛细现象

④ 当液柱压强计用水银作指示液时，在水银上方应加少量水以液封，防止水银蒸发。玻璃管如有连接处，不应使用乳胶管连接，以防止乳胶管老化破损，水银泄漏。

二、弹性压强计

弹性压强计是利用各种形式的弹性元件受压后产生弹性变形而产生位移的性质来测量压强的。

弹性压强计常用的弹性元件有弹簧管、膜片、膜盒等，其中以弹簧管压强计用得最普遍。故在这里重点对弹簧管压强计作以介绍。

弹簧管压强计主要由弹簧管、齿轮传动机构、指针和分度盘以及外壳等几个部分组成，其结构如图 3-7 所示。

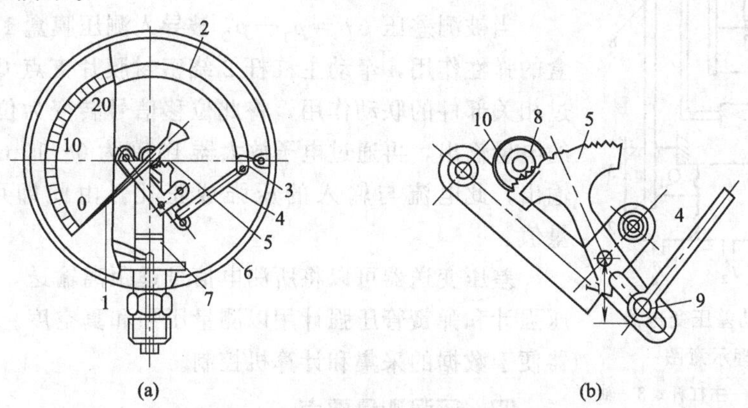

图 3-7　弹簧管压强计及其传动部分

1—指针；2—弹簧管；3—接头；4—拉杆；5—扇形齿轮；6—壳体；7—基座；8—齿轮；9—铰链；10—游丝

弹簧管 2 为一根弯成圆弧形的扁椭圆状截面的空心管，管的一头封闭，并借助拉杆 4 和扇形齿轮 5 以铰链方式相连。另一端则焊接在仪表壳体上，并与连通测量点的管接头相通。

当管接头与所测压强的介质接通时，介质的压力迫使弹簧管产生伸直或弯曲变形（负压时弯曲，正压时伸直），这种变形使得弹簧管自由端发生移动，从而牵动拉杆，带动齿轮装置发生旋转，会使与齿轮连接的指针发生旋转，从而从分度盘上读出待测压强值。

该压强计用于测量正压时，称为压力表；测量负压时，则称为真空表，两表指针的旋转方向和刻度值的起始点刚好相反。

在使用弹簧管压强计时，要注意以下几点。

① 稳定的操作压强值不超过仪表量程的 70%，若压强经常变动，则不应超过其量程的 60%。

② 要注意仪表的精度是否与要求相符。一般在表面的下方有一个小圆圈，其中的数字即代表该仪表的精度值，数值越小，其精度越高，如 0.4 表示该表为 0.4 级。一般的测量常用 2.5 级、1.5 级或 1 级。

③ 工业用弹簧管压强计应在环境温度为 −40～60℃ 的范围内使用，且相对湿度不大于 80%。

④ 仪表安装处与测量点的距离应尽量短，以免指示值迟缓。且测量点与仪表安装应处于同一水平位置，否则会造成附加高度误差。

⑤ 测量易爆炸、腐蚀性、有毒气体压强时，应选用特殊仪表。

三、压强（或压强差）的电测方法

压强或压强差除采用以上方法和仪表测量外，还可将所测压强或压强差通过一个传感器（变送器）转变为电信号，然后对该电信号进行直接测量或作进一步处理，以得到所测压强或压差的数值。

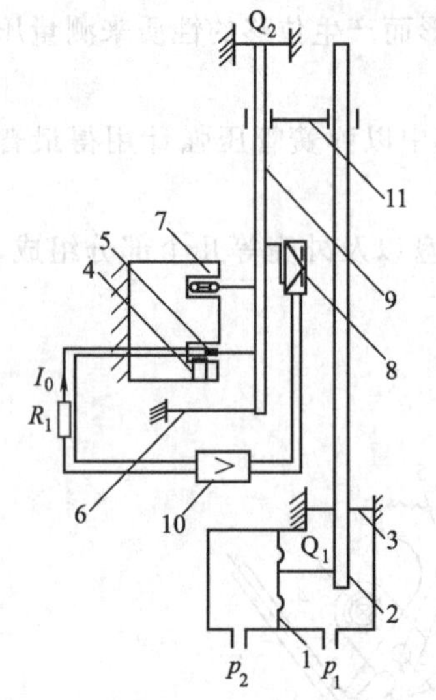

图 3-8 电动差压变送器工作原理示意图

1—测压膜盒；2—主杠杆；3—轴封膜片；4—测量范围细调螺钉；5—反馈线圈；6—调零装置；7—永久磁铁；8—位移检测线圈；9—副杠杆；10—放大器；11—主、副杠杆连接簧片

电动差压变送器是最常用的电测量压强仪器。它是以电为能源，将被测差压 Δp 的变化转变成直流电流（0～10mA）的标准信号，然后送往调节器或显示仪表进行调节、指示和记录。其工作原理如图 3-8 所示。

当被测差压 $\Delta p=p_1-p_2$ 被导入测压膜盒 1 内后，由于膜盒的弹性作用，牵动主杠杆 2 绕密封膜片支点 Q_1 偏转，并通过相关部件的联动作用，将此位移信号转变为位移检测线圈 8 的电量输出，再通过电子放大器 10 变为 0～10mA 的直流电流输出，此电流与输入的压强成正比，由此即可得到压强测量值。

差压变送器可以将所测电信号远距离输送，它可代替液柱压强计和弹簧管压强计用以测量压强和真空度。使用差压变送器便于数据的采集和计算机控制。

四、压强测量要点

1. 正确选择压强计

① 要预先了解工质的压强大小、变化范围，以及对测量精度的要求，从而选择适当量程和精度的测压仪表。

② 要预先了解工质的物性和状态，如黏度大小，是否具有腐蚀性，以及清洁程度以选择相适应类型的测压计。

③ 压强信息是否需远距离传输或需自动记录等。

2. 测压点的选择

为了正确测得压强值，测压点的选择十分重要，它必须尽量选在受流体流动干扰最小的地方，一般要求在测压点的上游有 40～50 倍于管内径的直管距离，以保证测量点流体流动的稳定性。

3. 正确安装和使用压强计

① 引压导管。引压导管系测压管或测压孔和压强计之间的连接导管。它的功能是传递压强。为减少引压导管引起的误差，要求引压导管管径较细，以减少不必要的二次环流，其长度应尽量短，在测量液体压强时，引压导管应垂直安装，以便容易排出导管内残留空气，在测量蒸汽压强时，为减免高温蒸汽与测压计直接接触和减少蒸汽在波动时对仪器的冲击，引压导管可做成如图 3-9 所示的 U 形管式和盘管式。

② 在测压点要安装切断阀，以便于引压导管和压强计的检修拆卸。对于精密度较高或量程小的压强计，切断阀可以防止压强的突然冲击和过载。

③ 安装液柱式压强计时，要注意安装的垂直度和做好引压管的排污和排气工作。

④ 放空阀、切断阀和平衡阀的正确用法。

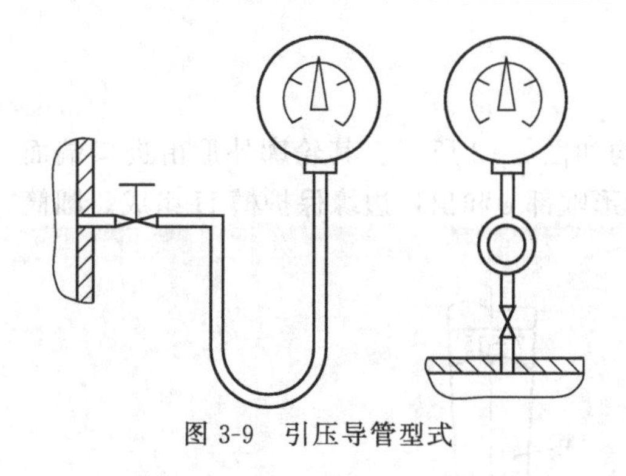
图 3-9　引压导管型式

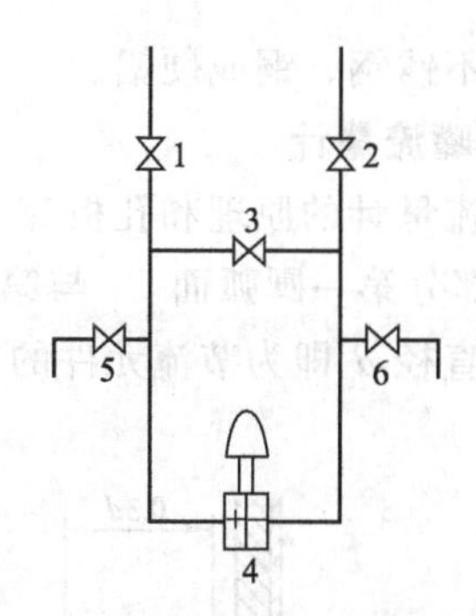

图 3-10　压差测量系统的安装示意图
1,2—放空阀；3—平衡阀；4—压差测量仪表；
5,6—切断阀

图 3-10 所示为压差测量系统的安装示意。切断阀 5、6 是为了检修仪表用，放空阀 1、2 的作用是排除对测量有影响的气体或液体，平衡阀 3 能平衡测量仪表两个输入口的压力，使仪表承受的压差为零。

其正确使用方法为：

a. 实验开始运转之前和停止运转之前，首先应打开平衡阀；

b. 关闭平衡阀前应认真检查两个切断阀，当两切断阀均已打开或均已关闭时，才能关闭平衡阀；

c. 打开放空阀 1、2 之前，务必先打开平衡阀。

第二节　流量的测量

流量是指单位时间内流过管截面流体的量。它可用体积流量（m^3/s）或质量流量（kg/s）表示。常用的仪表有差压式流量计、转子流量计、涡轮流量计和湿式流量计。

一、差压式流量计

差压式流量计是基于流体流过特制的节流元件时产生压力降的原理来测量流量的。常用的差压式流量计有孔板流量计、喷嘴流量计、文丘里流量计。

1. 孔板流量计

孔板流量计已标准化，如图 3-11 所示，它是一带有圆孔的金属圆板。当流体流过孔板时，由于流道面积减小，速度增加，在孔板前后产生压强差。此压强差由引压管输送到压差计或差压变送器后显示。

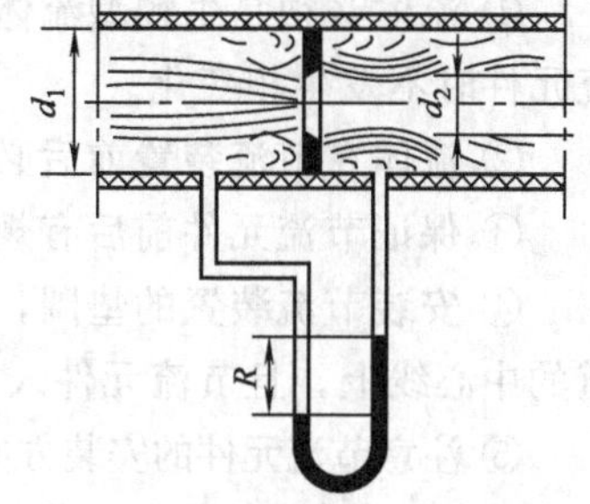

图 3-11　孔板流量计的构造原理

对于标准孔板，对其加工精度、取压方式、安装要求都有严格要求。一般要求孔径 d 应大于或等于 12.5mm，孔径和管径 D 之比为 0.2～0.8。常为 0.45～0.50。孔板安装位置要求上游有 30～50D，下游有不小于 5D 的直管稳定段，孔口的中心线应与管轴线相重合，孔板的扩大口应对向下游，这是为了减少孔板的突然扩大造成的永久损失。

孔板流量计结构简单，易加工，造价低，可用于高温、高压场合。但流体流经孔板能量损失较大，且进口圆柱部分的尖锐边沿如磨损、腐蚀，会影响测量精度，因此孔板流量计不能测量使孔板变脏、磨损和变形及有腐蚀性的介质。孔板材质一般为不锈钢、铜或硬铝。

2. 喷嘴流量计

喷嘴流量计的原理和孔板完全相同，它的结构如图 3-12 所示。其轮廓外形由进口端面 A、收缩部分第一圆弧面 C_1 与第二弧面 C_2、圆筒形喉部 e 和出口边缘保护槽 H 组成。圆筒形喉部的直径 d 即为节流元件的开孔直径。

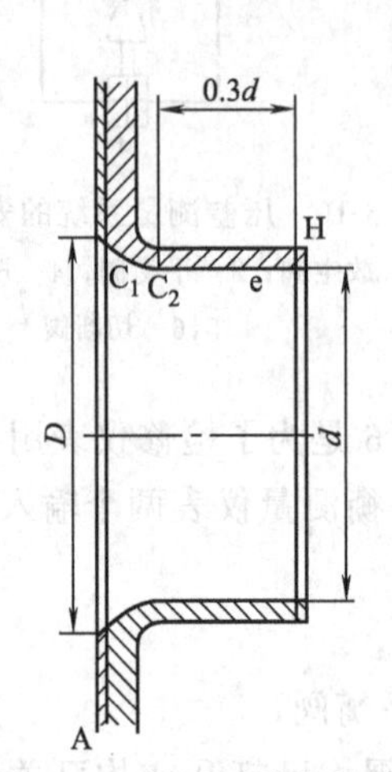

图 3-12　标准喷嘴流量计

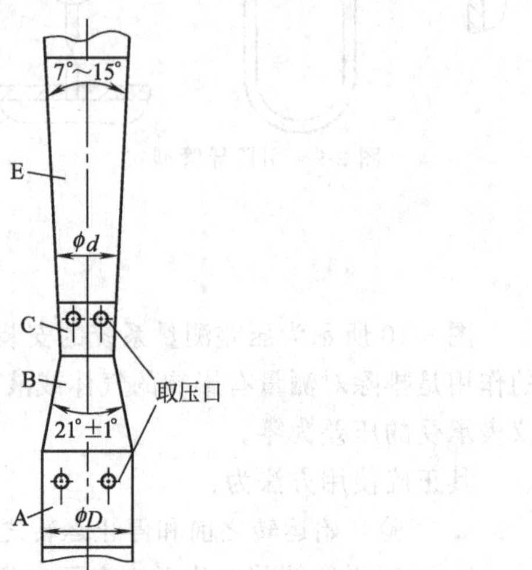

图 3-13　文丘里流量计的几何形状示意图

喷嘴流量计有较高的测量精度，对易磨损喷嘴和脏污介质不太敏感。这种流量计也已标准化，它适用的管道直径 D 为 50～100mm，孔径比为 0.32～0.8。一般均由专业厂家制造。

喷嘴流量计的安装与孔板流量计完全相同，取压方式采用角接取压，使用时须按要求连接。

3. 文丘里流量计

为了改变孔板流量计能量损失大的缺点，可采用文丘里流量计，它由入口圆筒段 A、圆锥形收缩段 B、圆筒形喉部 C 和圆锥形扩大段 E 所组成，其结构如图 3-13 所示。文丘里管第一收缩段锥度为 21°±1°，扩大段为 7°～15°，其 $\frac{d}{D}$ 的比值一般为 0.4～0.7。文丘里管通过法兰和管道连接。

文丘里流量计在节流式流量计中是能量损失最小的，但制造工艺较复杂，成本较高。

4. 差压式流量计使用注意事项

① 流体必须是牛顿型流体，物理形态上是单相的，或者可以认为是单相的，且流经节流元件时不发生相变化。

② 流体在节流装置前后必须完全充满管道整个截面。

③ 保证节流元件前后有规定足够长的直管距离。

④ 安装节流装置的垫圈，在夹紧之后，内径不得小于管径。节流元件的中心应位于管道的中心线上，且节流元件入口端面应与管道中心线垂直。

⑤ 注意节流元件的安装方向，使用孔板流量计时，其扩大口应对着下游方向。使用喷嘴流量计时，喇叭曲面应朝向上游。使用文丘里流量计时，较短的收缩段应装在上游，较长的渐扩段应装在下游。

二、转子流量计

转子流量计是另一种形式的流量测量仪表，其结构如图 3-14 所示。它主要由一个倒锥形玻璃管和一个可上下自由运动的转子组成。当转子上下两截面所受的压力等于转子在流体中的净重（转子的重力与所受浮力之差）时，转子就会停留在某一位置，流量不同，则转子停留的位置不同，因此转子流量计与前面的差压式流量计测量原理完全不同。差压式流量计是在节流面积（如孔板孔口面积）不变的条件下，以差压变化来反映流量的大小。而转子流量计是以压降（差压）不变，利用节流面积的变化来反映流量的大小。因此转子流量计是恒压差，变节流面积的流量计。

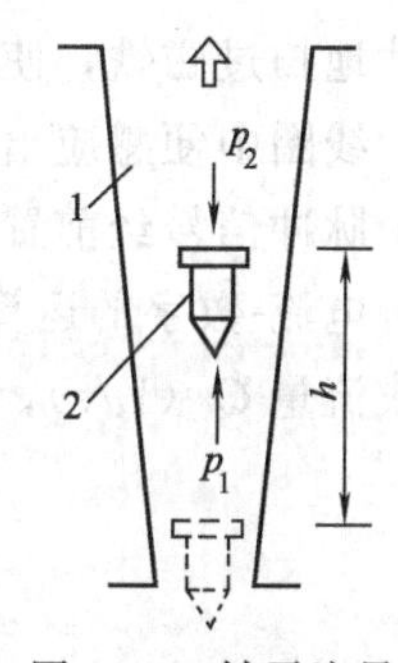

图 3-14　转子流量计示意图

1—锥形管；2—转子

转子流量计结构简单、直观，能量损失小，量程比（仪器测量范围上限与下限之比）大，使用方便，特别适合小流量的测量。

转子流量计安装时，必须注意垂直安装，所测流体必须干净，不能有沾污。转子流量计在出厂前都经过标定，其条件是20℃的水或1.013×10^5Pa的空气。当使用条件和标定条件不符时，需进行修正。

三、毕托管

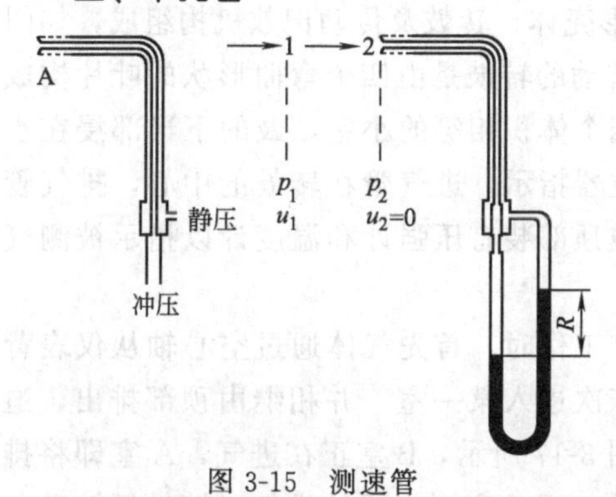

图 3-15　测速管

毕托管又称测速管，用来测量管道中流体的点速度，其结构如图 3-15 所示。它依靠内管和外管所测静压头和冲压头之差来计算该点的速度。

为了保证测量的准确性，毕托管必须装在位于均匀流道的直管段，上、下游直管距离应保持50d，其开口须严格对准来流。毕托管常用来测量气体的流速，测量范围在0.6～60m/s。由于毕托管的测压小孔容易被堵塞，所以只可用来测量干净的流体。

四、涡轮流量计

涡轮流量计是一种速度式的精度较高的流量测量仪表。它是在管道中安装一个可以自由转动的叶轮，当流体通过叶轮时，其动能推动叶轮旋转，流体流速愈高，动能愈大，叶轮转速就愈高。通过适当的装置，将叶轮的转速转换成电脉冲信号，通过测定电脉冲频率，就可确定转速和流量的关系，从而确定管道中流体的流量。涡轮流量计的结构如图 3-16 所示，它主要由下列几部分组成。

（1）涡轮　它由高导磁性的不锈钢材料制成，叶轮芯上装有螺旋形叶片，流体通过时可使其旋转。

（2）导流器　用以稳定流体的流向和支撑叶轮。

（3）磁电感应转换器　由线圈和磁铁组成，用以将叶轮的转速转换成相应的电信号。

（4）外壳　用非导磁的不锈钢制成，用以固定和保护内部零件，并与流体管道连接。

（5）前置放大器　用以放大磁电感应转换器输出的微弱的电信号，进行远距离输送。

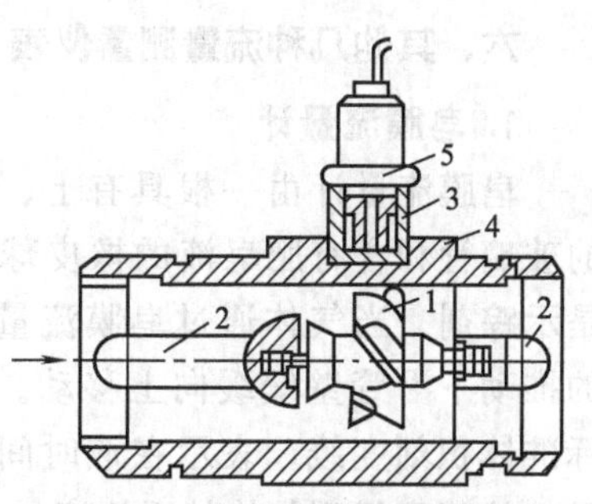

图 3-16　涡轮流量计结构示意图

1—涡轮；2—导流器；3—磁电感应转换器；4—外壳；5—前置放大器

涡轮流量计的工作原理是：当流体流过时，叶片就周期性地扫过磁铁，使磁路的磁阻发生周期性的变化，线圈中的磁通量也跟着发生周期性的变化，线圈中便感应出脉冲信号。脉冲信号的频率与涡轮的转速成正比，也即与流量成正比，这个脉冲信号经前置放大器放大后，送入二次仪表电子频率计（转速显示仪），频率计迅速进行电流-数字的运算转换，将脉冲信号以频率数 f（次/s）直接显示出来。此频率数要换算成流量 Q（L/s），必须再除以该表的仪表常数 ζ（次/L）。即

$$Q=\frac{f}{\zeta} \tag{3-8}$$

则可计算出所测管道内的流量。每一个频率计算都有一个仪表常数，在出厂时已做过校正。仪表常数 ζ 附在仪表的说明书中，不能相互混淆。

使用涡轮流量计时，涡轮变送器必须水平安装，并且保持变送器上游有 20 倍于管道内径的直管段，下游有 15 倍于管道内径的直管段，同时要保证被测流体洁净，减少轴承磨损，防止涡轮被卡住，一般应在流量器前加装过滤器。

五、湿式流量计

湿式流量计又称容积式流量计。它主要由圆鼓形壳体、转鼓及传动记数机构组成，如图 3-17 所示。绕轴转动的转鼓是由四个弯曲形状的叶片构成的，把转鼓隔成四个体积相等的小室，鼓的下半部浸在水中，充水量由水位器指示。进气管在转鼓的中心，排气管在顶部，另外转鼓顶部装有压强计和温度计以指示被测气体的压强和温度。

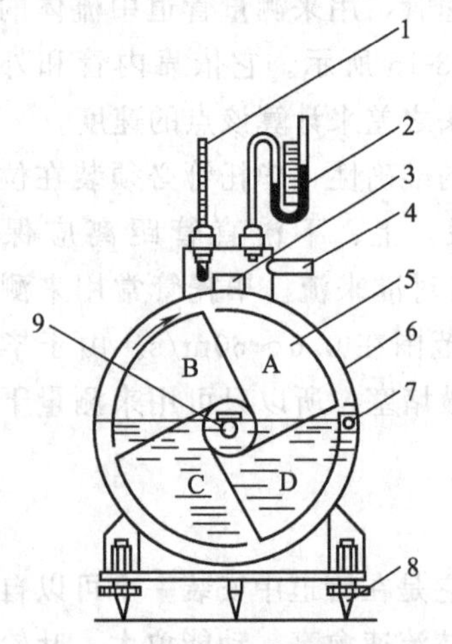

图 3-17　湿式流量计结构示意图

1—温度计；2—压差计；3—水平仪；4—排气管；5—转鼓；6—壳体；7—水位器；8—可调支脚；9—进气管

湿式流量计在工作时，首先气体通过空心轴从仪表背部的中心进气管依次进入某一室，并相继由顶部排出，迫使转鼓转动。如图 3-17 所示，B 室正在进气，A 室即将排气，D 室排气将尽，而 C 室则将开始进气。转鼓每转动一圈，就有四个室的气体排出，同时通过齿轮机构由指针指示体积。湿式流量计每个气室的有效体积是由预先注入流量计内的水面控制的，所以在使用时必须检查水面是否达到预定的位置，安装时，仪表必须保持水平。它在测量气体总体积时，准确度较高，特别是小流量时，它的误差比较小。是实验室常用的仪表之一。

六、其他几种流量测量仪表

1. 皂膜流量计

皂膜流量计由一根具有上、下两条刻度线指示的标准体积的玻璃管和含有肥皂液的橡皮球组成，如图 3-18 所示。肥皂液是示踪剂。当气体通过皂膜流量计的玻璃管时，肥皂膜在气体的推动下沿管壁缓缓向上移动。在一定时间内皂膜通过上、下标准体积刻度线，表示在该时间内通过刻度线指示的气体体积量，从而可得到气体的平均流量。

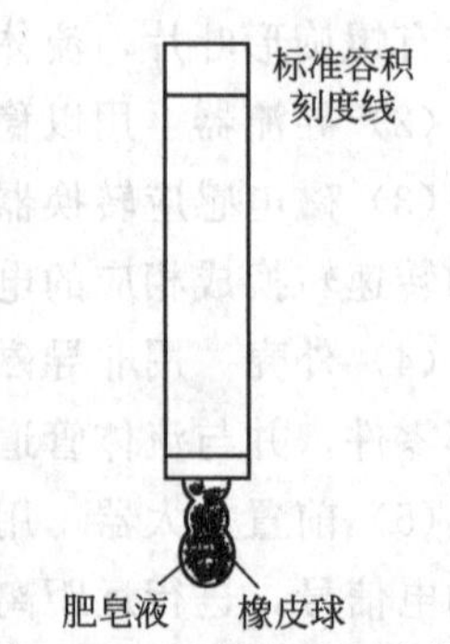

图 3-18　皂膜流量计示意图

皂膜流量计结构简单，测量精度高。可作为校准流量计的基准流量计。它便于实验室制备。通常使用的有管子内径 1cm、

长度 25cm 和管子内径 10cm、长度 100～150cm 两种规格。

2. 椭圆齿轮流量计

椭圆齿轮流量计是由两个相互啮合的椭圆形齿轮及其外壳（计量室）、计数装置构成的，如图 3-19 所示。当流体流经椭圆齿轮流量计时，由于压强差 p_1 和 p_2，使得齿轮产生绕其轴旋转的力矩。每个齿轮旋转一周，则排出两倍于的由它和壳体所围成的弯月牙空间体积的流体，齿轮旋转的次数由计数装置计数后显示。故椭圆齿轮流量计也是一种容积式流量计。

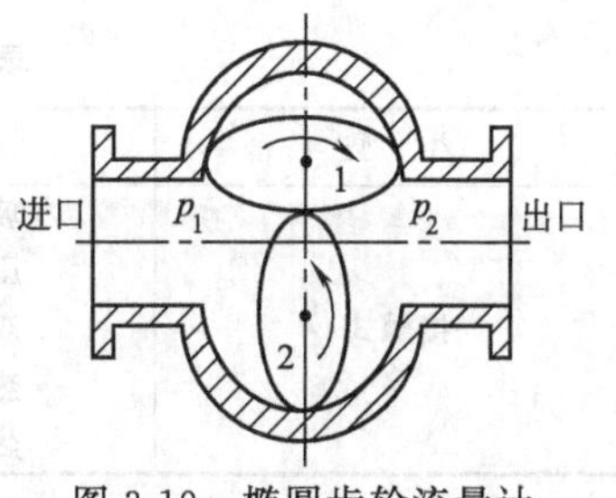

图 3-19　椭圆齿轮流量计

椭圆齿轮流量计特别适合于黏度较高的流体的流量测量，如重油、润滑油及各种树脂等。

3. 热丝流速计

热丝流速计是以通电铂丝为传感器敏感元件的一种电测量流速的测量仪表。它主要由热丝传感元件及电路系统及显示仪表组成，如图 3-20 所示。

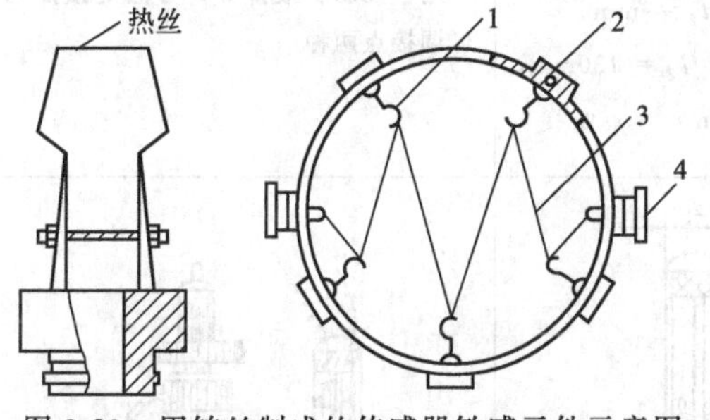

图 3-20　用铂丝制成的传感器敏感元件示意图

1—挂钩；2—绝缘材料；3—铂丝；4—连线端子

用金属热丝测量流速，有以下两种方法。

① 使通过热丝的电流维持恒定。在此情况下，流体的流速愈大，从热丝向流动介质的传热量也愈大。因其电流保持恒定，因此热丝的温度愈低，导致金属丝的电阻愈小。达平衡后测量热丝电阻的变化就可得知流体的流速。

② 维持热丝的电阻恒定，为此必须维持热丝温度恒定。在此情况下，当流体流速愈大时，从热丝向流动介质的传热量愈大，维持热丝温度恒定所需的电功率也愈大，因此通过热丝的电流也愈大。此时，测量电流的变化即可得知流体的流速。

为达到以上恒定电流或恒定电阻的目的，可通过设计一定的电桥电路，用可变电阻进行调节，再在检流计上进行输出显示，最后通过有关运算，测试出流速。

热丝流速计是一种非常灵敏和精确的测速仪表，特别适合于低流速的测量。

第三节　温度测量

温度是表征物体冷热程度的物理量。温度不能直接测量，只能借助于冷热不同的物体的热量交换以及随冷热程度变化的某些物理特性进行间接测量。

按照温度的测量方法不同，测温仪表可分为接触式和非接触式两大类。

接触式是利用两物体接触后，在足够长的时间内，两物体达热平衡，选择物体的温度等于被测物体的温度这个原理，通过选择物体的温度反映出被测物体的温度。

非接触式是利用热辐射原理，测量仪表的敏感元件不需要与被测物质接触而进行温度的测量。

接触式和非接触式测温仪表具体分类见表 3-1。下面就最常用的几种接触式温度计加以介绍。

一、玻璃管温度计

玻璃管温度计系借助于液体的膨胀性质制成的温度计。它是生产上和实验室最常见的一类温度计。水银温度计和酒精温度计是最常用的玻璃管温度计。按结构形式不同它们可分为棒式、内标式和电接点式三种，其外形和作用如表 3-2 所列。

表 3-1　接触式和非接触式测温仪表分类

类　型	仪表名称	类　型	仪表名称
接触式	玻璃管温度计 压力式温度计 双金属温度计 热电阻温度计 热电偶温度计	非接触式	光学高温计 辐射高温计 比色高温计

表 3-2　常用玻璃管温度计

型式	棒　式	内标式	电接点式
特点	实验室最常用的一种 d＝6～8mm 长度 l ＝ 250mm，280mm，300mm，420mm，480mm	工业上常用的一种 d_1＝18mm，d_2＝9mm l_1 ＝ 220mm，l_2 ＝ 130mm，l_3＝60～2000mm	用于控制、报警等，分固定接点与可调接点两种
外形图	d、l	d_1、d_2、l_1、l_2、l_3	电缆 固定接点　可调接点

按用途区分，玻璃管温度计可分为工业用、实验室用和标准温度计三种。标准温度计分为一等和二等两种，其分度值为 0.05～1℃，一般用于其他温度计的校验。实验室用温度计一般是棒式的，也有内标式和电接点式的，可以测量－30～300℃的温度。工业用温度计一般做成内标式的，其下部有直的、90°角的和 135°角的三种结构。为避免温度计在使用时被碰伤，在其外面罩有金属保护套。

玻璃管温度计安装使用时应注意以下几点。

① 须安装在没有大震动、不易受碰撞的设备上，防止玻璃管折断或液柱受震动而中断。

② 玻璃温度计感温泡一定要处于待测介质的中心处。温度计安装的位置要便于读数，不能倒装，也尽量不要倾斜安装。

③ 为减小测量误差，应在玻璃管温度计保护管中加入甘油、变压器油等，以排除空气等不良导体。

玻璃管温度计结构简单，使用方便，价格便宜，读数方便，可测量－80～500℃范围内的温度。选用时可根据测温范围和精度及使用场合，选用不同等级、不同类型的玻璃管温度计。

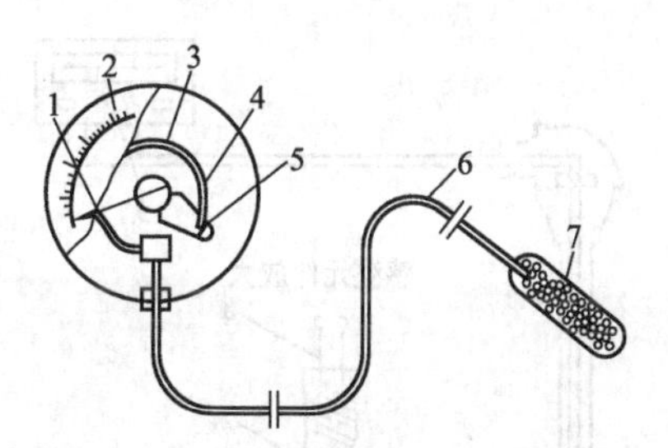

图 3-21　压力式温度计的作用原理

1—指针；2—刻度盘；3—弹簧管；4—连杆；5—传动机构；6—毛细管；7—温包

二、压力式温度计

压力式温度计也是一种膨胀式温度计，其作用原理如图 3-21 所示。压力式温度计是将气体或液体的感温物质填于温包 7、毛细管 6 和弹簧管 3 组成的密闭系统内。当温包内的感温物质受到被测介质温度变化的作用时，密闭系统内压力变化，从而引起弯曲的弹簧管 3 的曲率发生变化，使其自由端发生位移，然后通过连杆 4 和传动机构 5 带动指针 1 发生偏转，在刻度盘上显示出温度的变化值。

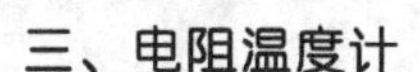
图 3-22　温包在管道中的情况

压力式温度计安装和使用应注意以下几点。

① 压力温度计的温包应全部插入被测量介质中，以减小因导热引起的误差。如果安装在管道中，应将温包长度的一半处于管道中心线，且应是垂直安装，如图 3-22 所示。

② 毛细管应远离热源和冷源安装，安装时应接直尽量不要折弯。并每相距 300mm 处用扎头固定。毛细管的最小弯曲半径不应小于 50mm。

③ 指示仪表应安装在温度不低于 5℃和不高于 60℃，相对湿度不大于 80%的环境处，且不应有强烈的震动。压力式温度计结构简单，使用较方便，可有一定测量距离。它可测量－100～600℃的温度，但测量精度稍低。

三、电阻温度计

电阻温度计是利用热电阻感温元件的电阻值随温度而变化的性质来进行温度测量的。它由电阻感温元件和显示仪表组成。按电阻感温元件的种类，电阻温度计可分为金属电阻温度计和半导体电阻（热敏电阻）温度计两种。

1. 金属电阻温度计

铂、铜、镍等大多数金属的电阻值在一定范围内与温度有如下的线性函数关系：

$$R_t = R_1[1+\alpha(t-t_1)] \tag{3-9}$$

式中　R_t——温度为 t（℃）时的电阻值，Ω；

R_1——温度为 t_1（℃）时的电阻值，Ω；

α——电阻温度系数，$℃^{-1}$；

当 $t_1=0℃$，$R_1=R_0$ 时，则：

$$R = R_0 + \alpha R_0 t \tag{3-10}$$

即金属的电阻与温度有一对应关系，只要已知这种关系，并设法测出金属在温度 t 时的电阻值，就可求得此时的温度 t。一般金属的电阻值都随温度的升高而升高，即其电阻温度系数为正值。工业上就是利用金属的这种性质制成了金属电阻温度计。金属电阻温度计的感温元件如图 3-23 所示。是以直径为 0.03～0.07mm 的铂丝 2 绕在有锯齿的云母骨架 3 上，

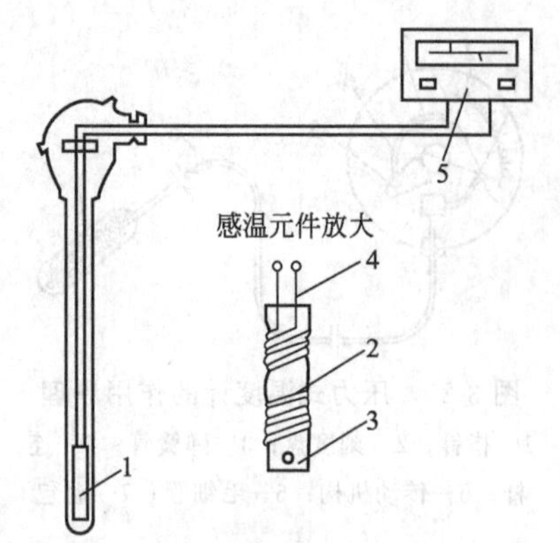

图 3-23　热电阻的作用原理
1—感温元件；2—铂丝；3—骨架；4—引出线；5—显示仪表

再用两根直径约为 0.5～1.4mm 的银导线作为引出线 4 引出，与显示仪表 5 连接。当感温元件 1 上的铂丝受到介质温度变化的作用时，感温元件的电阻值随温度的变化而变化，将这种变化的电阻值作为信号输入具有平衡或不平衡电桥回路的显示仪表、调节器和其他仪表内，即能测量出被测量介质的温度。

在金属热电阻中，纯铂是最常用的金属电阻感温材料。它的特点是精度高、稳定性好、性能可靠、化学性质稳定，但耐冲击性差，它可测量－200～600℃的温度。其次是铜电阻，它的特点是在－50～150℃范围内，电阻值与温度的线性关系好，电阻温度系数大。但测温范围较窄，物理及化学性质的稳定性不及铂电阻，但价廉，故铜电阻应用也较普遍。镍和铁的电阻温度系数和电阻率都较大，但其实际应用并不广，原因是材料重复性差，温度-电阻关系较复杂，材料易氧化。

2. 半导体电阻（热敏电阻）温度计

半导体电阻（热敏电阻）是在锰、镍、钴、铁、锌、钛、镁等金属氧化物中分别加入其他化合物烧结而成的一种半导体元件。它们的电阻值随温度的变化也呈一定的函数关系而变化。多数半导体的电阻值随温度的升高而下降，即电阻温度系数为负值。

通常半导体温度计是由半导体热敏电阻 R_T 为一个桥臂所组成的不平衡电桥，如图 3-24 所示。流过电流计 G 的电流大小与四个桥臂的电阻以及电流计的内电阻 R_g 和桥路的端电压 V 有关，即

$$I=f(V, R_g, R_1, R_2, R_3, R_T)$$

若 V，R_g，R_1，R_2，R_3 固定不变，则

$$I=f(R_T)$$

由此可知，对应于一个温度（即对应于一个稳定的热敏电阻），就有一个确定的电流值。若电流计 G 的表盘上刻着对应的温度分度值，即可直接读到相应的温度。

半导体热敏电阻可制成各种形状。用作温度计的半导体热敏电阻元件是制成小球状的热敏电阻体，并用玻璃或其他薄膜包裹而成。球状热敏电阻为直径 1～2mm 的小球，两根 0.1mm 的铂丝作为导线，如图 3-25 所示。

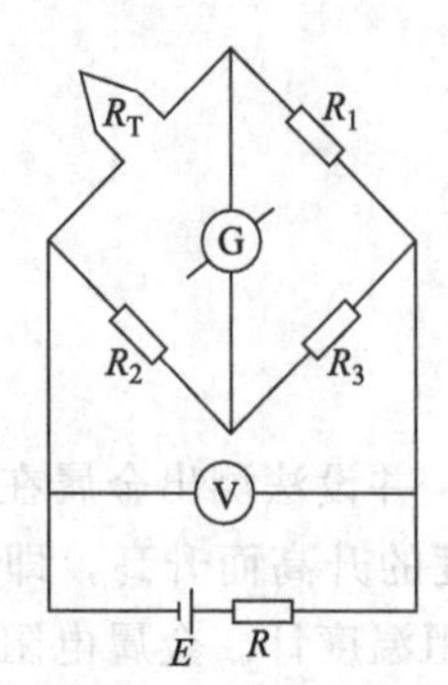

图 3-24　半导体温度计工作原理

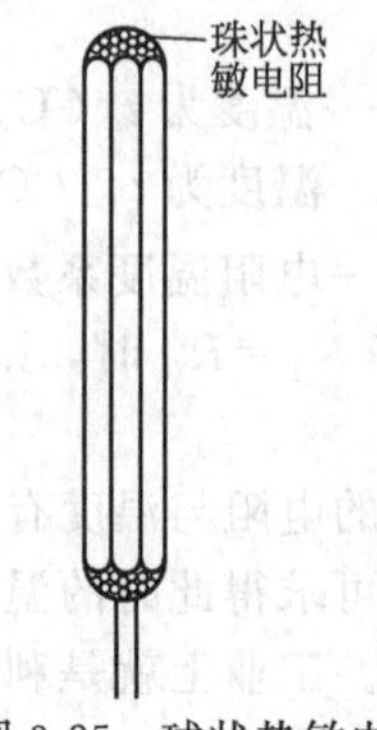

图 3-25　球状热敏电阻

半导体热敏电阻温度计可测量－100～350℃的温度。热敏电阻尖端可达 1mm 大小，甚至可小到 0.5mm 左右，由于体积小，对温度变化响应迅速，因此可用于高灵敏度的温度的测量，并适宜在空间狭小的地方使用。

图 3-26 所示为市售半导体电阻温度计外形图。

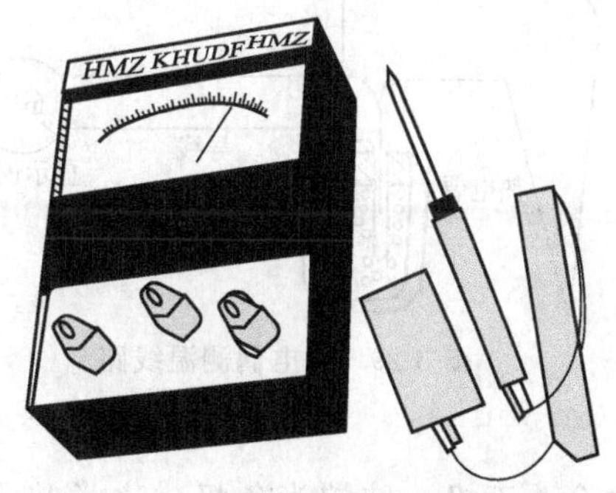

图 3-26 市售半导体电阻温度计

四、热电偶温度计

1. 热电偶的工作原理

热电偶温度计是由热电偶和显示仪表组成的一种使用非常广泛的测温计。它是借助于两种不同材质的金属组成一个闭合回路时，当一个接点的温度不同时，则会由于热电效应而产生热动势的特性来进行温度测量的。

热电效应是因为两种金属的自由电子密度不同，当两种金属接触时，在两种金属的交界处就会因电子密度不同而产生电子扩散，扩散的结果在两金属接触面两侧形成静电场即接触电势差。这种接触电势差仅与两金属的材料性质和接触点的温度有关。温度愈高，金属中自由电子就愈活跃，接触面电动势就越高。热电偶就是根据这个原理制成的。

如图 3-27 所示，若把金属 A、B 两端焊接封闭，形成闭合回路，如果两金属接点温度分别为 T 和 T_0，且 $T>T_0$，则会在两端产生热电动势 $E_{AB}(T)$ 和 $E_{AB}(T_0)$。在此闭合回路中总的热电动势 $E(T,T_0)$ 为两端热电动势之差：

$$E(T,T_0)=E_{AB}(T)-E_{AB}(T_0) \tag{3-11}$$

当 A、B 材料固定后，热电动势 E 就是接点温度 T 和 T_0 的复函数。如果一端温度 T_0 保持不变，（称为冷端或自由端）即 $E_{AB}(T_0)$ 为常数，则热电动势 $E(T,T_0)$ 就只成为另一端（称为热端）温度 T 的单值函数了，而和热电偶的长度及直径无关。这样，只要测出热电动势 E 的大小，就能判断测温点温度 T 的值。这就是热电偶利用热电效应来测量温度的原理。

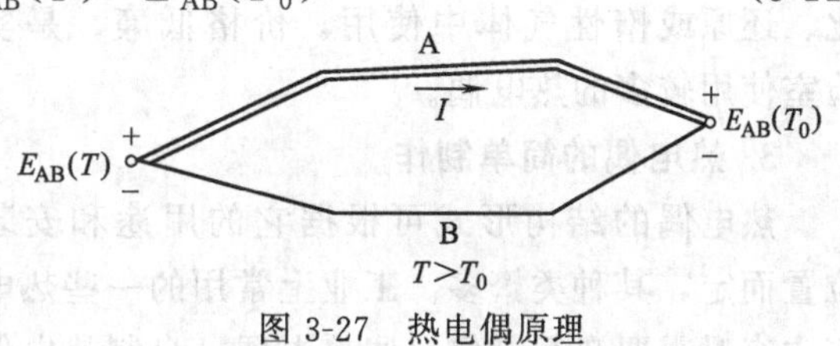

图 3-27 热电偶原理

利用热电偶测量温度时，必须要用某些显示仪表（如毫伏计或电位差计）来测量热电动势的数值，如图 3-28 所示。测量仪表必须要与回路连接，并且要远离测温点，这就需要接入连接导线 C，这样就在 A、B 所组成的热电偶回路中引入了第三种导线，从而构成了新的接点。由实验得知，在热电偶回路中任意处接入材质均匀的第三种导线，只要此导线的两个端点温度相同，就对原热电偶的热电动势能数值无任何影响。这样有了显示仪表，热电偶温度计就成为一个完整的测温仪器了。

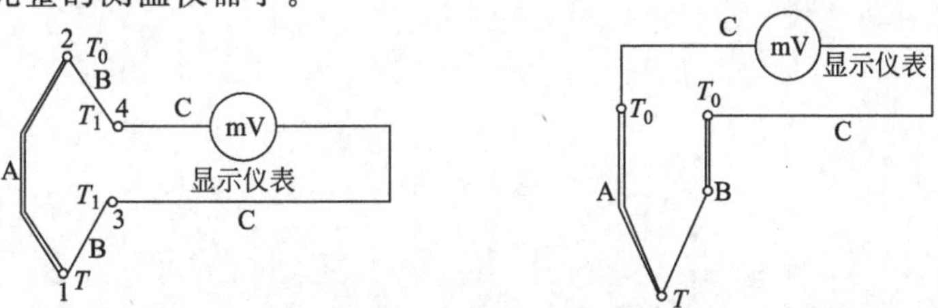

图 3-28 热电偶测温系统连接图

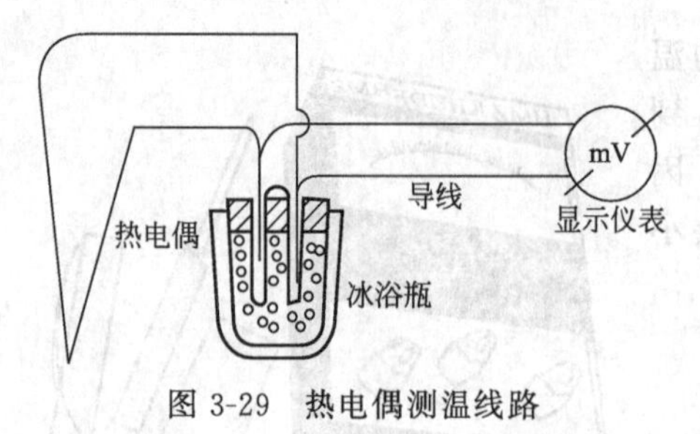

图 3-29 热电偶测温线路

测温中的热电偶，为了保证冷端温度恒定不变，常采用冰浴法，将冷端保存在水和冰共存的保温瓶中。为了达到共相点，冰要敲成细小冰屑，并加入自来水，使其温度维持在0℃，如图 3-29 所示。

2. 热电偶温度计的类型

常用的热电偶温度计有以下几种。

（1）铂铑$_{10}$-铂热电偶 铂铑$_{10}$-铂热电偶型号为 WRLB，10 表示铂铑合金铑占 10%。其中铂铑合金为正极，纯铂为负极。这类热电偶可在1300℃以下长期使用，在良好环境下，可测1600℃高温。一般作为精密测量和基准热电偶使用。在氧化性和中性介质中，其物理、化学性能稳定，但在高温时易受还原性气体侵蚀而变质。这类热电偶价格较贵。

（2）镍铬-镍硅热电偶 镍铬-镍硅热电偶型号为 WREV。其中镍铬为正极，镍硅为负极。这类热电偶可在900℃以下使用。其与温度的线性关系较好，测温范围宽，价格便宜，但不耐还原性介质。

（3）镍铬-考铜热电阻 镍铬-考铜热电阻型号为 WREA。其中镍铬为正极，考铜为负极，它在还原性和中性介质中，可在600℃以下长期使用。这类热电偶灵敏度较高，价格便宜。

（4）铜-康铜热电偶 铜-康铜热电偶型号为 WRCK。其中铜为正极，康铜为负极，这类热电偶在300℃以下线性关系较好，可在真空、氧化、还原或惰性气体中使用，价格低廉，是实验室使用较多的热电偶。

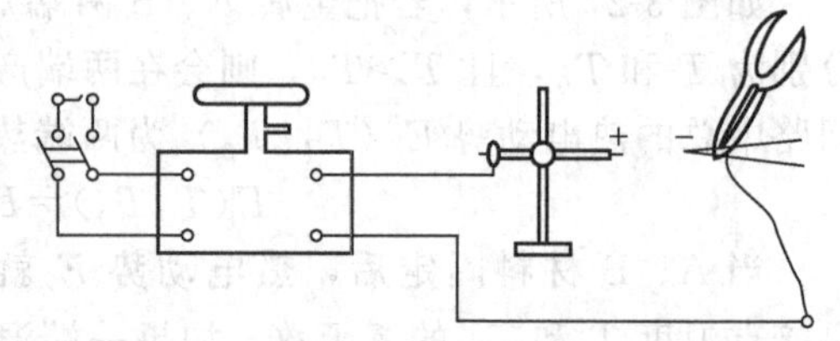

图 3-30 电弧焊接热电偶简易装置

3. 热电偶的简单制作

热电偶的结构形式可根据它的用途和安装位置而定，其种类繁多。工业上常用的一些热电偶的型号和规格可查有关参考手册。在实验室中有时需要自行制作一些热电偶，自制热电偶的关键是热端的焊接。下面介绍用电弧焊接法制作热电偶的方法。如图 3-30 所示，主要设备为一台可调变压器和一根 ϕ6mm，长30mm 的炭棒（可用 1 号干电池炭棒）。炭棒一端磨成锥状，另一端用电线与变压器输出端一极相连。变压器输出端的另一极与拧在一起的待焊热电偶相连。焊接热电偶时，将变压器的输出电压调到 36V，用手慢慢移动夹紧热电偶的绝缘夹子，使热电偶以垂直方向与炭棒尖端作短时间相碰，产生电火花而使热电偶丝焊接在一起。焊点要成为一个小球，如果碰焊不理想，可适当调节电压，直至获得理想焊接点为止。

第四章 化工原理实验

实验一 流体流动综合实验

一、实验目的

① 掌握测定流体流经直管、管件和阀门时阻力损失的一般实验方法。

② 测定流体流过直管时的流动阻力，并计算摩擦系数 λ，验证在一般湍流区内 λ 与 Re 的关系曲线。

③ 测定流体流经管件、阀门时的局部阻力，并计算局部阻力系数 ξ。

④ 学会倒 U 形压差计和涡轮流量计的使用方法。

⑤ 识辨组成管路的各种管件、阀门，并了解其作用。

二、实验原理

流体通过由直管、管件（如三通和弯头等）和阀门等组成的管路系统时，由于黏性剪应力和涡流应力的存在，要损失一定的机械能。流体流经直管时所造成的机械能损失称为直管阻力损失。流体通过管件、阀门时因流体运动方向和速度大小改变所引起的机械能损失称为局部阻力损失。

1. 直管阻力

流体在水平等径直管中稳定流动时，阻力损失为：

$$h_f=\frac{\Delta p_f}{\rho}=\frac{p_1-p_2}{\rho}=\lambda\frac{l}{d}\frac{u^2}{2} \tag{4-1}$$

即

$$\lambda=\frac{2d\Delta p_f}{\rho l u^2} \tag{4-2}$$

根据流体静力学基本方程式，流体通过水平直管的压强降可用倒 U 形压差计测量，即

$$\Delta p_f=\rho g R \tag{4-3}$$

代入式（4-3）中并整理得

$$\lambda=\frac{2dgR}{lu^2} \tag{4-4}$$

式中 h_f——单位质量流体流经 l（m）直管的机械能损失，J/kg；

Δp_f——流体流经 l（m）直管的压力降，Pa；

λ——直管阻力摩擦系数，无量纲；

l——直管阻力测量段直管长度，m；

d——直管的内径，m；

ρ——流体密度，kg/m^3；

u——流体在管内流动的平均流速，m/s；

R——测定直管阻力时倒 U 形压差计中水的液面高度差，m。

湍流时 λ 是雷诺数 Re 和相对粗糙度（ε/d）的函数，对于给定的粗糙管或光滑管，相

对粗糙度是一定值，此时摩擦系数 λ 仅与雷诺数 Re 有关，其关系曲线可由实验确定。式(4-4) 中的各参数应是在一定流量下测得的，本装置采用涡轮流量计测流量，通过测定流体温度，再查有关手册可得流体的密度 ρ、黏度 μ，经计算可获取一定 Re 下的 λ 值。然后改变流量测出一系列不同 Re 下的 λ 值，并将它们标绘在双对数坐标纸上，即得到流体在直管中作稳定流动时的 λ-Re 关系曲线。

2. 局部阻力

局部阻力损失的计算通常有两种方法，即当量长度法和阻力系数法。本实验就是测定流体流过管件或阀门时的局部阻力系数 ξ。它可表示为下式

$$h'_f=\frac{\Delta p'_f}{\rho}=\xi\frac{u^2}{2} \tag{4-5}$$

即

$$\xi=\frac{2\Delta p'_f}{\rho u^2} \tag{4-6}$$

式中　ξ——局部阻力系数，无量纲；

$\Delta p'_f$——局部阻力压强降，Pa。

本装置中，所测得的压强降应扣除两测压口间直管段的压降，直管段的压降由直管阻力实验结果求取，经计算可知

$$\Delta p'_f=\rho gR'-\lambda\frac{l'}{d}\frac{\rho u^2}{2} \tag{4-7}$$

代入式 (4-6) 中可得

$$\xi=\frac{2gR'}{u^2}-\lambda\frac{l'}{d} \tag{4-8}$$

式中　R'——测定局部阻力时倒 U 形压差计中水的液面高度差，m；

l'——局部阻力测量段直管长度，m。

其他符号同式 (4-4)。

由实验测定不同流量下的上述各参数，经计算可得不同 Re 下的 ξ 值，将它们标绘在对数坐标纸上，即得到局部阻力的 ξ-Re 关系曲线。

三、实验装置与流程

实验流程如图 4-1 所示，主要由水箱，离心泵，不同管径、材质的水管，各种阀门、管件，涡轮流量计和倒 U 形压差计等所组成。管路部分有三段并联的长直管，分别为用于测定局部阻力系数、光滑管直管阻力系数和粗糙管直管阻力系数。测定局部阻力部分使用不锈钢管，其上装有待测管件（闸阀）。光滑管直管阻力的测定同样使用内壁光滑的不锈钢管，而粗糙管直管阻力的测定对象为管道内壁较粗糙的镀锌管。水的流量使用涡轮流量计测量，管路和管件的阻力采用倒 U 形压差计测量。

装置参数如表 4-1 所列。

表 4-1　实验装置参数

名称	材质	管内径/mm	测量段长度/cm
局部阻力	闸阀	20.0	94.6
光滑管	不锈钢管	20.0	100
粗糙管	镀锌铁管	21.0	100

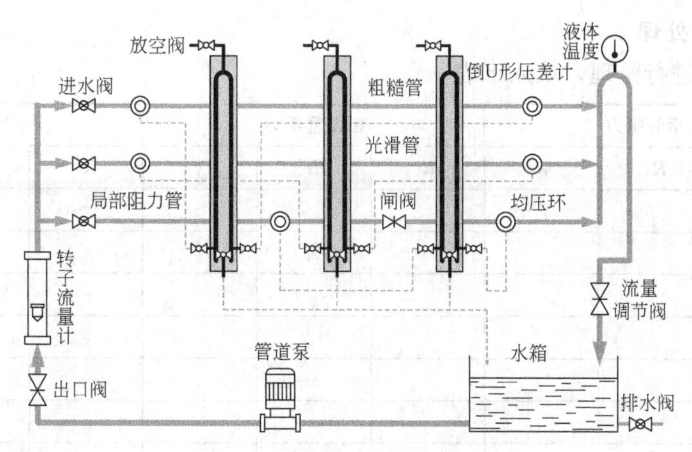

图 4-1　流体流动综合实验流程

四、实验步骤

（1）泵启动　首先对水箱进行灌水，然后关闭出口阀，打开总电源和仪表开关，启动水泵，待电机转动平稳后，把出口阀缓缓开到最大。

（2）实验管路选择　选择实验管路，把对应的进口阀打开，并在出口阀最大开度下，保持全流量流动 5～10min。

（3）排气　关闭管道出口阀，通过倒 U 形压差计正确操作对管路进行排气。

（4）引压　打开对应实验管路的引压阀，然后适当调节流量大小，看倒 U 形压差计是否可以正常指示。

（5）流量调节　手控出水闸阀，然后开启管路出口阀，调节流量，让流量从 600～6000L/h 范围内变化。每次改变流量，待流动达到稳定后，记下对应的压差值。

（6）计算　装置确定时，根据 Δp 和 u 的实验测定值，可计算 λ 和 ξ，在等温条件下，雷诺数 $Re=du\rho/\mu=Au$，其中 A 为常数，因此只要调节管路流量，即可得到一系列 λ-Re 的实验点，从而绘出 λ-Re 曲线。

（7）实验结束　关闭出口阀，关闭水泵电源，清理装置。

五、实验数据记录及处理

1. 实验数据记录

将上述实验测得的数据填写到下表。

实验日期：　　　　　　温度：＿＿＿＿＿＿　装置号：＿＿＿＿＿＿

序号	流量/(m^3/h)	光滑管阻力 倒 U 形压差计/mm			粗糙管阻力 倒 U 形压差计/mm			局部阻力 倒 U 形压差计/mm		
		左	右	R	左	右	R	左	右	R'

2. 实验数据处理

将实验数据进行整理，填入下表。

序号	光滑管阻力			粗糙管阻力			局部阻力		
	R	Re	λ	R	Re	λ	R'	Re	ξ

上表计算中，应取其中一组数据作为计算举例，写出计算过程。

3. 绘制关系曲线

在双对数坐标纸上标绘 λ-Re，ξ-Re 关系曲线。

4. 实验结果讨论

六、思考题

① 在对装置做排气工作时，是否一定要关闭流程尾部的出口阀？为什么？

② 如何检测管路中的空气已经被排除干净了？

③ 以水作介质所测得的 λ-Re 关系能否适用于其他流体？如何应用？

④ 在不同设备上（包括不同管径），不同水温下测定的 λ-Re 数据能否关联在同一条曲线上？

⑤ 如果测压口、孔边缘有毛刺或安装不垂直，对静压强的测量有何影响？

实验二 离心泵特性曲线的测定

一、实验目的

① 了解离心泵的结构与特性，熟悉离心泵的操作。

② 掌握离心泵特性曲线的测定方法，测定并绘制离心泵在恒定转速下的特性曲线。

二、实验原理

离心泵的特性曲线是选择和使用离心泵的重要依据之一，其特性曲线是在恒定转速下泵的扬程 H、轴功率 N 及效率 η 与泵的流量 Q 之间的关系曲线，它是流体在泵内流动规律的宏观表现形式。由于泵内部流动情况复杂，不能用理论方法推导出泵的特性关系曲线，只能依靠实验测定。各种泵的特性曲线均已列入泵的样本中，供选泵时参考。本实验的目的之一就是要了解和掌握这些曲线的测定方法。

1. 扬程 H 的测定

取离心泵进口真空表和出口压力表处为1、2两截面，列伯努利方程，由于两截面间的

管长较短，通常可忽略压头损失 H_f，速度平方差也很小，故可忽略，则有

$$H=H_0+\frac{p_1+p_2}{\rho g} \tag{4-9}$$

式中　H_0——泵出口和进口间的位差，m；

p_1，p_2——分别为真空表和压力表的读数，Pa。

由上式可知，只要直接读出真空表和压力表上的数值，及两表的安装高度差，就可计算出泵的扬程。

2. 轴功率 N 的测量

泵由电动机带动，电动机通过泵轴使叶轮旋转给液体传递能量，在电动机和泵轴间的能量传递过程中，由于摩擦等原因有一部分的能量损失了，使得电动机的输入功率并不等于泵的轴功率。故轴功率为

$$N=kN_{电} \tag{4-10}$$

式中　$N_{电}$——电功率表显示值，W；

k——电机传动效率，可取 $k=0.95$。

3. 效率 η 的计算

泵的效率 η 是泵的有效功率 N_e 与轴功率 N 的比值。有效功率 N_e 是单位时间内流体经过泵时所获得的实际功，轴功率 N 是单位时间内泵轴从电机得到的功，两者差异反映了压力损失、容积损失和机械损失的大小。

泵的有效功率 N_e 可计算如下：

$$N_e=HQ\rho g \tag{4-11}$$

故泵效率为

$$\eta=\frac{HQ\rho g}{N}\times 100\% \tag{4-12}$$

4. 转速改变时的换算

泵的特性曲线是在固定转速下的实验测定所得。但是，实际上感应电动机在转矩改变时，其转速会有变化，这样随着流量 Q 的变化，多个实验点的转速 n 将有所差异，因此在绘制特性曲线之前，须将实测数据换算为某一定转速 n' 下（可取离心泵的额定转速 2900r/min）的数据。当转速的相对变化率小于 20%时，换算关系如下：

流量
$$Q'=Q\frac{n'}{n} \tag{4-13}$$

扬程
$$H'=H\left(\frac{n'}{n}\right)^2 \tag{4-14}$$

轴功率
$$N'=N\left(\frac{n'}{n}\right)^3 \tag{4-15}$$

三、实验装置与流程

本实验装置主要由水箱、离心泵、真空表、压力表、调节阀门、管件，涡轮流量计和电器控制箱等组成，流程如图 4-2 所示。泵将水箱的水通过底阀和吸入管路吸入泵体，再通过压出管、涡轮流量计、调节阀后，完成一个循环重新流回水箱。在电器控制箱的仪表上可显示电机的功率、转速和流量。

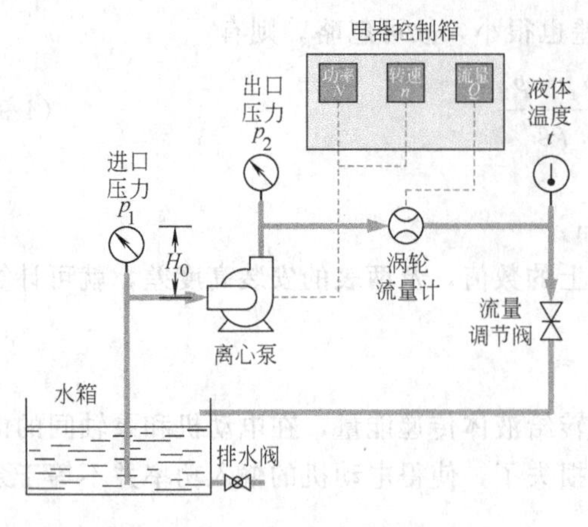

图 4-2 离心泵特性曲线测定流程

四、实验步骤及注意事项

1. 实验步骤

① 清洗水箱，并加装实验用水。给离心泵灌水，排出泵内气体。

② 检查电源和信号线是否与控制柜连接正确，检查各阀门开度和仪表自检情况，试开状态下检查电机和离心泵是否正常运转。

③ 实验时，逐渐打开调节阀以增大流量，待各仪表读数显示稳定后，读取相应数据。主要获取实验参数为：流量 Q、泵进口真空表读数 p_1、泵出口压力表读数 p_2、电机功率 $N_电$、泵转速 n 及流体温度 t 和两测压点间高度差 H_0。

④ 测取 10 组左右数据后，可以停泵，同时记录下设备的相关数据（如离心泵型号，额定流量、扬程和功率等）。

⑤ 实验结束后，先关调节阀，再关闭电器控制箱仪表电源，最后关闭泵电源，清理现场。

2. 注意事项

① 一般每次实验前，均需对泵进行灌泵操作，以防止离心泵气缚。同时注意定期对泵进行保养，防止叶轮被固体颗粒损坏。

② 泵运转过程中，勿触碰泵主轴部分，因其高速转动，可能会缠绕并伤害身体接触部位。

五、实验数据记录及处理

1. 实验数据记录

将上述实验测得的数据填写到下表。

实验日期：　　　　温度：＿＿＿＿＿　装置号：＿＿＿＿＿

离心泵型号：＿＿＿＿　泵进出口测压点高度差 H_0=＿＿＿＿　流体温度 t=＿＿＿＿

实验序号	流量 Q /(m^3/h)	真空表读数 p_1 /kPa	压力表读数 p_2 /kPa	电机功率 $N_电$ /kW	泵转速 n /(r/min)

2. 实验数据处理

实验过程中如泵的转速发生变化，计算各流量下的泵扬程、轴功率和泵效率后，应按比例定律校核至同一转速下的数据。

实验序号	流量 $Q/(m^3/h)$	扬程 H/m	轴功率 N/kW	泵效率 $\eta/\%$

上表计算中，应取其中一组数据作为计算举例，写出计算过程。

3. 绘制关系曲线

在直角坐标纸上标绘 N-Q，H-Q，η-Q 三条曲线。

4. 实验结果讨论

六、思考题

① 试从所测实验数据分析，离心泵在启动时为什么要关闭出口阀门？

② 启动离心泵之前为什么要引水灌泵？如果灌泵后依然启动不起来，你认为可能的原因是什么？正常工作的离心泵，在其进口管路上安装阀门是否合理？为什么？

③ 为什么用泵的出口阀门调节流量？这种方法有什么优缺点？是否还有其他方法调节流量？

④ 泵启动后，出口阀如果不开，压力表读数是否会逐渐上升？为什么？

⑤随泵出口调节阀开大，泵出口压力表和吸入口真空表的读数按什么规律变化？为什么？

实验三 液-液板式换热实验

一、实验目的

① 掌握冷热流体通过间壁换热时的基本规律。

② 测定板式换热器的总传热系数。

③ 考察流体流速对总传热系数的影响；了解板式换热器的特点及使用范围。

二、实验原理

板式换热器是一种传热效果好，结构紧凑的重要化工换热设备，适用于在温度不太高和压力不太大的场合。板式换热器主要由一组长方形的金属传热板片构成，两相邻板片的边缘衬以垫片压紧，板片四角有圆孔，形成流体的通道。冷热流体相间地在板片两侧流过，通过板片进行换热。

本实验主要研究冷热液体通过板式换热器所进行的传热过程，总传热系数 K 是传热计算中的一个重要参数，其值大小受壁面两侧的对流传热系数等因素影响，它可通过现场测试得到。

达到传热稳定时，忽略热损失的影响，在单位时间内热流体向冷流体传递的热量，可由热量衡算方程来表示

$$Q=W_h C_{ph}(T_1-T_2)=W_c C_{pc}(t_2-t_1) \tag{4-16}$$

根据总传热速率方程可知 $$Q=KS\Delta t_m \tag{4-17}$$

上式中冷、热流体间的平均温度差 Δt_m 取为换热器进出口处冷热流体温度差的对数平均值，即

$$\Delta t_m=\frac{\Delta t_1-\Delta t_2}{\ln\dfrac{\Delta t_1}{\Delta t_2}} \tag{4-18}$$

冷热流体呈并流流动，则 $\Delta t_1=T_1-t_1 \quad \Delta t_2=T_2-t_2$

若换热面积 S 已知，由此可计算换热器的总传热系数 $$K=\frac{Q}{S\Delta t_m} \tag{4-19}$$

三、实验装置与流程

本实验装置主要由板式换热器、循环热水箱、加热器、热液泵以及一系列测量和控制仪表组成。如图 4-3 所示，热水由热液泵从循环热水箱经转子流量计进入预热器，经预热器加热后进入板式换热器，最后再返回水箱内。冷水由自来水管经转子流量计进入板式换热器，

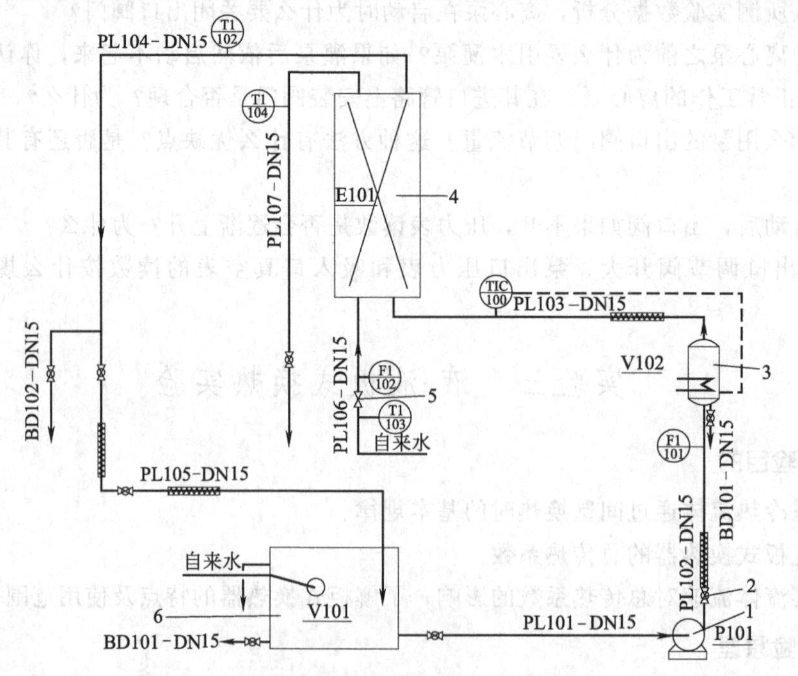

图 4-3 液-液板式换热实验流程

1—热液泵；2—热水阀；3—预热器；4—板式换热器；5—冷水阀；6—循环热水箱

经加热后排入下水管道。

板式换热器换热面积：$0.5m^2$

四、实验步骤

1. 操作步骤

① 打开总电源开关、仪表开关，待各仪表温度自检显示正常后进行下步操作。

② 开启热液泵，流量 300L/h 左右，使热水经加热器、板式换热器回到热液池完成循环。

③ 开启加热器加热，控制加热温度在60℃左右，观察热流体进出口温度，当热水进出口温度稳定以后，开始通入冷水。

④ 实验进行中可取 3～5 组数据，热水流量保持在 300L/h，冷水流量在 150～400L/h 范围内调节，依次记录冷流体不同流量时冷热流体进出口的温度及流量。一定要冷热流体进出口温度稳定后再记录实验数据。

⑤ 实验结束，应先关闭加热器，关闭热液泵，冷水继续通入，待各温度显示至室温左右，再关闭电源。

2. 实验注意事项

① 开始实验时，必须先启动热液泵，再开启加热器。

② 结束实验时，必须先关加热器，等待一段时间至装置温度下降至接近室温后再关闭热液泵。

③ 每改变一次冷水或热水流量，一定要待传热过程达到稳定后，才能测取数据。

五、实验数据记录及处理

1. 数据记录

将实验数据记录在下表中。

实验序号	热水体积流量 V_h /(L/h)	冷水体积流量 V_c /(L/h)	热水进口温度 T_1 /℃	热水出口温度 T_2 /℃	冷水进口温度 t_1 /℃	冷水出口温度 t_2 /℃
1						
2						
⋮						

2. 数据处理

由实验数据求取不同流量下的总传热系数，填入下表。取其中一组数据作为计算举例，写出具体的计算过程。

实验序号	热水质量流量 W_h/(kg/s)	冷水质量流量 W_c/(kg/s)	总传热系数 K/(W/m²·℃)
1			
2			
⋮			

六、思考题

① 当冷水或热水流量增加时，总传热系数是增加还是减小？相应的水出口温度是增加

还是减小？试分析。

② 热量衡算时计算热水降温放出的热量与冷水升温吸收的热量时，两者不相等，试分析可能原因。

实验四　恒压过滤实验

一、实验目的

① 熟悉板框过滤机的构造和操作方法。

② 学会测定过滤常数 K、q_e、τ_e 及压缩性指数 s 的方法。

③ 了解过滤压力对过滤速率的影响。

二、实验原理

过滤是以某种多孔物质为介质来处理悬浮液以达到固、液分离的一种操作过程，即在外力的作用下，悬浮液中的液体通过固体颗粒层（即滤饼层）及多孔介质的孔道而固体颗粒被截留下来，从而实现固、液分离。因此，过滤操作本质上是流体通过固体颗粒层的流动，而这个固体颗粒层（滤饼层）的厚度随着过滤的进行而不断增加，故在恒压过滤操作中，过滤速度不断降低。

本实验主要研究悬浮液通过板框过滤机所进行的固液分离过程。过滤常数是过滤计算中的重要参数，其值大小与过滤介质、颗粒粒径等因素影响，它可通过现场测试得到。

在恒温和恒压下过滤时，μ、r、C 和 Δp 都恒定，令 $K=\dfrac{2\Delta p^{(1-s)}}{\mu rC}$

此时过滤基本方程式可改写成：

$$\frac{dV}{d\tau}=\frac{KA^2}{2(V+V_e)} \tag{4-20}$$

又

$$V_e=q_eA \qquad V=qA$$

过滤面积 A 一定，可当作常数处理，则　$dV=A\,dq$

代入式（4-20）并写成差分形式，得：

$$\frac{\Delta\tau}{\Delta q}=\frac{2}{K}\bar{q}+\frac{2}{K}q_e \tag{4-21}$$

以 $\Delta\tau/\Delta q$ 为纵坐标，$\bar{q}$ 为横坐标将式（4-21）绘成一直线，可由该直线的斜率和截距，计算得到过滤常数 K 和 q_e。

由 $q_e^2=K\tau_e$ 可得另一过滤常数：

$$\tau_e=\frac{q_e^2}{K} \tag{4-22}$$

$\lg K$-$\lg(\Delta p)$ 的关系在直角坐标上是一条直线，斜率为 $(1-s)$，可得滤饼压缩性指数 s。

三、实验装置与流程

本实验装置主要由配料罐、压力罐、过滤机、调压阀以及空气压缩机等组成。流程如图 4-4 所示。

碳酸钙在配料罐内配制成一定浓度并利用压缩空气搅拌成悬浮液后，利用压差送入压力罐中，用压缩空气定时加以搅拌防止沉降。开始过滤时，利用压缩空气的压力将滤浆送入板框过滤机，滤液流入量筒计量，压缩空气从压力料槽上排空管中排出。

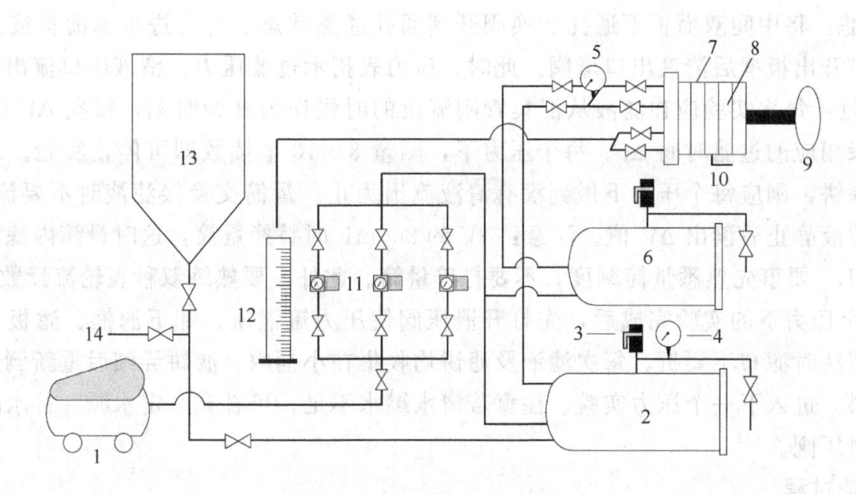

图 4-4 恒压过滤流程

1—空气压缩机；2—压力罐；3—安全阀；4,5—压力表；6—清水罐；7—滤框；8—滤板；9—手轮；10—通孔切换阀；11—调压阀；12—量筒；13—配料罐；14—地沟

板框过滤机的结构尺寸：框厚度 20mm，每个框过滤面积 $0.0177m^2$，框数 2 个。

空气压缩机规格型号：风量 $0.06m^3/min$，最大气压 0.8MPa。

四、实验步骤

1. 实验准备

① 配料：在配料罐内配制含 $CaCO_3$ 10%～30%（质量分数）的水悬浮液，碳酸钙事先由天平称重，水位高度按标尺示意，筒身直径 35mm。配制时，应将配料罐底部阀门关闭。

② 搅拌：开启空压机，将压缩空气通入配料罐（空压机的出口小球阀保持半开，进入配料罐的两个阀门保持适当开度），使 $CaCO_3$ 悬浮液搅拌均匀。搅拌时，应将配料罐的顶盖合上。

③ 设定压力：分别打开进压力罐的三路阀门，空压机过来的压缩空气经各定值调节阀分别设定为 0.1MPa、0.2MPa 和 0.25MPa（出厂已设定，实验时不需要再调压。若欲做 0.25MPa 以上压力过滤，需调节压力罐安全阀）。设定定值调节阀时，压力罐泄压阀可略开。

④ 装板框：正确装好滤板、滤框及滤布。滤布使用前用水浸湿，滤布要绷紧，不能起皱。滤布紧贴滤板，密封垫贴紧滤布。注意：用螺旋压紧时，千万不要把手指压伤，先慢慢转动手轮使板框合上，然后再压紧。

⑤ 灌清水：向清水罐通入自来水，液面达视镜 2/3 高度左右。灌清水时，应将安全阀处的泄压阀打开。

⑥ 灌料：在压力罐泄压阀打开的情况下，打开配料罐和压力罐间的进料阀门，使料浆自动由配料桶流入压力罐至其视镜 1/2～2/3 处，关闭进料阀门。

2. 过滤过程

① 鼓泡：通压缩空气至压力罐，使容器内料浆不断搅拌。压力料槽的排气阀应不断排气，但又不能喷浆。

② 过滤：将中间双面板下通孔切换阀开到通孔通路状态。打开进板框前料液进口的两个阀门，打开出板框后清液出口球阀。此时，压力表指示过滤压力，清液出口流出滤液。

③ 测量：每次实验应在滤液从汇集管刚流出的时候作为开始时刻，每次 ΔV 取 800mL 左右。记录相应的过滤时间 $\Delta\tau$。每个压力下，测量 8～10 个读数即可停止实验。若欲得到干而厚的滤饼，则应每个压力下做到没有清液流出为止。量筒交换接滤液时不要流失滤液，等量筒内滤液静止后读出 ΔV 值。注意：ΔV 约 800mL 时替换量筒，这时量筒内滤液量并非正好 800mL。要事先熟悉量筒刻度，不要打碎量筒。此外，要熟练双秒表轮流读数的方法。

④ 一个压力下的实验完成后，先打开泄压阀使压力罐泄压。卸下滤框、滤板、滤布进行清洗，清洗时滤布不要折。每次滤液及滤饼均收集在小桶内，滤饼弄细后重新倒入料浆桶内搅拌配料，进入下一个压力实验。注意若清水罐水不足，可补充一定水源，补水时仍应打开该罐的泄压阀。

3. 清洗过程

① 关闭板框过滤的进出阀门。将中间双面板下通孔切换阀开到通孔关闭状态（阀门手柄与滤板平行为过滤状态，垂直为清洗状态）。

② 打开清洗液进入板框的进出阀门（板框前两个进口阀，板框后一个出口阀）。此时，压力表指示清洗压力，清液出口流出清洗液。清洗液流出速度比同压力下过滤速度小很多。

③ 清洗液流动约 1min，可观察混浊变化判断结束，注意若清水罐水不足，可补充一定水源，补水时仍应打开该罐的泄压阀。一般物料可不进行清洗过程。结束清洗过程，也是关闭清洗液进出板框的阀门，关闭定值调节阀后关闭进气阀门。

4. 实验结束

① 先关闭空压机出口球阀，关闭空压机电源。

② 打开安全阀处泄压阀，使压力罐和清水罐泄压。

③ 卸下滤框、滤板、滤布进行清洗，清洗时滤布不要折。

④ 将压力罐内物料反压到配料罐内备下次使用，或将该二罐物料直接排空后用清水冲洗。

5. 实验注意事项

① 实验结束时必须确定整个系统泄压完成后方可拆卸滤框、滤板，严禁带压拆装。

② 一个压力下的实验完成后，如需进行另一压力下的实验，应先打开泄压阀使压力罐泄压后，再关闭泄压阀重新开始实验。禁止不经泄压直接转换不同压力，防止压力罐内料浆倒流堵塞调压阀。

五、实验数据记录及处理

1. 数据记录

将实验数据记录在下表中。

过滤面积：________m^2

序号	过滤压力 Δp/(kPa)	累积过滤时间 τ/s	累积滤液体积 V/mL
1			
2			
⋮			

序号	过滤压力 $\Delta p/(\mathrm{kPa})$	过滤时间 $\Delta\tau$ /s	单位过滤面积滤液体积 $\Delta q/(\mathrm{m^3/m^2})$	平均单位过滤面积滤液体积 $\bar{q}/(\mathrm{m^3/m^2})$	$\Delta\tau/\Delta q$ /(s/m)
1					
2					
⋮					

2. 数据处理

由实验数据求取不同过滤压力下的过滤常数 K、q_e、τ_e 及压缩性指数 s。取其中一组数据作为计算举例，写出具体的计算过程。

六、思考题

① 板框压滤机的操作分哪几个阶段？

② 为什么过滤开始时，滤液常常有点混浊，而过段时间后才变清？

③ 影响过滤速率的主要因素有哪些？在某一恒压下测得 K、q_e、τ_e 值后，若将过滤压力提高一倍，问上述三个值将有何变化？

实验五 板式塔精馏实验

一、实验目的

① 了解筛板精馏塔及其附属设备的基本结构，掌握精馏过程的基本操作方法。

② 学会判断系统达到稳定的方法，掌握测定塔顶、塔釜溶液浓度的实验方法。

③ 学习测定精馏塔全塔效率和单板效率的实验方法，研究回流比对精馏塔分离效率的影响。

二、实验原理

1. 全塔效率 E_T

全塔效率又称总板效率，是指达到指定分离效果所需的理论塔板数与实际塔板数的比值，即

$$E=\frac{N_T}{N_P}\times 100\% \tag{4-23}$$

式中 N_T——完成一定分离任务所需的理论塔板数，不包括蒸馏釜；

N_P——完成一定分离任务所需的实际塔板数，本装置 $N_P=10$。

全塔效率简单地反映了整个塔内塔板的平均效率，说明了塔板结构、物性系数、操作状况对塔分离能力的影响。对于塔内所需理论塔板数 N_T，可由已知的双组分物系平衡关系，以及实验中测得的塔顶、塔釜出液的组成，回流比 R 和热状况 q 等，用图解法求得。

2. 单板效率 E_M

单板效率又称莫弗里板效率，是指气相或液相经过一层实际塔板前后的组成变化值与经过一层理论塔板前后的组成变化值之比。塔板气液流向示意如图 4-5 所示。

按气相组成变化表示的单板效率为

$$E_{MV}=\frac{y_n-y_{n+1}}{y_n^*-y_{n+1}} \tag{4-24}$$

按液相组成变化表示的单板效率为

$$E_{ML}=\frac{x_{n-1}-x_n}{x_{n-1}-x_n^*} \quad (4\text{-}25)$$

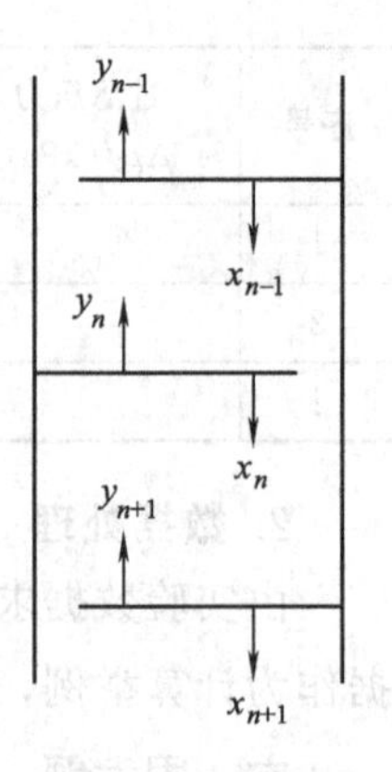

图 4-5 塔板气液流向示意

式中 y_n，y_{n+1}——离开第 n、$n+1$ 块塔板的气相组成，摩尔分数；

x_{n-1}，x_n——离开第 $n-1$、n 块塔板的液相组成，摩尔分数；

y_n^*——与 x_n 成平衡的气相组成，摩尔分数；

x_n^*——与 y_n 成平衡的液相组成，摩尔分数。

三、实验装置与流程

本实验装置的主体设备是筛板精馏塔，配套的有加料系统、回流系统、产品出料管路、残液出料管路、进料泵和一些测量、控制仪表。

筛板塔主要结构参数：塔内径 $D=68\text{mm}$，厚度 $\delta=2\text{mm}$，塔节 $\phi76\text{mm}\times4\text{mm}$，塔板数 $N=10$ 块，板间距 $H_T=100\text{mm}$。加料位置为由下向上起数第 3 块和第 5 块。降液管采用弓形，齿形堰，堰长 56mm，堰高 7.3mm，齿深 4.6mm，齿数 9 个。降液管底隙 4.5mm。筛孔直径 $d_0=1.5\text{mm}$，正三角形排列，孔间距 $t=5\text{mm}$，开孔数为 74 个。塔釜为内电加热式，加热功率为 2.5kW，有效容积为 10L。塔顶冷凝器、塔釜换热器均为盘管式。单板取样为自下而上第 1 块和第 10 块，斜向上为液相取样口，水平管为气相取样口。

本实验料液为乙醇水溶液，釜内液体由电加热器产生蒸汽逐板上升，经与各板上的液体传质后，进入盘管式换热器壳程，冷凝成液体后再从集液器流出，一部分作为回流液从塔顶流入塔内，另一部分作为产品馏出，进入产品贮罐；残液经釜液转子流量计流入釜液贮罐。精馏过程如图 4-6 所示。

四、实验步骤及注意事项

1. 实验步骤

本实验的主要操作步骤如下。

(1) 全回流 全回流时理论塔板数的确定如图 4-7 所示。

① 配制浓度为 10%～20%（体积分数）的料液加入贮罐中，打开进料管路上的阀门，由进料泵将料液打入塔釜，至釜容积的 2/3 处（由塔釜液位计可观察）。

② 关闭塔身进料管路上的阀门，启动电加热管电源，调节加热电压至适中位置，使塔釜温度缓慢上升（因塔中部玻璃部分较为脆弱，若加热过快玻璃极易碎裂，使整个精馏塔报废，故升温过程应尽可能缓慢）。

③ 打开塔顶冷凝器的冷却水，调节至合适的冷凝量并关闭塔顶出料管路，使整塔处于全回流状态。

④ 当塔顶温度、回流量和塔釜温度稳定后，分别取样（塔顶浓度 X_D 和塔釜浓度 X_W），进行分析。

(2) 部分回流 部分回流时理论塔板数的确定如图 4-8 所示。

① 在贮料罐中配制一定浓度的乙醇水溶液（约 10%～20%）。

② 待塔全回流操作稳定时，打开进料阀，调节进料量至适当的流量。

③ 控制塔顶回流和出料两转子流量计，调节回流比 $R(R=1\sim4)$。

④ 当塔顶、塔内温度读数稳定后即可分别取样（原料液浓度 x_F、塔顶浓度 x_D 和塔釜浓度 x_W），进行分析。

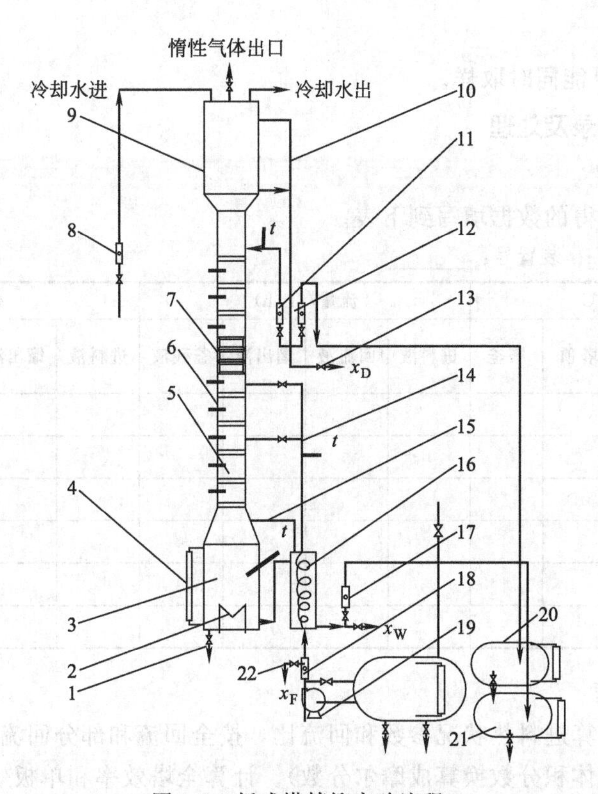

图 4-6 板式塔精馏实验流程

1—塔釜排液口；2—电加热器；3—塔釜；4—塔釜液位计；5—塔板；6—温度计（其余均以 t 表示）；7—窥视节；8—冷却水流量计；9—盘管冷凝器；10—塔顶平衡管；11—回流液流量计；12—塔顶出料流量计；13—产品取样口；14—进料管路；15—塔釜平衡管；16—盘管换热器；17—塔釜出料流量计；18—进料流量计；19—进料泵；20—产品贮槽；21—残液贮槽；22—料液取样口

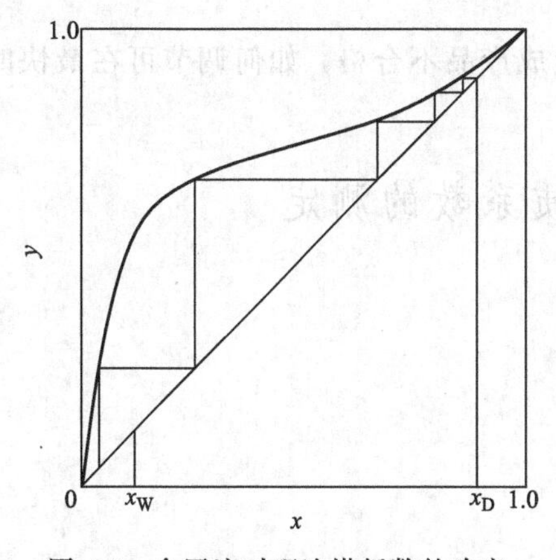

图 4-7 全回流时理论塔板数的确定

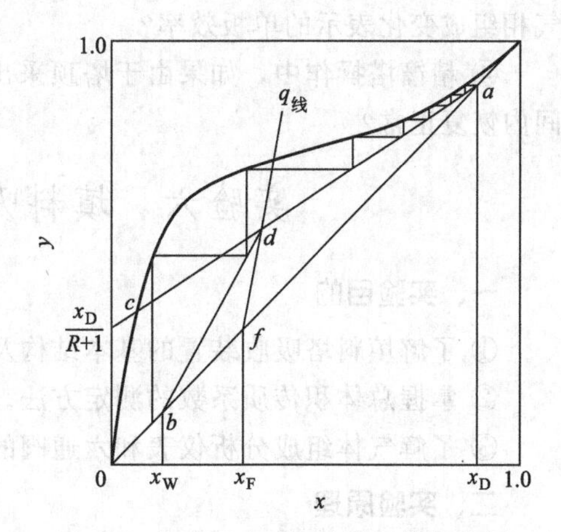

图 4-8 部分回流时理论塔板数的确定

2. 注意事项

① 塔顶放空阀一定要打开，否则容易因塔内压力过大导致危险。

② 料液一定要加到设定液位 2/3 处方可打开加热管电源，否则塔釜液位过低会使电加

热丝露出干烧损坏。

③ 各个样品尽可能同时取样。

五、实验数据记录及处理

1. 实验数据记录

根据上述实验测得的数据填写到下表。

实验日期：________　装置号：________

回流形式	温度/℃				流量/(L/h)				体积分数/%				
	进料	回流	塔顶	塔釜	进料液	回流液	馏出液	釜残液	进料液	馏出液	釜残液	单板	
												上	下

2. 实验数据处理

根据实验数据求算进料热状况参数和回流比，按全回流和部分回流分别用图解法求出理论塔板数（浓度要由体积分数换算成摩尔分数）。计算全塔效率和单板效率。

应取一组数据计算举例，并写出计算过程。

3. 实验结果讨论

六、思考题

① 测定全回流和部分回流总板效率与单板效率时各需测几个参数？取样位置在何处？

② 若测得单板效率超过100%，作何解释？

③ 在全回流时，测得板式塔上第 n、$n-1$ 层液相组成后，能否求出第 n 层塔板上的以气相组成变化表示的单板效率？

④ 精馏塔操作中，如果由于塔顶采出量太大而造成产品不合格，如何调节可在最快时间内恢复正常？

实验六　填料吸收塔传质系数的测定

一、实验目的

① 了解填料塔吸收装置的基本结构及流程。

② 掌握总体积传质系数的测定方法。

③ 了解气体组成分析仪表和六通阀的使用方法。

二、实验原理

填料塔是一种气、液两相在填料表面连续接触以进行传质的设备，填料层高度的计算是填料吸收塔设计的核心工作，而影响填料层高度的重要参数是总体积传质系数。工程上常通过同类型或相近设备进行传质系数的测定，作为放大设计的参考依据。

本实验采用水逆流吸收空气中的 CO_2 气体。一般 CO_2 在水中的溶解度很小，此体系

CO_2 气体的吸收过程属于液膜控制，所得溶液的浓度较低，可认为气液相间的平衡关系服从亨利定律，本实验主要测定液相总体积吸收系数 $K_x a$ 和液相总传质单元高度 H_{OL}。

1. **计算公式**

填料层高度 Z 为：

$$Z = H_{OL} N_{OL} \tag{4-26}$$

液相总传质单元数为：

$$N_{OL} = \frac{1}{1-A} \ln\left[(1-A)\frac{y_1 - mx_2}{y_1 - mx_1} + A\right] \tag{4-27}$$

式中　A——吸收因数，可由 $A = L/mV$ 计算得到；

y_1——进塔气组成，摩尔分数；

x_1——出塔液体组成，摩尔分数；

x_2——进塔液体组成，本实验采用清水，可视为 $x_2 = 0$。

由式（4-26）可得液相总传质单元高度

$$H_{OL} = \frac{Z}{N_{OL}} \tag{4-28}$$

又

$$H_{OL} = \frac{L}{K_x a \Omega} \tag{4-29}$$

则可得到液相总体积传质系数

$$K_x a = \frac{H_{OL} \Omega}{L} = \frac{H_{OL} \frac{\pi}{4} D^2}{L} \tag{4-30}$$

2. **测定方法**

（1）空气流量和水流量的测定　本实验采用转子流量计测得空气和水的体积流量，可根据实验条件（温度和压力）及相关公式换算成空气和水的摩尔流量。

（2）测定塔顶和塔底气相组成 y_1 和 y_2　本实验采用气体组成分析计测得混合气中二氧化碳气体的组成。

（3）计算确定塔底液相组成　对清水逆流吸收而言，$x_2 = 0$。

由全塔物料衡算

$$V(y_1 - y_2) = L(x_1 - x_2) \tag{4-31}$$

可得

$$x_1 = \frac{V(y_1 - y_2)}{L} \tag{4-32}$$

三、实验装置与流程

1. **装置与流程**

本实验装置流程如图 4-9 所示：将自来水送入填料塔塔顶经喷头喷淋在填料顶层。由风机送来的空气和由二氧化碳钢瓶来的二氧化碳混合后，一起进入气体混合罐，然后再进入塔底，与水在塔内进行逆流接触，混合气中的二氧化碳气体溶解于水中，由塔顶出来的尾气放空，由于本实验为低浓度气体的吸收，所以热效应可忽略，整个实验过程看成是等温操作。

2. **设备参数**

（1）吸收塔　高效填料塔，塔径 100mm，塔内装有金属丝网波纹规整填料或 θ 环散装填料，填料层总高度 2000mm。塔顶有液体初始分布器，塔中部有液体再分布器，塔底部有栅板式填料支承装置。填料塔底部有液封装置，以避免气体泄漏。

（2）填料规格和特性　金属丝网波纹规整填料：型号 JWB—700Y，规格 ϕ100mm×100mm，比表面积 700m^2/m^3。

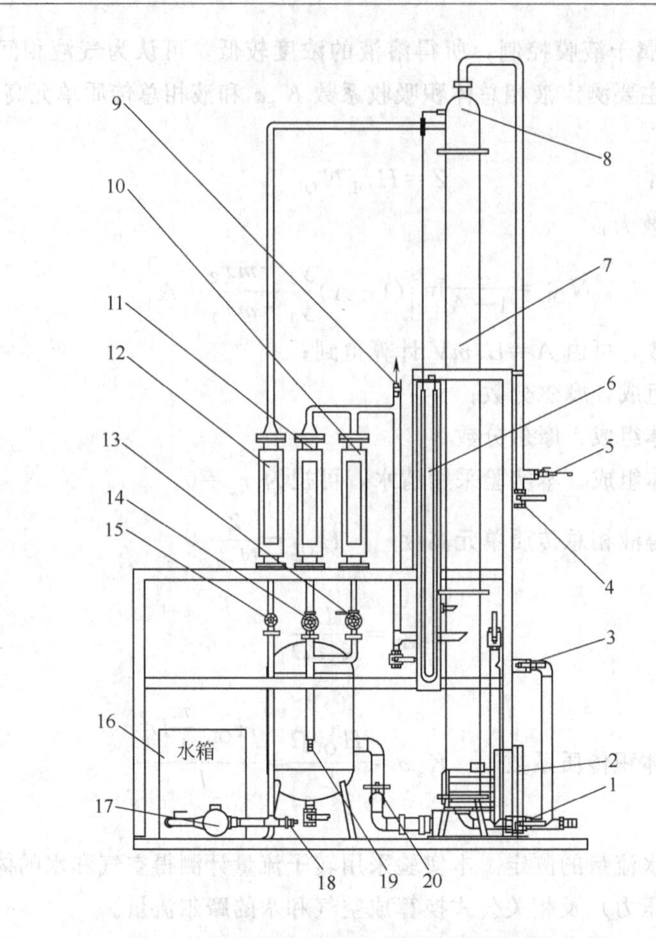

图 4-9 填料吸收塔传质系数的测定装置与流程

1—液体出口阀 1；2—风机；3—液体出口阀 2；4—气体出口阀；5—出塔气体取样口；6—U 型压差计；7—填料层；8—塔顶预分离器；9—进塔气体取样口；10—气体小流量玻璃转子流量计（0.4～4m^3/h）；11—气体大流量玻璃转子流量计（2.5～25m^3/h）；12—液体玻璃转子流量计（100～1000L/h）；13—气体进口闸阀 V1；14—气体进口闸阀 V2；15—液体进口闸阀 V3；16—水箱；17—水泵；18—液体进口温度检测点；19—混合气体温度检测点；20—风机旁路阀

四、实验步骤

① 熟悉实验流程及弄清气相色谱仪及其配套仪器结构、原理、使用方法及其注意事项；

② 打开混合罐底部排空阀，排放掉空气混合贮罐中的冷凝水；

③ 打开仪表电源开关及空气压缩机电源开关，进行仪表自检；

④ 开启进水阀门，让水进入填料塔润湿填料，仔细调节液体转子流量计，使其流量稳定在某一实验值。塔底液封控制：仔细调节液体出口阀的开度，使塔底液位缓慢地在一段区间内变化，以免塔底液封过高溢满或过低而泄气；

⑤ 启动风机，打开 CO_2 钢瓶总阀，并缓慢调节钢瓶的减压阀；

⑥ 仔细调节风机旁路阀门的开度（并调节 CO_2 转子流量计的流量，使其稳定在某一值）；建议气体流量 3～5m^3/h；液体流量 0.6～0.8m^3/h；CO_2 流量 2～3L/min；

⑦ 待塔操作稳定后，读取各流量计的读数及通过温度、压差计、压力表上读取各温度、塔顶塔底压差读数，通过六通阀在线进样，利用分析仪分析出塔顶、塔底气体组成；

⑧ 实验完毕，关闭 CO_2 钢瓶和转子流量计、水转子流量计、风机出口阀门，再关闭进水阀门，及风机电源开关。实验完成后一般先停止水流再停止气流，这样做的目的是为了防止液体从进气口倒压破坏管路及仪器。

五、实验数据记录及处理

1. 数据记录

将实验数据记录在下表中。

气温＿＿＿＿＿；　水温＿＿＿＿＿

实验序号	CO_2 流量/(L/min)	水流量/(L/h)	空气流量/(m^3/h)	进塔气体组成 y_1	出塔气体组成 y_2
1					
2					
⋮					

2. 数据处理

由实验数据求取不同操作条件下液相总体积传质系数、传质单元高度。取其中一组数据作为计算举例，写出具体的计算过程。

六、思考题

① 增大气体流量和增大液体流量对于液相总体积传质系数的影响效果是否相同？为什么？

② 当气体温度和液体温度不同时，应采用什么温度计算亨利系数？

实验七　填料塔流体力学特性实验

一、实验目的

① 熟悉填料吸收塔的构造和填料特性。

② 观察气液两相在填料层内的流动。

③ 测定干填料及不同液体喷淋密度下的填料压力降与空塔气速的关系。

二、实验原理

填料塔是一种重要的气液传质设备，不同的填料具有不同的特性，对吸收过程有着很大影响，其中气体通过填料层的压力降和液泛速度是填料塔设计和操作的两个重要参数。

在填料塔中，当气体自下而上通过干填料时，其压力降 ΔP 与空塔气速 u 的关系可表示为 $\Delta P = u^{1.8\sim2.0}$，在对数坐标纸上描绘可成一直线，斜率为 1.8～2.0，如图 4-10 中 $L=0$ 的直线所示。

在有液体喷淋时，气体通过填料层的压力降除与空塔气速和填料特性有关外，还与液体的喷淋密度有关。在一定喷淋密度下，当气速较小时，压力降与空塔气速仍然遵守 $\Delta P \propto u^{1.8\sim2.0}$ 的关系。但由于填料表面有液膜存在，填料中的空隙减少，填料空隙中的实际气速比干填料时为大，因此压力降比无喷淋时要高。而且填料层所持有的液量随气速增大而增大，当气速增大到某一值时，由于上升气流与下降液体间的摩擦力增大，开始阻碍液体的顺利下流，使得压力降与气速关系的直线斜率加大，此种现象称为拦液现象。该点的空塔气速称为载点气速，如图 4-10 中的 A 点。它代表了填料塔操作中的一个转折点。当气速再进一

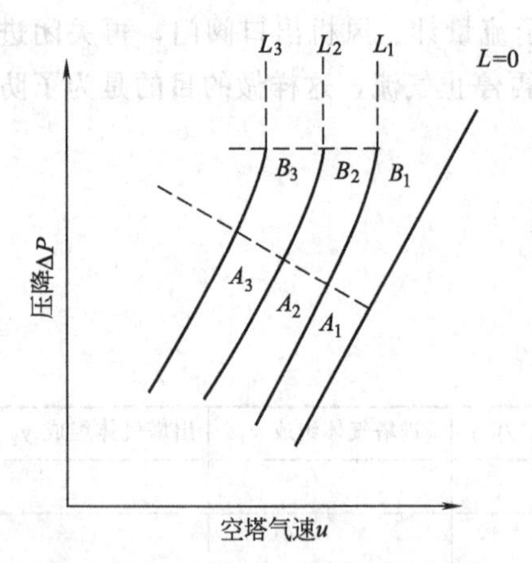

图 4-10　填料层压降和空塔气速间的关系示意图（双对数坐标）

步增大时，填料层的持液量和压力降进一步增大，当达到某一气速时，气液间的摩擦力完全阻止液体向下流动，填料层的压力降急剧上升，并且压力降有强烈波动，此时称为液泛现象，该点称为泛点，如图 4-10 所示的 B 点。

填料塔的设计应保证空塔气速低于泛点气速，如果要求压力降稳定，则宜在载点气速下工作。由于载点气速难于准确地确定，因此常用泛点气速的 50%～80%作为设计气速。泛点气速是填料塔性能的重要参数。可通过实验测定。

三、实验装置与流程

本实验装置主要由填料系统、空气系统、喷淋水系统组成。

如图 4-11 所示，空气由风机经稳压罐输出，由旁通阀和调节阀 1 共同调节流量，经气体转子流量计计量进入塔底。穿过填料层，最后由放空管排出。水经调节阀 2，由液体转子流量计计量，进入塔顶喷淋，最后由塔底排液管排出。为了测量填料层的压力降，在塔上装有 U 形压差计。

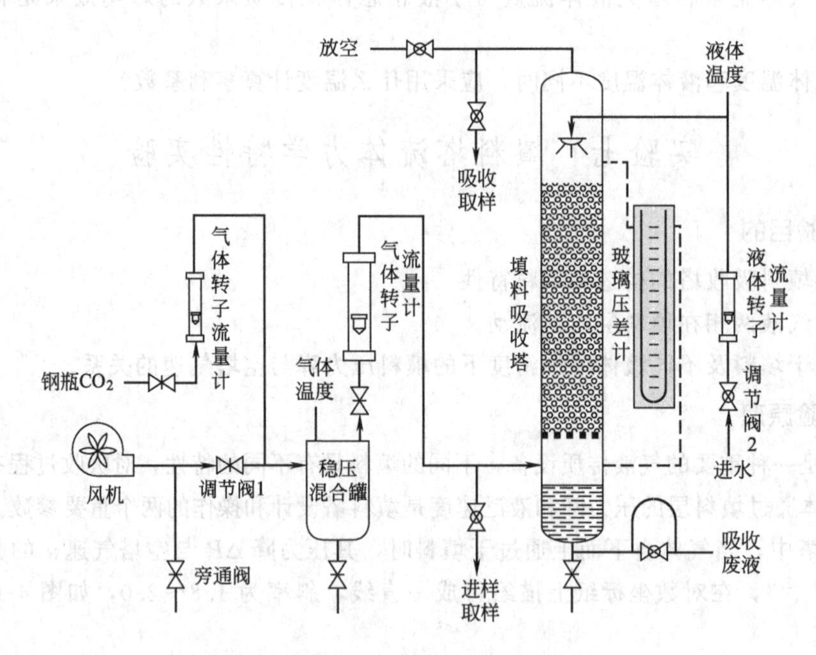

图 4-11　填料塔流体力学特性实验装置与流程

设备基本数据如下。

塔径：0.111m。

填料参数：12mm×12mm×1.3mm 瓷拉西环。

填料层高度：0.825m。

比表面积：403m^{-1}。

空隙率：0.764。

干填料因子：903m^{-1}。

四、实验步骤

① 测定干填料压力降。在塔内无喷淋水情况下，调节空气流量，从最小到最大取12～14个点，每调节一次空气流量，相应测量一次压力降。

② 测定不同喷淋密度下填料的压力降。先开启进水阀，逐渐将转子流量计调节阀2开至最大，使填料层全部润湿，然后关小调节阀2，控制喷淋量为某一固定值，再调节空气流量，从最小到最大取12～14个点，每调节一次空气流量，相应测一次压力降。注意观察载点和泛点，到达液泛后，要注意气速不可过大，以防将填料吹出。在测完某一喷淋量下的参数后，再调节另一喷淋量，进行另一次测量。

③ 实验结束，关闭压缩机电源和进水阀门。

五、实验数据记录和处理

1. 干填料压降测量数据及整理

塔径：________　大气压强：________

填料高度：________　水温：________

序号	空气流量			压　强		校正后空气流量 /(m^3/h)	空塔速度 /(m/s)	单位填料层压降 /(kPa/m)
	流量计示值 /(m^3/h)	计前表压 /mmHg	气温 /℃	塔顶表压 /mmH_2O	填料层压降 /mmH_2O			
1								
2								
3								
⋮								
14								

2. 水喷淋下填料压力降测量数据记录

序号	水流量 /(m^3/h)	空气流量			压强		塔内现象
		流量计示值 /(m^3/h)	计前表压 /mmHg	气温 /℃	塔顶表压 /mmH_2O	填料层压降 /mmH_2O	
1							
2							
3							
⋮							
14							

3. 数据整理

将实验数据进行整理，填入下表。

序号	水喷淋密度 /[m^3/(h·m^2)]	校正后空气流量 /(m^3/h)	空塔速度 /(m/s)	单位填料层压降 /(kPa/m)
1				
2				
3				
4				
⋮				
14				

4. 绘图

以单位填料层压降为纵坐标，以空塔速度为横坐标，将以上结果标绘在双对数坐标纸上，并注明载点和泛点时的气速。取其中一组数据作计算举例，并写出计算过程。

5. 实验结果讨论

六、思考题

① 流体通过干填料压力降和湿填料压力降有什么异同?

② 填料塔的液泛和哪些因素有关?

③ 填料塔气、液两相的流动特点是什么?

实验八　转盘塔萃取实验

一、实验目的

① 了解转盘萃取塔的基本结构、操作方法及萃取的工艺流程。

② 观察转盘转速变化时，萃取塔内轻、重两相流动状况，研究萃取操作条件对萃取过程的影响。

③ 测定传质单元高度 H_{OR} 和萃取率 η。

二、实验原理

萃取是分离和提纯物质的重要单元操作之一，是利用混合物中各个组分在外加溶剂中的分配差异而实现组分分离的单元操作。使用转盘塔进行液-液萃取操作时，两种液体在塔内作逆流流动，其中一相液体作为分散相，以液滴形式通过另一种连续相液体，两种液相的浓度则在设备内作微分式的连续变化，并依靠密度差在塔的两端实现两液相间的分离。当轻相作为分散相时，相界面出现在塔的上端；反之，当重相作为分散相时，则相界面出现在塔的下端。

本实验采用水萃取煤油中的苯甲酸，实验主要测定传质单元高度 H_{OR} 和萃取率 η。

1. 传质单元高度 H_{OR} 的测定

本实验中萃余相浓度较低，平衡曲线可近似为过原点的直线。

此时以萃余相为基准的总传质单元数

$$N_{OR}=\frac{x_F-x_R}{\Delta x_m} \tag{4-33}$$

其中

$$\Delta x_m=\frac{(x_F-x^*)-(x_R-0)}{\ln\dfrac{(x_F-x^*)}{(x_R-0)}}=\frac{(x_F-y_E/k)-x_R}{\ln\dfrac{(x_F-y_E/k)}{x_R}} \tag{4-34}$$

式中 x_F——原料液的组成，kg(A)/kg(S)，实验中通过取样滴定分析而得；

x_R——萃余相的组成，kg(A)/kg(S)，实验中通过取样滴定分析而得；

y_E——萃取相的组成，kg(A)/kg(S)，实验中通过取样滴定分析而得；

k——分配系数，对于本实验的煤油苯甲酸相-水相体系，$k=2.26$。

若传质区高度 H 已知，则可由 $H=H_{OR}N_{OR}$ (4-35)

得：

$$H_{OR}=\frac{H}{N_{OR}} \tag{4-36}$$

2. 萃取率 η 的测定

萃取率 η 为被萃取剂萃取的组分 A 的量与原料液中组分 A 的量之比

$$\eta=\frac{Fx_F-Rx_R}{Fx_F} \tag{4-37}$$

对稀溶液的萃取过程，因为 $F=R$，所以有

$$\eta=\frac{x_F-x_R}{x_F} \tag{4-38}$$

三、实验装置与流程

1. 装置与流程

本实验装置流程如图 4-12 所示。操作时应先在塔内灌满连续相——水，然后加入分散相——煤油（含有饱和苯甲酸），待分散相在塔顶凝聚一定厚度的液层后，通过连续相的Ⅱ管闸阀调节两相的界面于一定高度，对于本装置采用的实验物料体系，凝聚是在塔的上端进行（塔的下端也设有凝聚段）。本装置外加能量的输入，可通过直流调速器来调节中心轴的转速。

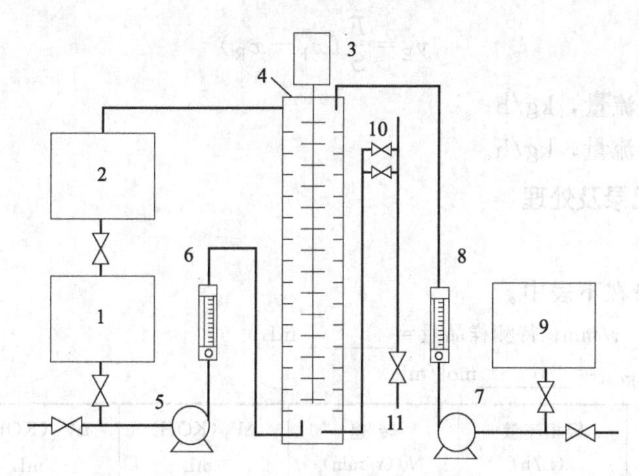

图 4-12 转盘塔萃取实验流程

1—轻相槽；2—萃余相槽（回收槽）；3—电机搅拌系统；4—萃取塔；5—轻相泵；6—轻相流量计；7—重相泵；8—重相流量计；9—重相槽；10—Ⅱ管闸阀；11—萃取相出口

2. 设备参数

塔内径：60mm；塔高 1200mm ；传质区高度 750mm。

四、实验步骤

① 将煤油配制成含苯甲酸的混合物（饱和或近饱和）溶液，然后把它灌入轻相槽内。

注意：勿直接在槽内配制饱和溶液，防止固体颗粒堵塞煤油输送泵的入口。

② 接通水管，将水灌入重相槽内，用磁力泵将它送入萃取塔内。注意：磁力泵切不可空载运行。

③ 通过调节转速来控制外加能量的大小，在操作时转速逐步加大，中间会跨越一个临界转速（共振点），一般实验转速可取500r/min。

④ 水在萃取塔内搅拌流动，并连续运行5min后，开启分散相——煤油管路，调节两相的体积流量一般在10～20L/h范围内。在进行数据计算时，对煤油转子流量计测得的数据要校正，即煤油的实际流量应为$V_{校}=\sqrt{\frac{1000}{800}}V_{测}$，其中$V_{测}$为煤油流量计上的显示值。

⑤ 待分散相在塔顶凝聚一定厚度的液层后，再通过连续相出口管路中Ⅱ形管上的阀门开度来调节两相界面高度，操作中应维持上集液板中两相界面的恒定。

⑥ 通过改变转速来分别测取效率η或H_{OR}从而判断外加能量对萃取过程的影响。

⑦ 取样分析。本实验采用酸碱中和滴定的方法测定进料液组成x_F、萃余液组成x_R和萃取液组成y_E，即苯甲酸的质量分数。具体步骤如下：用移液管量取待测样品25mL，加1～2滴溴百里酚蓝指示剂；用$KOH\text{-}CH_3OH$标准溶液滴定至终点，所测组成为

$$x=\frac{N\Delta V\times 122.12}{25\times 0.8}\times 100\%$$

式中 N——$KOH\text{-}CH_3OH$标准溶液的浓度，mol/mL；

ΔV——滴定用去的$KOH\text{-}CH_3OH$标准溶液体积，mL。

其中苯甲酸的摩尔质量为122.12g/mol，煤油密度为0.8g/mL，样品量为25mL。

y_E也可通过物料衡算而得

$$y_E=\frac{F}{S}(x_F-x_R)$$

式中 F——原料液流量，kg/h；

S——萃取剂流量，kg/h。

五、实验数据记录及处理

1. 数据记录

将实验数据记录在下表中。

转速n=________r/min；待测样品量=________mL；

氢氧化钾的浓度N_{KOH}=________mol/mL

序号	重相流量/(L/h)	轻相流量/(L/h)	转速 N/(r/min)	ΔV_F(KOH)/mL	ΔV_R(KOH)/mL	ΔV_S(KOH)/mL
1						
2						
⋮						

2. 数据处理

由实验数据求取不同操作条件下传质单元高度H_{OR}和萃取率η。取其中一组数据作为计算举例，写出具体的计算过程。

计算结果如下表所示。

序号	转速 n	萃余相浓度 x_R	萃取相浓度 y_E	传质单元高度 H_{OR}	传质单元数 N_{OR}	萃取率 η
1						
2						
⋮						

六、思考题

① 请分析比较萃取实验装置与吸收、精馏实验装置的异同点？

② 本萃取实验装置的转盘转速是如何调节和测量的？从实验结果分析转盘转速变化对萃取传质系数与萃取率的影响。

实验九　厢式干燥器干燥实验

一、实验目的

① 了解厢式干燥装置的基本结构、工艺流程和操作方法。

② 测定物料在恒定干燥条件下的干燥速率曲线。

③ 了解干燥条件对于干燥过程特性的影响。

二、实验原理

在设计干燥器的尺寸或确定干燥器的生产能力时，被干燥物料在给定干燥条件下的干燥速率、临界湿含量和平衡湿含量等干燥特性数据是最基本的技术参数依据。由于实际生产中被干燥物料的性质千变万化，因此对于大多数具体的被干燥物料而言，其干燥特性数据常常需要通过实验测定。

1. 干燥速率的定义

干燥速率的定义为单位干燥面积（提供湿分气化的面积）、单位时间内所除去的湿分质量。即

$$U=\frac{\mathrm{d}W}{A\mathrm{d}\tau}=-\frac{G_c\mathrm{d}X}{A\mathrm{d}\tau} \tag{4-39}$$

式中　A——干燥表面积，m^2；

W——气化的水分量，kg；

τ——干燥时间，s；

G_c——绝干物料的质量，kg；

X——物料的干基含水量，kg（水）/kg（绝干物料）。

2. 干燥速率的测定方法

将湿物料试样置于一定温度、湿度的空气流中进行干燥实验，随着干燥时间的延长，水分不断气化，湿物料质量减少。若记录物料不同时间下的质量 G，直到物料质量不变为止，也就是物料在该条件下达到干燥极限为止，此时留在物料中的水分就是平衡水分 X^*。再将物料烘干后称重得到绝干物料重 G_c，则物料中瞬间干基含水量 X 为

$$X=\frac{G-G_c}{G_c} \tag{4-40}$$

计算出每一时刻的瞬间含水率 X，然后将 X 对干燥时间 τ 作图，如图 4-13 所示，即为干燥曲线。

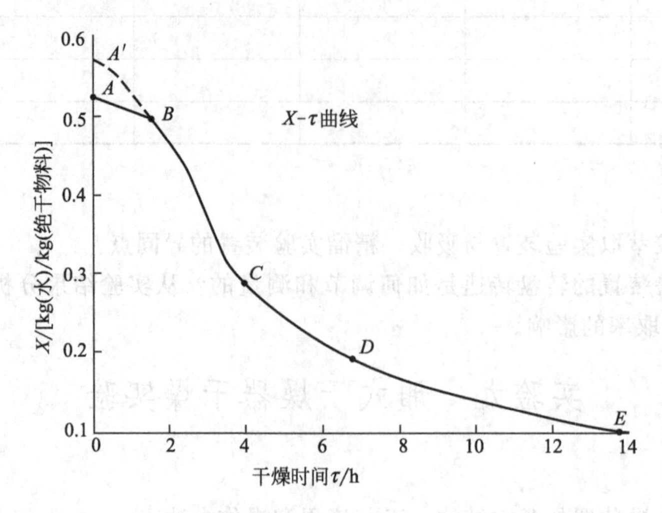

图 4-13 恒定干燥条件下的干燥曲线

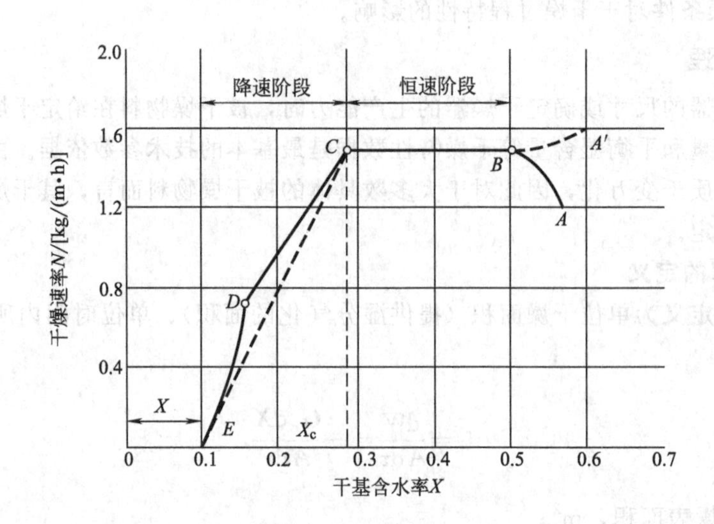

图 4-14 恒定干燥条件下的干燥速率曲线

上述干燥曲线还可以变换得到干燥速率曲线。由已测得的干燥曲线求出不同 X 下的斜率$\frac{dX}{d\tau}$，再由式（4-39）计算得到干燥速率 U，将 U 对 X 作图，就是干燥速率曲线，如图 4-14 所示。

三、实验装置与流程

本实验装置及流程如图 4-15 所示。空气由鼓风机送入电加热器，经加热后流入干燥室，加热干燥室料盘中的湿物料后，经排出管道通入大气中。随着干燥过程的进行，物料失去的水分量由称重传感器转化为电信号，并由智能数显仪表记录下来（或通过固定间隔时间，读取该时刻的湿物料质量）。

四、实验步骤及注意事项

1. 实验步骤

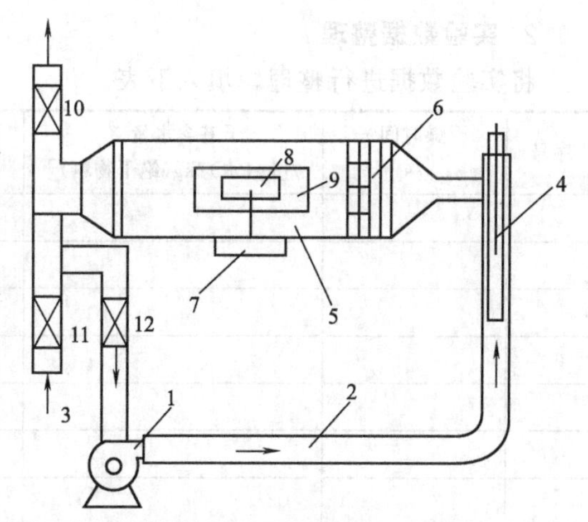

图 4-15 干燥装置及流程

1—风机；2—管道；3—进风口；4—加热器；5—厢式干燥器；6—气流均布器；7—称重传感器；8—湿毛毡；9—玻璃视镜门；10～12—蝶阀

① 放置托盘，开启总电源，开启风机电源。

② 打开仪表电源开关，加热器通电加热，旋转加热按钮至适当加热电压（根据实验室温和实验讲解时间长短确定）。在U形湿漏斗中加入一定水量，并关注干球温度，干燥室温度（干球温度）要求达到恒定温度（例如70℃）。

③ 将毛毡加入一定量的水并使其润湿均匀，注意水量不能过多或过少。

④ 当干燥室温度恒定在70℃时，将湿毛毡十分小心地放置于称重传感器上。放置毛毡时应特别注意不能用力下压，因称重传感器的测量上限仅为1000g，用力过大容易损坏称重传感器。

⑤ 记录时间和脱水量，每分钟记录一次质量数据；每2min记录一次干球温度和湿球温度。

⑥ 待毛毡恒重时，即为实验终点，关闭仪表电源，注意保护称重传感器，非常小心地取下毛毡。

⑦ 关闭风机，切断总电源，清理实验设备。

2. 注意事项

① 必须先开风机，后开加热器，否则加热管可能会被烧坏。

② 特别注意传感器的负荷量仅为1000g，放取湿物料时必须十分小心，绝对不能下压，以免损坏称重传感器。

③ 实验过程中，不要拍打、磕碰装置面板，以免引起料盘晃动，影响结果。

五、实验数据记录及处理

1. 实验数据记录

将上述实验测得的数据填写到下表。

实验日期：________；温度：________；装置号：________

试样物料：________；试样表面积：________；试样绝干质量：________

实验序号	湿试样质量 G/g	干燥时间 τ/s	干球温度 t/℃	湿球温度 t_w/℃

2. 实验数据整理

将实验数据进行整理，填入下表。

序号	干燥时间 τ /s	干基含水量 X /[kg(水)/kg(绝干物料)]	除去水分量 ΔW /kg(水)	时间间隔 $\Delta\tau$ /s	干燥速率 U /[kg/(m^2·s)]

3. 绘制曲线

在直角坐标纸上绘制干燥曲线和干燥速率曲线。

4. 实验结果讨论

六、思考题

① 什么是恒定干燥条件？本实验装置中采用了哪些措施来保持干燥过程在恒定干燥条件下进行？

② 控制恒速干燥阶段干燥速率的因素是什么？控制降速干燥阶段干燥速率的因素又是什么？

③ 为什么要先启动风机，再启动加热器？实验过程中干、湿球温度计是否变化？为什么？如何判断实验已经结束？

④ 若加大热空气流量，干燥速率曲线有何变化？恒速干燥速率、临界湿含量又如何变化？为什么？

实验十　流化床干燥实验

一、实验目的

① 了解流化床干燥器的结构及操作方法。

② 测定物料在恒定干燥条件下的温度曲线和速率曲线。

二、实验原理

干燥操作是采用某种加热方式将热量传给含水物料，使物料中水分挥发分离的操作。其中流化床干燥是对流干燥中对颗粒状或可悬浮于气体中的物料进行干燥的一种较好的形式，有干燥接触面积大，传热、传质效果好，干燥时间短等优点。

表示干燥进行快慢的一个重要参数是干燥速率，它取决于物料的性质及干燥介质（空气）的状态。干燥速率可用单位时间、单位干燥面积气化的水量来表示。

$$U=\frac{\mathrm{d}W}{S\mathrm{d}\tau} \tag{4-41}$$

式中 W——被干燥物料中除去的水分量，kg；

S——干燥面积，m^2；

τ——干燥时间，s。

干燥速率也可用单位质量物料在单位时间内所气化的水分量来表示

$$U=\frac{dW}{G_C d\tau} \tag{4-42}$$

式中 G_C——绝干物料质量。

因为 $dW=-G_C dX$

所以

$$U=-\frac{dX}{d\tau}=-\frac{\Delta X}{\Delta\tau} \tag{4-43}$$

式中 X——物料的干基含水量。

因此可在一定时间内取样，测定物料的含水量，计算出干燥速率，然后将物料的含水量 X 和干燥速率 U 在直角坐标纸上进行标绘。所得曲线如图 4-16 所示。

同时也可在取样的同时，测定流化床中物料内部的温度，在坐标纸上标绘出物料温度 θ 随时间 τ 的变化曲线，如图 4-17 所示。

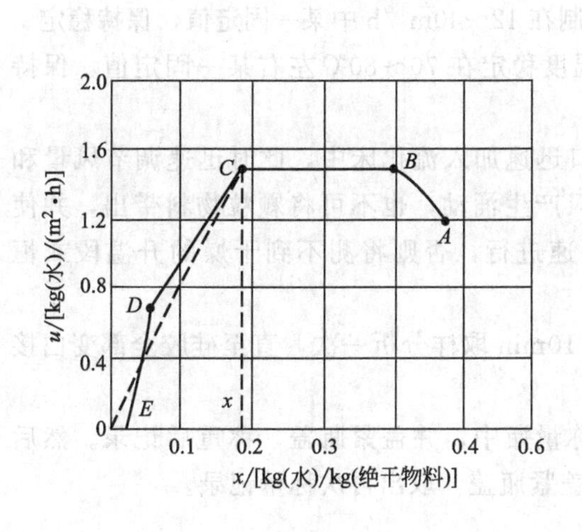

图 4-16 恒定干燥条件下的干燥速率曲线

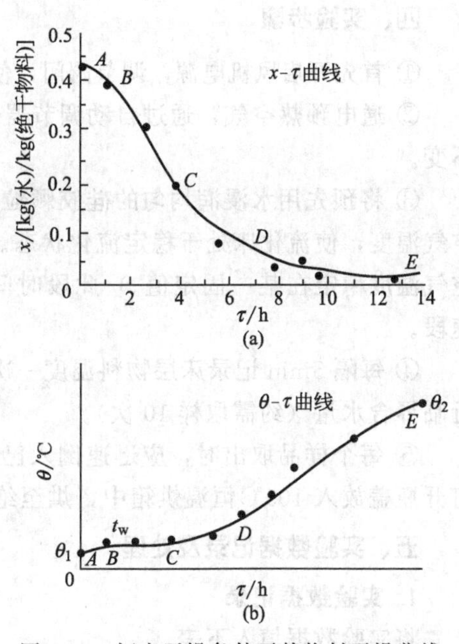

图 4-17 恒定干燥条件下某物料干燥曲线

三、实验装置与流程

本实验采用的流化床干燥器是采用以热空气干燥的变色硅胶，其装置如图 4-18 所示。

由压缩空气机所输送的空气流经转子流量计计量和电加热预热到一定温度后，通过流化床分布板与床层中的颗粒状湿物料进行流态化的接触干燥，废气上升到干燥器顶部的旋风分离器后排入大气中，由空气气流带走的细微颗粒收集于旋风分离器下部的料斗中。空气流的速度和温度分别由阀门和调压器调节。流化床的内径为 ϕ140mm。

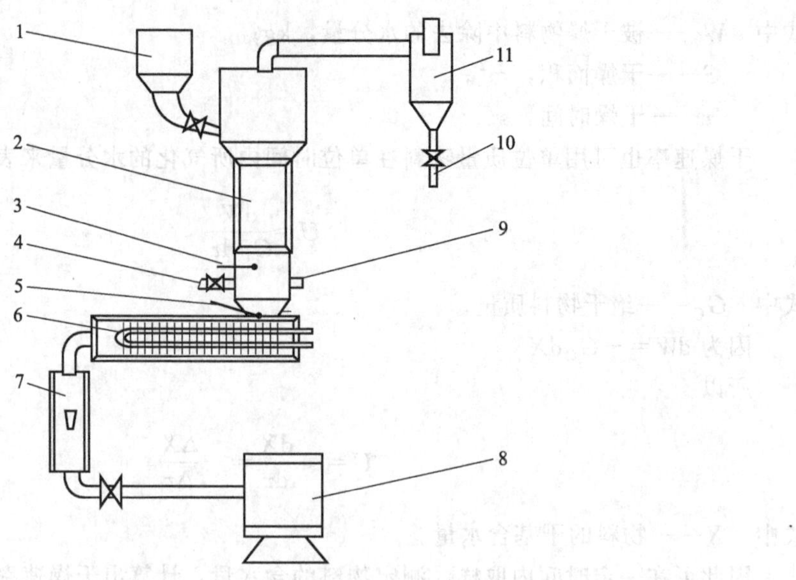

图 4-18 流化床干燥实验流程

1—加料斗；2—床层（可视部分）；3—床层测温点；4—取样口；5—出加热器热风测温点；6—风加热器；7—转子流量计；8—风机；9—出风口；10—排灰口；11—旋风分离器

四、实验步骤

① 首先开启风机电源，调节阀门，使风量控制在 12～40m^3/h 中某一固定值，保持稳定。

② 通电预热空气，通过自动调节器使空气温度稳定在 70～80℃左右某一固定值，保持不变。

③ 将预先用水浸润均匀的硅胶颗粒从加料口迅速加入流化床中，此时迅速调节风量和空气温度，使流化床处于稳定流化状态。（不可只产生涌动，也不可将颗粒物料带出，并使空气温度稳定在某一固定值。）此段时间必须迅速进行，否则将测不到干燥的升温段或恒速段。

④ 每隔 5min 记录床层物料温度一次，每隔 10min 取样分析一次，直至硅胶全部变白接近临界含水量（约需取样 10 次）。

⑤ 每个样品取出时，应迅速倒入已恒重的称量瓶中，并盖紧瓶盖，称重后记录。然后打开瓶盖放入 105℃恒温烘箱中，烘至绝干，再盖紧瓶盖，取出再次称量记录。

五、实验数据记录及处理

1. 实验数据记录

将实验数据填入下表。

风量________ m^3/s；空气温度________℃

编　号	1	2	3	4	5	6	7	8	9	10
恒重称量瓶质量 W_0/g										
取样时间间隔 $\Delta\tau$/min										
湿试样和瓶重 W_1/g										
烘干后试样和瓶重 W_2/g										
床内物料温度 θ/℃										
测温时间										

2. 实验数据整理

将实验数据进行整理填入下表。

编　　号	1	2	3	4	5	6	7	8	9	10
湿试样含水量　$W_3=(W_1-W_0)/g$										
干物料质量　$G_c=(W_2-W_0)/g$										
物料干基含水量　$X=\frac{W_3}{G_c}$										
物料水分变化量　ΔX										
取样时间间隔　$\Delta\tau/\min$										
干燥速率　$U=-\frac{\Delta X}{\Delta\tau}$										

绘制曲线。将物料含水量 X 和干燥速率 U、干燥时间 τ 及物料温度 θ 分别在直角坐标纸上进行标绘。

3. 实验结果讨论

六、思考题

① 流化床干燥有什么优点？

② 在恒速干燥阶段，物料温度和干燥时间的关系是什么？为何如此？

实验十一　管路拆装实训

一、基本考核内容

(1) 认知不同型号的管子，常用管、阀件，常用的管路元器件及常用输送机械和换热设备。

① 常用管子的型号及用途　本装置主要采用了 DN50、DN40、DN32 三种型号的抛光不锈钢管作为主管路和支管路的材料。不同尺寸的管子具有不同的外径及壁厚，即使是相同通径（DN 相同）的管子，也会具有不同的壁厚。

② 常用管件的种类及用途　管件主要用来连接管子，以达到延长管路，改变流向、分流及合流等目的。本装置包含的基本管件有：用以改变流向的 90°弯头（其他还有 45°弯头、回弯头等）；用以接支管路的三通管（其他还有十字管等）；用以延长管路或连接设备的法兰、活接管等。

阀件指各类阀门，本装置包含的阀门有：球阀、闸阀、截止阀、安全阀等。

③ 常用的管路元器件　包括流量检测设备，如转子流量计等；液位检测设备，如玻璃管液位计等；压力检测设备，如指针式压力表等；温度检测设备，如双金属温度计等。

④ 常用输送机械和换热设备　包括流体输送设备，如离心泵；换热设备，如列管式换热器。

(2) 熟悉常用的管、阀件，常用的管路元器件的用途、适用场所、拆装方法等。

(3) 认识不同连接方法（螺纹连接；焊接连接；法兰连接）的特点，使用场合，具体的操作等。

（4）对装置进行现场制图，通过三视图正确表达管路走向、管路器件的安装等。

（5）练习各种工具的正确使用，进行管路的组装及操作。

二、实训装置与流程

管路拆装实训流程见图 4-19。

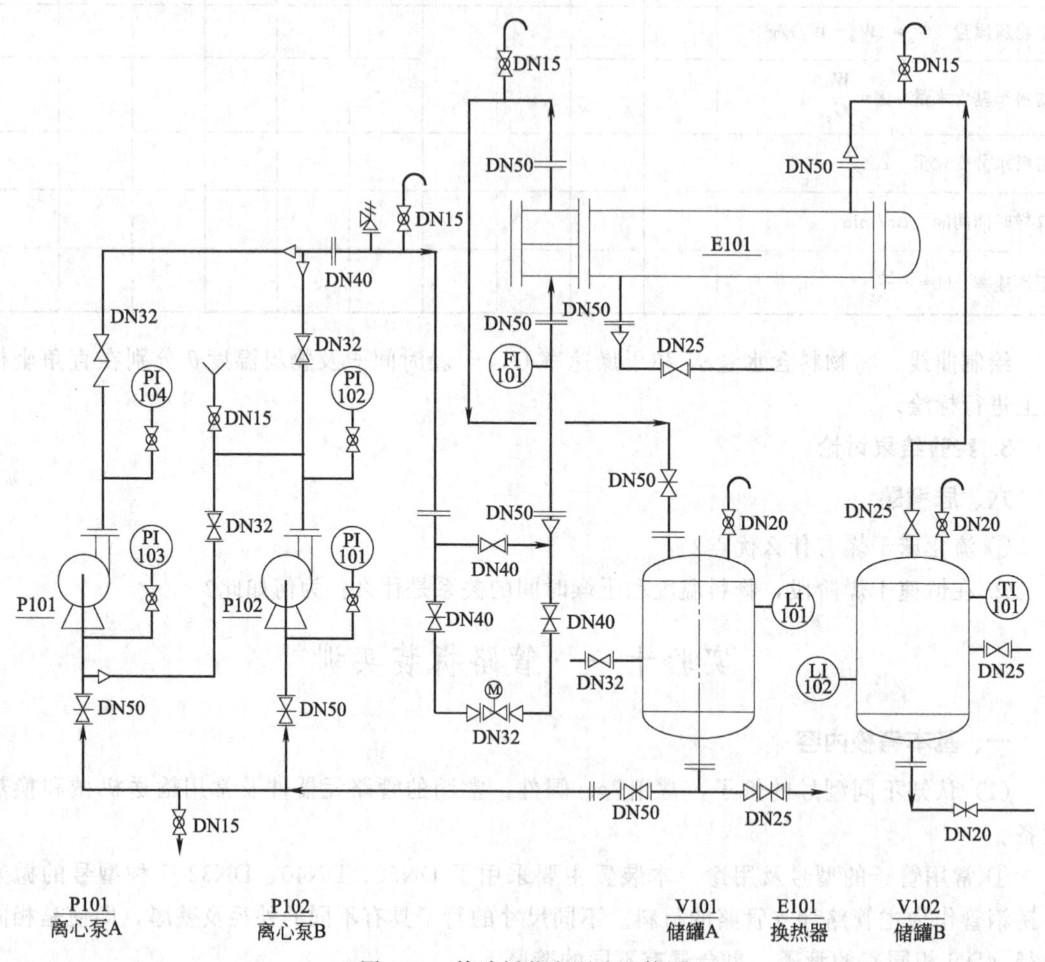

图 4-19　管路拆装实训流程简图

三、实训步骤

（1）认知装置的组成及具体管路连接，能读懂管路工艺流程图并能制图准确表达管路走向、管路器件的安装等，然后方可进行管路拆卸实训。

（2）管路拆卸实训

① 将系统电源切断；打开排空阀，将管路内的积液排空。

② 参照一定顺序将管路器件拆下，其中须注意以下几点：

a. 拆卸时须注意安全，通过团队合作完成任务；

b. 拆卸时不能破坏仪表、阀门等器件；

c. 拆卸时合理安置拆下来的器件，如法兰表面不能磕碰敲击等；

d. 一般是由上往下，自简单点开始等方式进行拆卸。

注意：拆卸后对管路进行编号，方便分类；正确使用工具，用过的工具要放回原位。

（3）管路安装实训

① 安装前要仔细确认管路工艺流程图。

② 安装时要按照一定的顺序进行，防止漏装或错装，须特别注意：

a. 阀门、流量计的液体流向；

b. 活接、法兰的密封；

c. 压力表的量程选择；

（4）管路安装后对系统进行开车检验，须注意：

① 对照工艺流程图或机械图进行检查，确认安装无误；

② 先将水箱注入一定量的水后再开车检验；

③ 检查系统是否运行正常、是否有漏水现象；

④ 检查仪表是否正常显示。

（5）完成开车试验后停车，切断电源；将水箱中剩余液体、管路积液排空；将工具放置回工具架。

第五章 演示实验

实验一 雷诺实验

一、实验目的

① 观察流体在管内流动的两种不同流型。

② 测定临界雷诺数。

二、实验原理

流体流动有两种不同型态，即层流（或称滞流）和湍流（或称紊流），这一现象最早是由雷诺（Reynolds）于1883年首先发现的。流体作层流流动时，其流体质点作平行于管轴的直线运动，且在径向无脉动；流体作湍流流动时，其流体质点除沿管轴方向作向前运动外，还在径向作脉动，从而在宏观上显示出紊乱地向各个方向作不规则的运动。

流体流动型态可用雷诺数（Re）来判断。若流体在圆管内流动，则雷诺数可用下式表示：

$$Re=\frac{du\rho}{\mu} \tag{5-1}$$

式中 d——管子内径，m；

u——流体在管内的平均流速，m/s；

ρ——流体密度，kg/m^3；

μ——流体黏度；Pa・s。

层流转变为湍流时的雷诺数称为临界雷诺数，用 Re_c 表示。工程上一般认为，流体在直圆管内流动时，当 $Re\leqslant 2000$ 时为层流；当 $Re>4000$ 时，圆管内已形成湍流；当 Re 在 2000～4000 范围内，流动处于一种过渡状态，可能是层流，也可能是湍流，或者是二者交替出现，这要视外界干扰而定，一般称这一 Re 数值范围为过渡区。

式（5-1）表明，对于一定温度的流体，在特定的圆管内流动时，雷诺数仅与流体流速有关。本实验即是通过改变流体在管内的速度，观察在不同雷诺数下流体的流动型态。

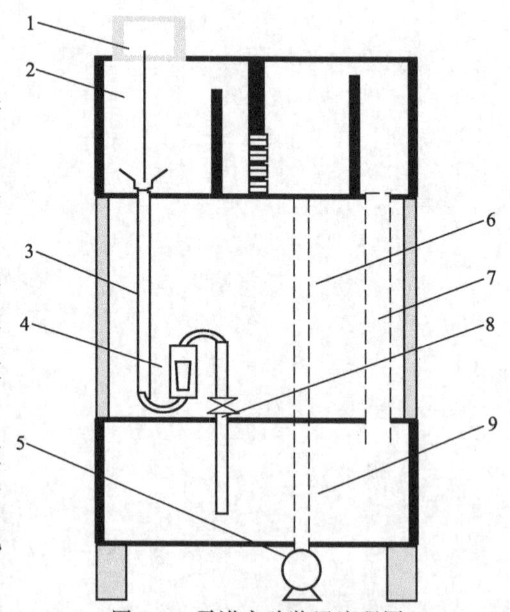

图 5-1 雷诺实验装置流程图

1—红墨水储槽；2—稳压溢流水槽；3—实验管；4—转子流量计；5—循环水泵；6—上水管；7—溢流回水管；8—调节阀；9—储水槽

三、实验装置及流程

实验装置如图 5-1 所示。主要由玻璃实验导管、流量计、流量调节阀、低位储水槽、循环水泵、稳压溢流水槽等部分组成，演示主管路为 $\Phi20\text{mm}\times2\text{mm}$ 的硬质玻璃。

实验前，先将水充满低位储水槽，关闭流量计后的调节阀，然后启动循环水泵。待水充满稳压溢流水槽后，开启流量计后的调节阀。水由稳压溢流水槽流经缓冲槽、试验导管和流量计，最后流回低位储水槽。水流量的大小可由流量计和调节阀调节。

示踪剂采用红色墨水，它由红墨水储瓶经连接管和细孔喷嘴，注入试验导管。细孔玻璃注射管（或注射针头）位于试验导管入口的轴线部位。

实验结束，应先关墨水旋塞，待管内墨水排净后再关调节阀。

注意：实验用的水应清洁，红墨水的密度应与水相当，装置要放置平稳，避免震动。

四、思考题

(1) 流体流动的类型与雷诺数有什么关系？

(2) 研究流动类型有什么意义？

实验二　机械能转换实验

一、实验目的

① 通过实验，加深对流体能量转换概念的理解。

② 观测动、静、位压头随管径、位置、流量的变化情况，验证连续性方程和伯努利方程。

③ 定量考察流体流经直管段时，流体阻力与流量的关系。

二、实验原理

不可压缩流体在管路内稳定流动时，它所具有的总机械能，即位能、动能和静压能之间的关系可用伯努利方程式表示如下（以单位质量流体为基准）：

$$gz_1+\frac{p_1}{\rho}+\frac{u_1^2}{2}=gz_2+\frac{p_2}{\rho}+\frac{u_2^2}{2}+\sum h_f \tag{5-2}$$

静压能可用单管压差计中液面的高度来表示，如果管道的截面积发生变化，必将引起各种能量之间发生相应的变化。因此，通过观测各单管压差计中液柱高度的变化，可直观地观察到这些能量的转换关系。

三、实验装置及流程

实验装置如图 5-2 所示。主要由上水槽、下水槽、循环泵、节流件、溢流管、单管压差计等部分组成，演示主管路内径为 30mm，节流件变截面处管内径为 15mm。单管压力计 1 和 2 可用于验证变截面连续性方程，单管压差计 1 和 3 可用于比较流体经节流件后的能头损失，单管压差计 3 和 4 可用于比较流体经弯头和流量计后的能头损失及位能变化情况，单管压差计 4 和 5 可用于验证直管段雷诺数与流体阻力系数的关系，

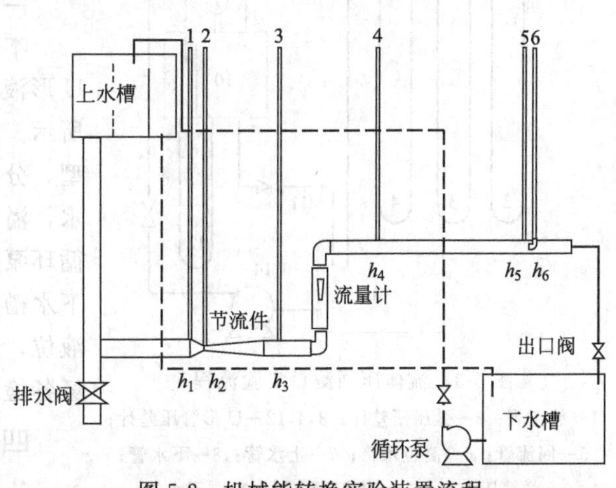

图 5-2　机械能转换实验装置流程

1～6—单管压差计；h_1～h_6—单管压差计液面高度

单管压差计 6 与 5 配合使用，用于测定单管压差计 5 处的中心点速度。

实验时，先在下水槽中加满清水，保持管路排水阀、出口阀关闭状态，通过循环泵将水打入上水槽中，使整个管路中充满流体，并保持上水槽液位一定高度，可观察流体静止状态时各管段高度。通过出口阀调节管内流量，注意保持上水槽液位高度稳定（即保证整个系统处于稳定流动状态）。观察记录流量和各单管压差计液面高度的变化情况，并用伯努利方程能量转换原理解释观察到的现象。

四、思考题

① 当流体静止时，各单管压差计液面高度是否相等？各测压点的压强是否相等？

② 流体流动时，单管压差计中液面的高度为什么不相等？单管压差计 5 和 6 所显示的液面高度 h_5 和 h_6 之差反映了什么？

实验三　流体压强测量实验

一、实验目的

① 掌握绝对压强、表压强和真空度之间的区别和联系。

② 掌握流体液柱高度、压头与压强之间的区别和联系。

③ 掌握用 U 形管测流体压强、压差的方法。

二、实验原理

本演示实验中用到的 U 形管压差计和微差压差计属于液柱压差计，都是应用流体静力学方程测量流体压力和压力差，将被测压力或压差转换成一定密度液体的液柱高度（压差计读数）以指示被测介质的压力。

弹簧压力表，是将被测压力转换成弹性元件弹性变形的位移而进行测量的压力计，当弹簧管中通入流体后，其自由端将产生位移，经连杆、扇形齿轮、齿轮轴而传给指针，以指示被测介质的压力。

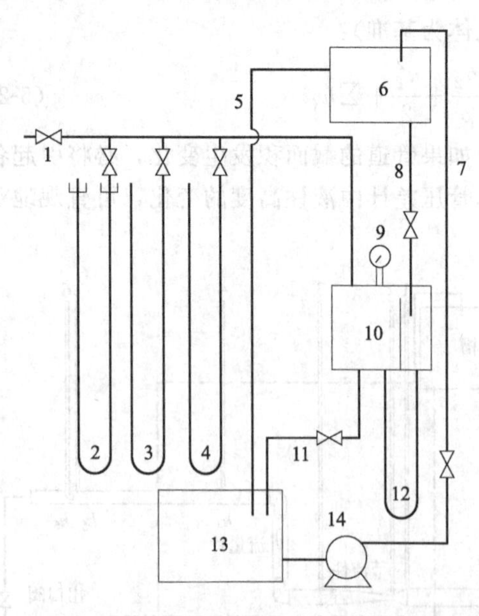

图 5-3　流体压强测量实验流程

1—放空阀；2—微压压差计；3,4,12—U 形管压差计；5—回流管；6—高位水箱；7—上水管；8—下水管；9—弹簧压力表；10—模拟反应器；11—回水管；13—低位水箱；14—管道泵

三、实验装置与流程

本装置主要由模拟反应器，弹簧压力表和 U 形液柱压力计、压差计组成，其流程如图 5-3 所示。主体设备为一有机玻璃制造的反应器模型，分为左右两室，右室中通入来自上水槽的水，溢流水从左室经下水管流入下水槽，并经循环泵压至上水槽，上水槽中的溢流水也回到下水槽中。实验中，通过改变模拟反应器中的液位，从而使反应器液面上方产生不同的压强，经各检压装置测出其值。

四、演示操作

1. 绝对压强、表压强和真空度之间的关系

① 将放空阀打开，低位水箱灌满水，开启

循环泵，并将水从高位水箱灌入反应器，使反应器左室水位达总高度的一半，观察各检压计读数。此时U形压力计2、3、4以及弹簧压力计9显示读数为零，U形压差计12显示一定的液柱读数，表示反应器左右室在U形压差计12取压口之间的压力差。

② 将放空阀关闭，使反应器内成密闭体系，调节下水管进入反应器的水量，观察各检压计的读数变化，直到反应器内充满水。可观察到各U形压力计、弹簧压力计的读数增大，说明反应器内压增大。同时可观察到U形压差计12的读数变小，这是由于反应器左右室水位越来越相近，因而U形压差计的两个测压口之间的压力差变小。

③ 将反应器下面的阀门打开，将水慢慢放掉，观察各U形管内的读数变化，直到模拟反应器左室的水排尽为止，观察U形压差计、弹簧压力计及各U形压力计的读数变化。可观察到各U形压力计、弹簧压力计读数变小，说明反应器内压力减小最终读数为零，说明体系的压强与大气压相同。而U形压差计读数又增大，说明左右两室测压口间压力差变大。

2. 以液柱高度表示的压强与液柱压力计

关闭放空阀，略微提高反应器左室液位，然后依次打开水银柱压力计、水柱压力计和微压压差计上的旋塞。可观察到，在测量同一压强时，水银压差计显示的水银柱高度差最小，水柱压差计显示的水柱高度差居中，而微压压差计显示的液柱高度差最大。但是，各U形管液柱升高的高度不同，这说明，当用液柱高度来表示体系的压强时，其值的大小还取决于指示液的密度。也就是说，用不同种类和密度的液柱来表示相同的压强时，应具有不同的液柱高度。

实验四 流体流线演示实验

一、实验目的

观察流体流过不同绕流体时的流动现象。

二、实验原理

流体在作湍流流动时，其质点作不规则的杂乱运动，并互相碰撞产生漩涡，无论是层流还是湍流，流体在流经障碍物、截面突然扩大或缩小、弯头、曲面或其他几何形状物体的表面时，在一定条件下都会产生边界层与固体表面脱离的现象，并且在脱离处产生漩涡。本装置利用一定流速流体流经文丘里气体发生器产生的气泡模拟出流体的流动情况，清楚观察到湍流漩涡、边界层分离等现象。

三、实验装置与流程

实验装置与流程如图5-4所示，主要由低位水箱、水泵、气泡整流部分、演示部分、溢流水箱等部分组成。

四、演示操作

开启水泵，总进水阀全开，控制出水阀，调节流量；打开欲进行演示板的分进水阀，控制流量；缓缓打开文丘里气泡调节阀，观察外界大气是否进入文丘里液体管路，若气体未进入则需加大进水阀流量，直至气泡进入。同时演示多块演示板进行对比时需调节进水流量。

实验结束，先关闭文丘里气泡调节阀，再关闭各支路进水调节阀，然后关闭水泵，最后关闭总管路各调节阀。

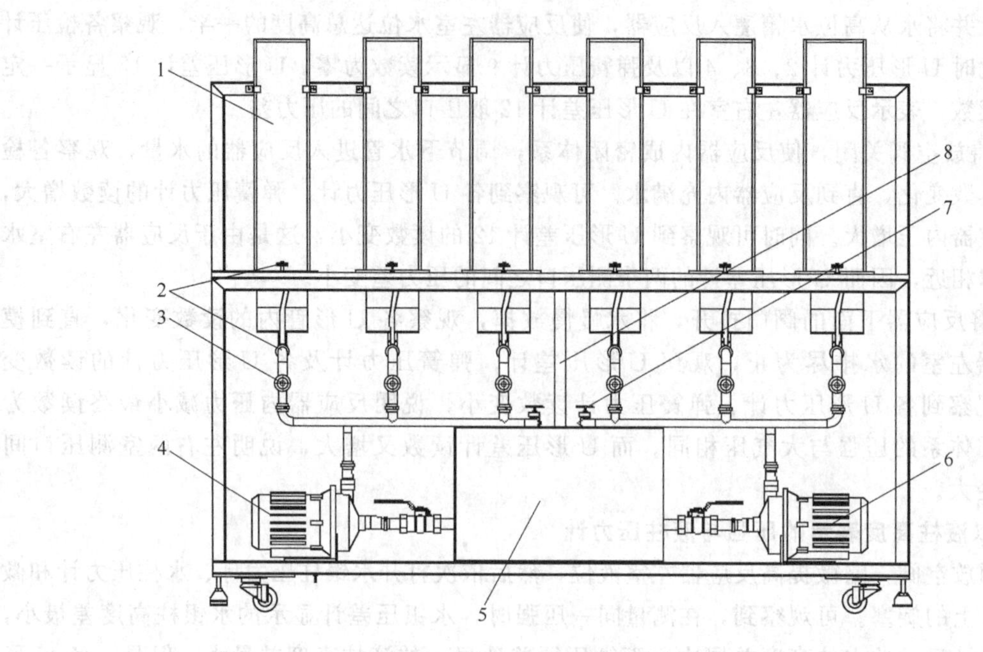

图 5-4 流体流线演示实验流程

1—演示部分；2—文丘里气泡调节阀；3—进水调节阀；4,6—水泵；5—水箱；7—排水管路；8—溢流水管

实验五 固体流态化实验

一、实验目的

① 观察聚式和散式流态化的实验现象。

② 学会流体通过颗粒层时流动特性的测量方法。

③ 测定临界流化速度，并作出流化曲线图。

二、实验原理

流态化是一种使固体颗粒通过与流体接触而转变成类似于流体状态的操作。流态化按其性状的不同，可以分成两类，即散式流态化和聚式流态化。散式流态化一般发生在液-固系统。此种床层从开始膨胀直到输送，床内颗粒的扰动程度是平缓地加大的，床层的上界面较为清晰；聚式流态化一般发生在气-固系统，从起始流态化开始，床层的波动逐渐加剧，因为气体与固体的密度差别很大，气流要将固体颗粒推起来比较困难，所以只有小部分气体在颗粒间通过，大部分气体则汇成气泡穿过床层，而气泡穿过床层时造成床层波动，使得床层上界面起伏不定。床层内的颗粒则很少分散开来各自运动，而多是聚结成团地运动。

聚式流化床中有以下两种不正常现象：腾涌现象和沟流现象。根据流化床恒定压差的特点，在流化床操作时可以通过测量床层广义压差来判断床层流化的优劣。如果床内出现腾涌，广义压差将有大幅度起伏波动；若床内发生沟流，则广义压差较正常时为低。

三、实验装置与流程

本装置（图 5-5）是由水、气两个系统组成的。两个系统各有一透明二维床，床底部为多孔板均布器，床层内的固体颗粒为石英砂。设备中装有压差计指示床层压降，标尺用于测量床层高度的变化。采用空气系统做实验时，空气由风机供给，经过流量调节阀、转子流量计、气体分布器进入分布板，空气流经二维后由床层顶部排出。通过调节空气流量，可以进行不同流动状态下的实验测定。设备中装有压差计指示床层压降，标尺用于测量床层高度的变化。采用水系统实验时，用泵输送的水经过流量调节阀、转子流量计、液体分布器送至分布板，水经二维床层后从床层上部溢流至下水槽。

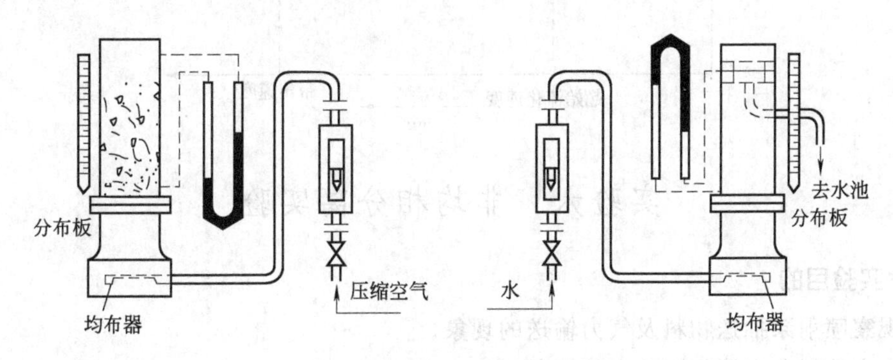

图 5-5 固体流态化实验流程

四、实验步骤

① 检查装置中各个开关及仪表是否处于备用状态。

② 用木棒轻敲床层，使固体颗粒填充较紧密，然后测定静床高度。

③ 启动风机或泵，由小到大改变进气量（注意，不要把床层内的固体颗粒带出!），记录压差计和流量计读数变化。观察床层高度变化及临界流化状态时的现象。

④ 由大到小改变气（或液）量，重复步骤③，注意操作要平稳细致。

⑤ 关闭电源，测量静床高度，比较两次静床高度的变化。

实验中需注意，在临界流化点前必须保证有六组以上数据，且在临界流化点附近应多测几组数据。

五、数据记录及处理

1. 数据记录

床层截面积__________；进气量__________；

床层压降__________；静床高度__________。

序号	进气量 V_s	床层压降 $\Delta\Gamma$

2. 数据处理

序号	气速 u	床层压降 $\Delta\Gamma$	$\lg u$	$\lg \Delta\Gamma$

坐标纸上作出 $\lg\Delta\Gamma$-$\lg u$ 曲线，并找出临界流化速度。示例如下。

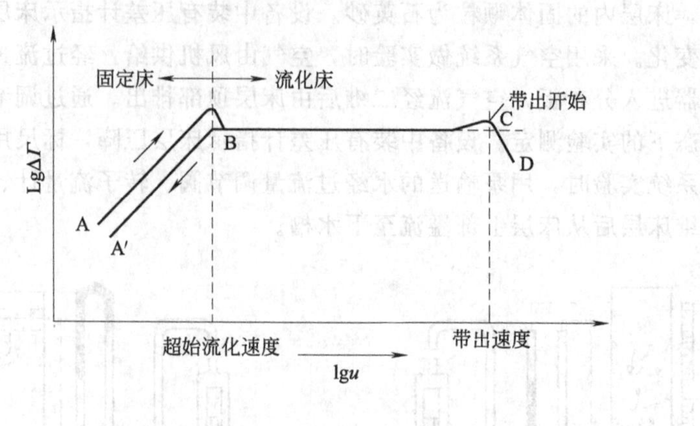

实验六　非均相分离实验

一、实验目的

① 观察喷射泵抽送物料及气力输送的现象。

② 观察旋风分离器气固分离的现象。

二、实验原理

由于在离心场中颗粒可以获得比重力大得多的离心力，因此，对两相密度相差较小或颗粒粒度较细的非均相物系，利用离心沉降分离要比重力沉降有效得多。气-固物系的离心分离一般在旋风分离器中进行。

旋风分离器主体上部是圆筒形，下部是圆锥形。含固体颗粒的气体从侧面的矩形进气管切向进入器内，然后在圆筒内作自上而下的圆周运动。颗粒在随气流旋转过程中被抛向器壁，沿器壁落下，自锥底排出。由于操作时旋风分离器底部处于密封状态，所以，被净化的气体到达底部后折向上，沿中心轴旋转着从顶部的中央排气管排出，从而达到气固分离。

三、实验装置与流程

本装置主要有风机、流量计、气体喷射器及玻璃旋风分离器和 U 形差压计等组成，如图 5-6 所示。空气可由调节旁路闸阀控制进入旋风分离器的风量，并在转子流量计中显示，流经文丘里气体喷射器时，由于节流负压效应，将固体颗粒储槽内的有色颗粒吸入气流中。随后，含尘气流进入旋风分离器，颗粒经旋风分离落入下部的灰斗，气流由顶部排气管旋转流出。

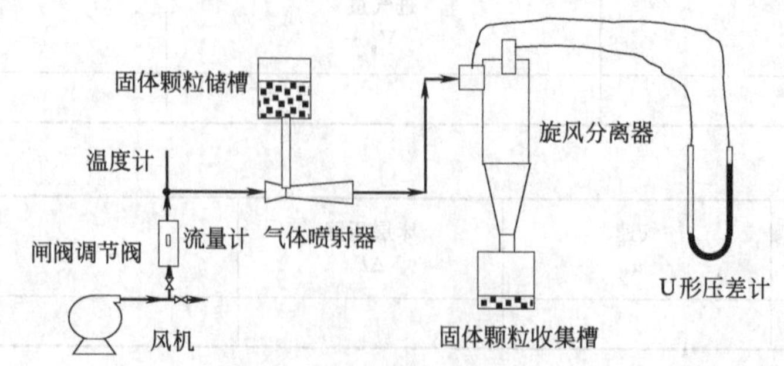

图 5-6　非均相分离实验流程

四、演示操作

先在固体颗粒储槽中加入一定大小的粉粒，打开风机开关，通过调节旁路闸阀控制适当风量，当空气通过抽吸器（气体喷射器）时，因空气高速从喷嘴喷出，使抽吸器形成负压，抽吸器上端杯中的颗粒就被气流带入系统与气流混合成为含尘气体。当含尘气体通过旋风分离器时就可以清楚地看见颗粒旋转运动的形状，一圈一圈地沿螺旋形流线落入灰斗内的情景。从旋风分离器出口排出的空气中颗粒已被分离，故可达清洁无色。

实验七　板式塔流体力学实验

一、实验目的

① 观察板式塔各类型塔板的结构，比较各塔板上的气液接触状况。

② 实验研究板式塔的极限操作状态，确定各塔板的漏液点和液泛点。

二、实验原理

塔板的操作上限与操作下限之比称为操作弹性（即最大气量与最小气量之比或最大液量与最小液量之比）。操作弹性是塔板的一个重要特性，为了使塔板在稳定范围内操作，必须了解板式塔的几个极限操作状态。在本演示实验中，主要观察研究各塔板的漏液点和液泛点，也即塔板的操作上、下限。

① 漏液点：在一定液量下，当气速不够大时，塔板上的液体会有一部分从筛孔漏下，这样就会降低塔板的传质效率。因此一般要求塔板应在不漏液的情况下操作。所谓“漏液点”是指刚使液体不从塔板上泄漏时的气速，此气速也称为最小气速。

② 液泛点：当气速大到一定程度，液体就不再从降液管下流，而是从下塔板上升，这就是板式塔的液泛。液泛速度也就是达到液泛时的气速，此气速也称为最大气速。

三、实验装置与流程

本装置主体由直径 200mm，板间距为 300mm 的四个有机玻璃塔节与两个封头组成的塔体，配以风机、水泵和气、液转子流量计及相应的管线、阀门等部件构成。塔体内由上而下安装四块塔板，分别为有降液管的筛孔板、浮阀塔板、泡罩塔板、无降液管的筛孔板，降液管均为内径 25mm 的有机材料圆柱管。流程示意见图 5-7。

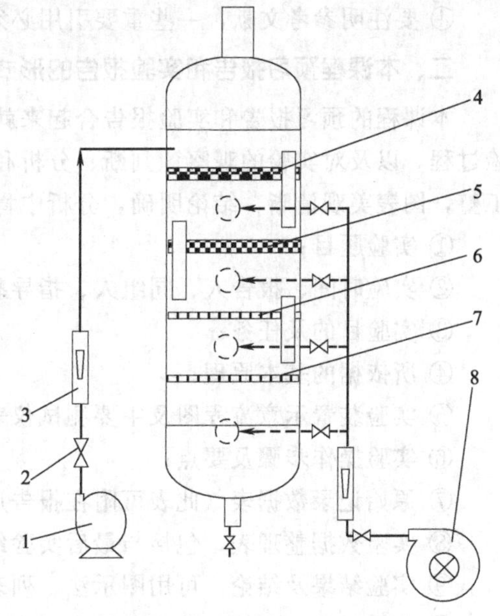

图 5-7　塔板流体力学实验流程

1—增压水泵；2—调节阀；3—转子流量计；4—有降液管筛孔板；5—浮阀塔板；6—泡罩塔板；7—无降液管筛孔板；8—风机

四、演示操作

采用固定的水流量（不同塔板结构流量有所不同），改变不同的气速，演示各种气速时的运行情况。实验过程中，注意塔身与下水箱的接口处应液封，以免漏出气体。

实验开始前，先检查水泵和风机电源，并保持所有阀门处于全关状态。演示操作时先打开水泵出口调节阀，开启水泵电源。观察液流从塔顶流出的速度，通过转子流量计调节水流量在转子流量计显示适中的位置，并保持稳定流动。打开风机出口阀，打开某塔板下对应的气流进口阀，开启风机电源。通过空气转子流量计自小而大调节气流量，观察该塔板上气液接触的几个不同阶段的现象，即由漏液至鼓泡、泡沫和雾沫夹带到最后液泛（淹塔）的现象。

重点观察实验的两个临界气速，即作为操作下限的“漏液点”——刚使液体不从塔板上泄漏时的气速，和操作上限的“液泛点”——使液体不再从降液管（对于无降液管的筛孔板，是指不降液）下流，而是从下塔板上升直至淹塔时的气速。

各类型的塔板均如上操作，最后记录各塔板的气液两相流动参数，计算塔板弹性，并作出比较。

附录一　实验报告的编写及要求

一、编写实验报告的意义及要求

作为工程院校的学生，毕业后大部分将要从事工业产品的生产、科学技术的研究或工程问题的设计开发工作。在工作中要进行技术信息的交流，编写科研成果报告，撰写研究论文。因此，对学生进行必要的工程性实验环节训练，并把实验过程经过认真总结，编写成一份出色的技术资料，也是一项必要的能力训练过程。技术报告的编写应当注意以下几点：

① 实事求是，尊重实际，严格按照实验的数据编写报告；

② 报告要简明、扼要，层次清楚，符合逻辑。对观点的阐述要事实充分，具有说服力，结论清楚明了；

③ 运用适当的表格、线图，使数据清楚，便于查找、对照、比较，使读者对结果一目了然；

④ 要注明参考文献，一些重要引用必须注明来源。

二、本课程预习报告和实验报告的形式

本课程的预习报告和实验报告合起来就是一份完整的技术报告。它是把自己所进行的实验过程，以及对实验的观察、判断、分析和结论向别人提供的一份文件。因此要求必须书写工整，图表美观清晰，结论明确，分析中肯。报告应包括以下各项：

① 实验题目；

② 实验时间、报告人、同组人、指导教师；

③ 实验目的及任务；

④ 所依据的基本原理；

⑤ 实验装置示意流程图及主要测试仪表；

⑥ 实验操作步骤及要点；

⑦ 原始记录数据表（此表可附在报告后）；

⑧ 实验数据整理表，包括与最后实验结论有关的全部数据，其中必须有一组计算举例；

⑨ 实验结果及结论，可用图示法、列表法或关联为公式表示；

⑩ 分析讨论，包括与前人或他人的实验结果进行比较和讨论、对实验中异常现象进行分析讨论、本实验结果的推广和应用效果预测、如何改进实验的设想；

⑪ 附录，原始数据记录表格，公式推导等。

在以上11项中，第1～6项内容应实验前写出，称为预习报告；后几项在实验后编写。

这样就成了一份完整的实验报告。

附录二 化工原理实验基本题

① 化工原理实验属于什么性质的实验？它和基础实验有什么异同？实验研究的对象是什么？

② 化工原理实验可分为哪两种类型？

③ 化工原理实验误差有哪些？误差产生的原因是什么？如何计算相对误差？

④ 有效数字运算在化工原理实验中有何意义？怎样在数据记录和整理中使用有效数字规律？试举例说明。

⑤ 化工原理实验测取数据时应当遵守哪些原则？注意些什么？

⑥ 在标绘化工原理实验数据图线时，怎样选择坐标纸？选择好坐标纸后，又怎样合理确定“标度”，如何标点、连线、标注？

⑦ 化工原理实验的目的是什么？要完成好实验教学任务，要求学生应当做什么？

⑧ 化工原理实验操作过程中应当注意哪些事项？

⑨ U形管测压计的测压原理是什么？用它能测绝对压强吗？按测压范围，U形管测压计可分为哪几类？按结构形式，又可分为哪几类？

⑩ 当 Δp 一定时，分别采用水银、水和四氯化碳为指示液的U形管测压计测量后，其读数 R 的大小顺序是什么？其测量误差哪一种最小？

⑪ U形管测压计指示液的选择原则是什么？当指示流体的密度小于被测流体的密度时，应采用何种结构的压差计？指示液流体如何装入U形管压差计才能取得压差计的最大量程？

⑫ 流体在管内作稳定流动时，其流动类型反映流体的什么性质？该性质受到哪些因素的影响？

⑬ 同一不可压缩流体分别在 $d_1=2d_2$ 的两根管内作稳定流动，如果两管的体积流量相等，则 Re 相等吗？为什么？

⑭ 流体在直管内作稳定流动，产生直管阻力损失的原因是什么？该实验是如何测出阻力损失的？

⑮ 直管阻力系数 λ 是如何测定的？λ 与 Re 之间是什么样的关系？当 $Re<2000$ 时，管径越大，λ 值也越大；绝对粗糙度越大，λ 值也越大，这两种说法正确吗？为什么？

⑯ 根据化工原理所学内容，提出一种测量液体黏度的简易方法并论述其原理。

⑰ 按照 Re 数值的大小，λ 和 Re 的关系可分为若干区域，本实验测出的区域属于哪个区？相对粗糙度对摩擦系数 λ 的影响是什么？

⑱ 流体流动时，产生局部阻力损失的原因是什么？实验是怎样测定的？局部阻力系数 ζ 如何确定？

⑲ 孔板、文丘里流量计属于什么性质的流量计？实验怎样测定孔流系数 C_0？孔流系数值又同哪些因素有关？

⑳ 离心泵的工作原理是什么？它的主要部件有哪些？各有什么作用？

㉑ 离心泵的性能参数有哪些？

㉒ 离心泵叶轮直径、泵的转速发生变化时，其各性能参数如何变化？

㉓ 液体的黏度、密度改变时，离心泵的性能参数如何变化？

㉔ 离心泵铭牌上标注的扬程、流量、轴功率、效率是在什么条件下确定的？

㉕ 什么叫离心泵的工作点？当离心泵不在所需要的工作点进行操作时，有哪些方法可以进行调节？

㉖ 测量轴功率的方法有哪些？本实验采取的是什么方法？

㉗ 化学工程中，热量传递的方式有哪几种？其机理如何？

㉘ 换热器的形式有哪些，本实验所用的换热器属于哪种类型？

㉙ 何谓载热体，本实验中是哪两种载热体之间的换热？

㉚ 冷热载热体经间壁换热，能否实现两流体出口温度相等，为什么？

㉛ 本实验中存在哪些温度差？并简述这些温度差的物理意义。

㉜ 热量传递是发生在热容量大的流体向热容量小的流体传递，此种说法正确吗？

㉝ 定性温度是一种什么温度？怎样确定？

㉞ 平均温度差的计算与哪些因素有关？两流体的流向对平均温度差有何影响？哪种情况对平均温度差的计算无影响？

㉟ 对流传热发生在什么情况？它受哪些因素影响？本实验的对流传热过程，其速率主要取决于哪些情况？

㊱ 对流传热系数 α，传热系数 k，热导率 λ 的物理意义分别是什么？它们的单位相同吗？

㊲ 冷、热流体经间壁进行稳定传热时，存在哪些热阻？总热阻与各分热阻之间的关系如何？提高传热速率的基点是什么？

㊳ 过滤常数 K 怎样测定？其值受哪些因素影响？

㊴ 过滤实验操作控制因素是什么？怎样才能测准数据？

㊵ 常压蒸馏原理是什么？常压蒸馏和减压蒸馏各应用于什么物系？

㊶ 拉乌尔定律是怎样论述的？拉乌尔定律和亨利定律有无联系？它们各适用于什么溶液？

㊷ 挥发度和相对挥发度的定义是什么？温度和压力对相对挥发度有无影响？

㊸ 精馏和蒸馏的定义是什么？它们有何区别？

㊹ 进料状态对精馏的影响如何？

㊺ 什么叫回流比？精馏中为什么要引入回流？生产中什么时候采用回流？本实验中你是如何确定回流比并控制回流比的？

㊻ 用常压精馏的方法能制得无水乙醇吗？其最高浓度可为多少？

㊼ 什么叫理论塔板？怎样计算？为什么实际塔板数比理论塔板数多？

㊽ 什么叫单板效率，实验中如何测定？

㊾ 精馏操作开始时，为什么要将塔顶小阀门开启？否则对精馏有何影响？

㊿ 精馏可以采用填料塔作为实验和生产设备吗？

(51) 气体吸收塔有哪些类型？在操作原理上各类型吸收塔有何差异？

(52) 气体通过填料层空塔速度、操作速度应是多少？

(53) 气体通过干填料时，产生压力降的原因是什么？该压力降即气体通过填料塔时的能量损失，此种说法有无道理？压力降 Δp 与操作速度之间是什么关系？

(54) 气体通过湿填料时，产生压力降的原因又是什么？该压力降与干填料有何区别？

(55) 什么是载点速度和泛点速度？载点和泛点时，填料塔操作发生什么变化？Δp 又怎样变化？此时 Δp 和 u 的关系如何？

(56) 加大塔顶液相喷淋量或喷淋密度后，载点速度和泛点速度又怎样变化？

(57) 亨利常数 E 表明气体的什么特性？其值愈大，说明气体的溶解度如何？是吸收愈易还是愈不易？温度、压强变化时，对 E 有何影响？对吸收有何影响？

(58) 高浓吸收和低浓吸收有何特点？为什么本实验采用低浓吸收？

(59) 实验中如何测定出 K_{ya}，试分析影响 K_{ya} 的因素，如何提高 K_{ya}？

(60) 为什么说干燥过程是一个传热和传质过程？

(61) 何谓对流干燥？干燥介质在对流干燥过程中的作用是什么？

(62) I-H 图表明了湿空气的哪些性质？如何应用 I-H 图查找湿空气的状态参数？

(63) 按照干燥原理，物料的含水量可分为哪几种水分？干燥过程除去的水分是哪些？不能除去的水分又是哪些？

(64) 固体湿物料经对流干燥能得到绝干物料吗？为什么？

(65) 影响干燥速率的因素有哪些？若要提高干燥强度，应采取哪些措施？

参考文献

[1] 姚玉英，等. 化工原理（上、下册）. 修订版. 天津：天津大学出版社，2005.

[2] 雷良恒，等. 化工原理实验. 北京：清华大学出版社，1994.

[3] 天津大学化工技术基础实验室. 化工基础实验技术. 天津：天津大学出版社，1989.

[4] 北京师范大学化学工程教研室. 化学工程基础实验. 北京：人民出版社，1994.

[5] 陈均志. 化工原理实验及基础. 西安：陕西人民出版社，2002.

第二篇

化工原理课程设计

第六章 绪论（二）

第一节 化工原理课程设计的目的要求和内容

一、化工原理课程设计的目的要求

课程设计是化工原理课程教学中综合性和实践性较强的教学环节，是理论联系实际的桥梁，是使学生体察工程实际问题复杂性的初次尝试。通过化工原理课程设计，要求学生能综合运用本课程和前修课程的基本知识，进行融会贯通地独立思考，在规定的时间内完成指定的化工设计任务，从而得到化工工程设计的初步训练。通过课程设计，要求学生了解工程设计的基本内容，掌握化工设计的主要程序和方法，培养学生分析和解决工程实际问题的能力。同时，通过课程设计，还可以使学生树立正确的设计思想，培养实事求是、严肃认真、高度负责的工作作风。在当前大多数学生毕业工作以论文为主的情况下，通过课程设计培养严谨的科学作风就更为重要了。

课程设计不同于平时的作业，在设计中需要学生自己作出决策，即自己确定方案、选择流程、查取资料、进行过程和设备计算，并要对自己的选择作出论证和核算，经过反复的分析比较，择优选定最理想的方案和合理的设计。所以，课程设计是培养和提高学生独立工作能力的有益实践。

通过课程设计，应该训练学生提高如下几个方面的能力。

① 熟悉查阅文献资料、搜集有关数据、正确选用公式。当缺乏必要数据时，尚需自己通过实验测定或到生产现场进行实际查定。

② 在兼顾技术上先进性、可行性，经济上合理性的前提下，综合分析设计任务要求，确定化工工艺流程，进行设备选型，并提出保证过程正常、安全运行所需要的检测和计量参数，同时还要考虑改善劳动条件和环境保护的有效措施。

③ 准确而迅速地进行过程计算及主要设备的工艺设计计算。

④ 用精练的语言、简洁的文字、清晰的图表来表达自己的设计思想和计算结果。

二、化工原理课程设计的内容

化工原理课程设计一般包括如下内容。

(1) 设计方案简介　对给定或选定的工艺流程、主要设备的型式进行简要地论述。

（2）主要设备的工艺设计计算　包括工艺参数的选定、物料衡算、热量衡算、设备的工艺尺寸计算及结构设计。

（3）典型辅助设备的选型和计算　包括典型辅助设备的主要工艺尺寸计算和设备型号规格的选定。

（4）工艺流程简图　以单线图的形式绘制，标出主体设备和辅助设备的物料流向、物流量、能流量和主要化工参数测量点。

（5）主体设备工艺条件图　图面上应包括设备的主要工艺尺寸、技术特性表和接管表。

完整的化工原理课程设计报告由说明书和图纸两部分组成。设计说明书中应包括所有论述、原始数据、计算、表格等，编排顺序如下：

① 标题页；

② 设计任务书；

③ 目录；

④ 设计方案简介；

⑤ 工艺流程草图及说明；

⑥ 工艺计算及主体设备设计；

⑦ 辅助设备的计算及选型；

⑧ 设计结果概要或设计一览表；

⑨ 对本设计的评述；

⑩ 附图（工艺流程简图、主体设备工艺条件图）；

⑪ 参考文献。

第二节　化工生产工艺流程设计

化工生产工艺流程设计是所有化工装置设计中最先着手的工作。工艺流程设计的目的是在确定生产方法之后，以流程图的形式表示出由原料到成品的整个生产过程中物料被加工的顺序以及各股物料的流向，同时表示出生产中所采用的化学反应、化工单元操作及设备之间的联系，据此可进一步制定化工管道流程和计量控制流程。它是化工过程技术经济评价的依据。

生产工艺流程设计一般分为三个阶段。

一、生产工艺流程草图

为便于进行物料衡算、能量衡算及有关设备的工艺计算，在设计的最初阶段，首先要绘制生产工艺流程草图，定性地标出物料由原料转化为产品的过程、流向以及所采用的各种化工过程及设备。

二、工艺物料流程图

在完成物料计算后便可绘制工艺物料流程图，它是以图形与表格相结合的形式来表达物料计算结果，其作用如下：

① 作为下一步设计的依据；

② 为接受审查提供资料；

③ 可供日后操作参考。

三、带控制点的工艺流程图

在设备设计结束、控制方案确定之后，便可绘制带控制点的工艺流程图。（此后，在进行车间布置的设计过程中，可能会对流程图作一些修改。）图中应包括如下内容。

（1）物料流程 物料流程包括以下内容。

① 设备示意图，示意图大致依设备外形尺寸比例画出，标明设备的主要管口，适当考虑设备合理的相对位置；

② 设备流程号；

③ 物料及动力（水、汽、真空、压缩机、冷冻盐水等）管线及流向箭头；

④ 管线上的主要阀门、设备及管道的必要附件，如冷凝水排除器、管道过滤器、阻火器等；

⑤ 必要的计量、控制仪表，如流量计、液位计、压强表、真空表及其他测量仪表等；

⑥ 简要的文字注释，如冷却水、加热蒸汽来源、热水及半成品去向等。

（2）图例 图例是将物料流程图中画出的有关管线、阀门、设备附件、计量控制仪表等图形用文字予以说明。

（3）图签 图签是写出图名、设计单位、设计人员、审核人员（签名）、图纸比例尺、图号等项内容的一份表格，其位置在流程图右下角。

带控制点的工艺流程图一般是由工艺专业人员和自控专业人员合作绘制出来的。作为化工原理课程设计只要求能标绘出测量点位置即可。

第三节 主体设备工艺条件图

主体设备是指在每个单元操作中处于核心地位的关键设备，如传热中的换热器，蒸发中的蒸发器，蒸馏和吸收中的塔设备（板式塔和填料塔），干燥中的干燥器等。一般主体设备在不同单元操作中是不相同的，即使同一设备在不同单元操作中其作用也不相同，如某一设备在某个单元操作中为主体设备，而在另一单元操作中则可变为辅助设备。例如，换热器在传热操作中是主体设备，而在精馏或干燥操作中就变为辅助设备。泵、压缩机等也有类似情况。

主体设备工艺条件图是将设备的结构设计和工艺尺寸的计算结果用一张总图表示出来。图面上应包括如下内容。

① 设备图形。指主要尺寸（外形尺寸、结构尺寸、连接尺寸）、接管、孔等。

② 技术特性。指装置的用途、生产能力、最大允许压强、最高介质温度、介质的毒性和爆炸危险性等。

③ 设备组成一览表。

应予指出，以上设计全过程统称为设备的工艺设计。完整的设备设计，应在上述工艺设计基础上再进行机械强度设计，最后提供可供加工制造的施工图。这一环节在高等院校的教学中，属于化工机械专业课程，在设计部门则属于机械设计组的职责。

第七章　换热器设计

第一节　列管换热器的类型与构造

换热器是实现传热过程的基本设备，而列管式换热器是比较典型的换热设备，它在工业中的应用已有悠久的历史，至今仍大量使用在很多工业部门。其原因是列管式换热器具有易于制造、成本较低、处理能力大、换热表面清洗比较方便、可供选用的结构材料广泛、适应性强、可用于调温调压场合等优点，故在大型换热器中占有绝对优势。例如在炼油厂作为加热或冷却用的换热器、蒸馏操作中的蒸馏釜（或再沸器）和冷凝器，以及化工厂中蒸发设备的加热室等，大都采用列管式换热器。

列管式换热器按安放方式不同可分为立式和卧式。立式换热器占地面积小，而卧式换热器管外给热系数较高，但占地比较多。另外列管式换热器在操作时，由于冷热两流体温度不同，使壳体和管束的温度不同，其热膨胀程度就不同。因此，必须从结构上考虑膨胀的影响，采用各种补偿的方法。列管式换热器根据热补偿的有无或不同，可分为下列几种。

一、固定管板式

这种换热器（见图 7-1）的特点是壳体与管板直接焊接，结构简单、紧凑。在同样的壳体直径内，排管较多。由于两管板之间有管子的相互支撑，管板得到加强，故在各种列管换热器中它的管板最薄，其造价比较低，因此得到广泛应用。这种换热器管内较易清洗，但管外清洗困难，且管壁与壳壁之间的温度差大于 50℃时，需在壳体上设置膨胀节，依靠膨胀节的弹性变形以降低温差应力。但它只能适用于管、壳壁的温差不大于 70℃和壳程流体压强小于 600kPa 的场合，否则会因膨胀节过厚难以伸缩而失去温差补偿的作用。

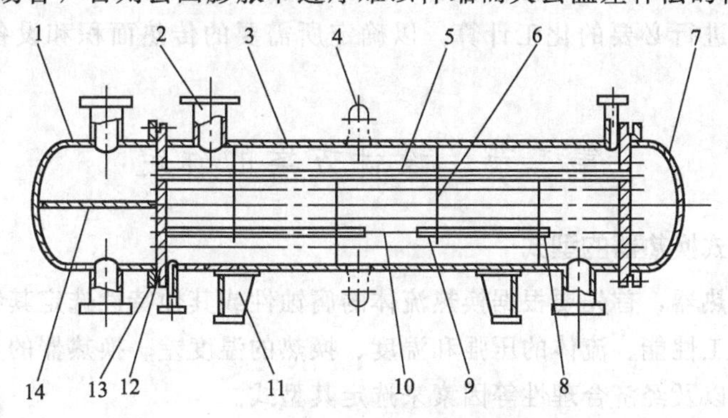

图 7-1　固定管板式换热器

1—管箱；2—管口；3—筒体；4—膨胀节；5—换热管；6—折流板；7—封头；8—螺母；9—定距管；10—拉杆；11—支座；12—管板；13—法兰；14—隔板

二、浮头式换热器

这种换热器（见图 7-2）的特点是它的一端管板与壳体用螺栓固定，而另一端管板不与壳体相连，而与另一个可以自由伸缩的封头（称浮头）相连接，当换热管束受热或受冷时可以自由伸缩，不受壳体的约束。故管、壳间不产生温差应力，管束可以从壳体内抽出，便于检修、清洗。但结构比较复杂，造价高（比固定管板式高20%）。

三、U形管式换热器

这种换热器（图7-3）的特点是将管子变成U形，管子两端固定在同一管板上，管束可以自由伸缩，也可以从壳体内抽出便于清洗管间，这种结构比浮头式简单，造价比较低，但管内很难清洗，管板上排列管子少，弯管工作量大，管子更换麻烦。

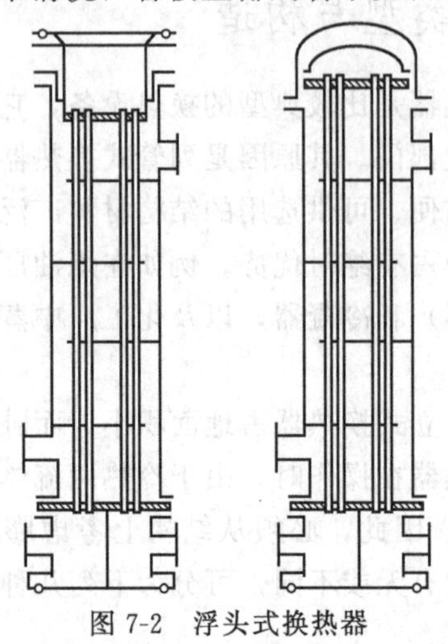
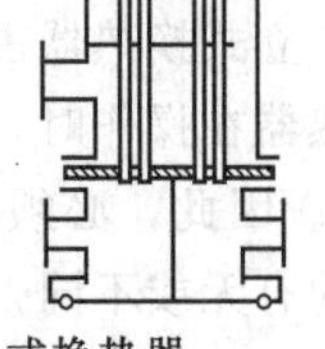

图7-2　浮头式换热器

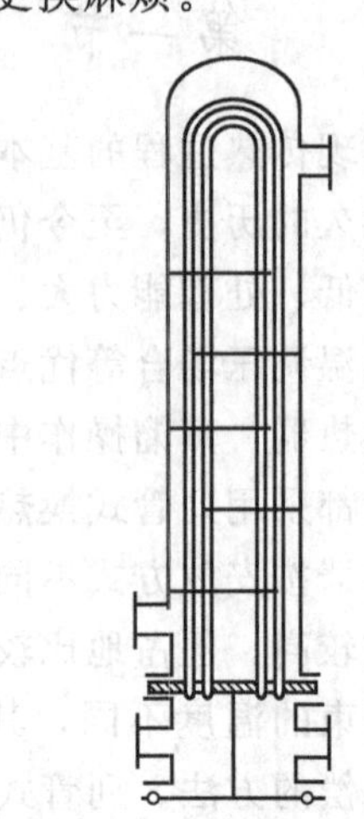

图7-3　U形管式换热器

列管式换热器是大量使用的系列产品，为了明确换热器的结构形式与尺寸规格，我国在1959年制定了我国第一个列管式换热器的标准系列（TH_2—59），在新的技术基础上，相继作了多次改订、补充渐趋完善，我国国家技术监督局发布了钢制管壳式换热器标准（GB 151—2014），1992年机械电子工业部、化学工业部、劳动部、石油化工总公司又联合发布了管壳式换热器的行业标准（JB/T 4714～4722—92）。这反映了我国热交换器设计和制造的新水平。在工程设计中，应尽量采用标准系列，但是在选用标准系列的图样之前，必须对于生产工艺的要求进行必要的化工计算，以确定所需要的传热面积和设备结构，才能进行选用。

第二节　设计方案的确定

一、确定列管式换热器的型式

对于列管式换热器，首先要根据换热流体的腐蚀性或其他特性选定其结构材料；然后再根据所选材料的加工性能、流体的压强和温度、换热的温度差、换热器的热负荷、安装检修和维护清洗的要求以及经济合理性等因素来选定其型式。

二、换热器内流体的流经空间和流动方向的选择

1. 流体的流经空间

在换热器中，哪一种流体流经管内（管程）、哪一种流体流经管外（壳程），是关系到设备使用是否合理的问题。一般可以从下列几方面考虑。

① 不清洁或易结垢的物流应当流经易于清洗的一侧，对于换热管束为直管的换热器，一般应让其走管程，例如冷却水一般通过管内，因为冷却水常常用江河水或井水，比较

脏，硬度较高，受热后容易结垢，在管内便于清洗。此外，管内流体易于维持高速，可避免悬浮颗粒的沉积。但对于U形管热器，由于管内不能进行机械清洗，故污浊的流体应通入壳程。

② 采用提高流速来增大对流传热系数的流体应由管程流过，因为管程可以采用多管程来增大流速。

③ 有腐蚀性的流体或高压流体应在管程流过，这样只需管子、管板和封头或管箱采用耐腐蚀耐压材料，而壳体及管外空间的其他零部件，可用其他较便宜的材料或避免采用高压密封等。

④ 被加热流体一般应走管程，以提高热的有效利用，被冷却流体一般应走壳程，便于热量散失。

⑤ 有毒流体宜走管程，以减少其泄漏的机会。

⑥ 饱和蒸汽由于比较清洁应由换热器的壳程流过，亦便于冷凝液的排出。

⑦ 黏度较大的流体一般应走壳程，因为壳程可通过增设挡板或隔板来提高流体的湍动程度，以增大其对流传热系数。

实际使用中，当上述原则不可能同时满足时，应抓住主要矛盾，认真分析研究解决，一般首先从流体压强、防腐蚀及清洗等角度去考虑，然后再考虑其他方面的要求。

2. 流体的流动方向

换热流体的流向，常用的有：逆流、并流及错流等几种，其确定原则如下。

① 在换热过程中冷、热流体均无相变化，一般应取逆流操作，可获得较大的有效温度差，以提高传热效率或减少所需的传热面积。

② 当被加热流体（如热敏性或易挥发流体等）的出口温度有一定要求（如不能超过规定温度）时，以取并流操作为宜，此时只要控制被冷却流体的出口温度不超过要求的温度，就可满足其要求。

③ 当设计对换热器的结构紧凑性或单位体积的传热面积要求较高时，可采用错流、折流操作。

④ 常用载热流体的一般流向：饱和水蒸气应从换热器壳程上方进入，冷凝水由壳程下方排出，这样既便于冷凝水的排放，又利于传热效率的提高；冷却水一般从换热器下方的入口送入，上方的出口排出，可减少冷却水流动中的死角，以提高传热面积的有效利用。

三、流速的选择

换热器内流体的流速大小，应由经济衡算来决定。增大器内流体的流速，可增强对流传热，减少污垢在换热管表面上沉积的可能性，即降低了污垢的热阻，使总传热系数增大，从而可减少换热器的传热面积和设备的投资费，但是流速增大，又使流体阻力增大，动力消耗也就增多，从而致使操作费用增加，若流速过大，还会使换热器产生振动，影响寿命，因此，选取适宜的流速是十分重要的。此外，在选择流速时，还需考虑结构上的要求，例如，选择较高的流速，可使管子的数目减少，对于一定的传热面积来说，就可采用较长的管子，而管子太长又不易清洗，且一般管长都具有一定的标准；若采用增加管程，当然也可，但其平均温度差就要降低。总之，适宜流速的确定要作全面考虑。下面介绍列管式换热器流体常用的流速范围，见表7-1、表7-2以供设计时参考。

表 7-1　列管式换热器流体常用的流速范围

流体种类	流速/(m/s)	
	管　程	壳　程
一般液体	0.5～3	0.2～1.5
易结垢液体	>1	>0.5
气　体	5～30	3～1.5

表 7-2　列管式换热器内不同黏度液体的常用流速

液体黏度/mPa·s	>1500	1500～500	500～100	100～35	35～1.0	<1.0
最大流速/(m/s)	0.6	0.75	1.1	1.5	1.8	2.4

四、加热剂、冷却剂及其出口温度的确定

可以用作加热剂和冷却剂的物流很多，列管式换热器常用的加热剂有饱和水蒸气，烟道气和热水等。常用的冷却剂有水、空气和氨等。在选用加热剂和冷却剂的时候主要考虑来源方便、有足够温差、价格低廉、使用安全等。

1. 饱和水蒸气

饱和水蒸气是一种应用最广的加热剂，饱和水蒸气冷凝时的对流传热系数很高，可以改变蒸汽的压强以准确地调节加热温度，而且常可利用价格低廉的蒸汽及涡轮机排放的废气。但饱和蒸汽温度超过 180℃时，就需采用很高的压强。一般只用于加热温度在 180℃以下的情况。冷凝水排出的温度，一般应取饱和蒸汽的饱和温度，可提高换热器的传热效果。

2. 水和空气

水和空气是最常用的冷却剂，它们可以直接取自大自然，不必特别加工。以水与空气比较，水的比热容高，对流传热系数也很高，但空气的取得和使用比水方便，应因地制宜加以选用。水和空气作为冷却剂受到当地气温的限制，一般冷却温度为 10～25℃。如果要冷却到较低的温度，则需应用低温剂。

3. 适宜出口温度

在换热器的设计中，被处理物料的进、出口温度一般是指定的，而加热剂或冷却剂可以由设计者自己根据情况进行选用。加热剂及冷却剂的初温，一般由来源而定，但它的终温（出口温度）的高低可由设计者适当选择。例如选择冷水作为物料的冷却剂时，选取较低的出口温度，则用水量大，操作费用多，但传热的平均温度差较大，所需传热面积会较少，因而设备费用也较少。最经济的冷却水出口温度要根据冷却水的消耗费及冷却设备投资费之和为最小来确定。此外，当选用河水作冷却剂时，出口温度一般不宜超过 50℃，否则积垢显著增多，这是应该注意的。

总之，设计方案的确定应尽量考虑得周到些，做到既要满足工艺技术操作和经济合理的要求，又保证生产的安全。当然，设计时往往难以一次定好，这就要求设计者在设计过程中不断修改、补充、反复调整。

第三节　换热过程工艺计算

根据任务书所下达的换热任务，进行完整的换热过程的工艺计算。其目的是确定设备的主要工艺尺寸和参数，如换热器的传热面积，换热管管径、长度、根数，管程数和壳程数，

换热管的排列和壳体直径，以及管、壳程流体的压强降等，为结构设计提供依据。化工工艺计算的步骤大致如下。

一、传热面积的初定

在稳定传热过程中，总传热系数 K 随温度变化不大时，得总传热速率方程式：

$$S_0=\frac{Q}{K_0\Delta t_m} \tag{7-1}$$

式中　S_0——换热管外表面积，m^2；

Q——传热速率（热负荷），W；

K_0——基于管外表面积的总传热系数，$W/(m^2\cdot ℃)$；

Δt_m——平均温度差，℃。

1. 传热速率的计算

一般根据被处理物料的处理量及其进、出口温度，并考虑换热器热损失等情况后，通过热量衡算式进行计算。换热器的热损失，应根据不同情况在传热速率 5%～10%之间选取。

2. 平均温度差 Δt_m 计算

（1）逆流与并流　可按下式计算：

$$\Delta t_m=\frac{\Delta t_1-\Delta t_2}{\ln\dfrac{\Delta t_1}{\Delta t_2}} \tag{7-2}$$

式中　Δt_1，Δt_2——分别为换热器两端的温度差，℃。

当$\frac{1}{2}<\frac{\Delta t_1}{\Delta t_2}<2$时，可用算术平均温度差代替对数平均温度差。

（2）错流和折流　实际换热器内两流体的流向多为错流、折流，平均温度差介于逆流和并流之间，即

$$\Delta t_m=\varphi_{\Delta t}\cdot\Delta t'_m \tag{7-3}$$

式中　$\Delta t'_m$——按纯逆流计算的对数平均温度差，℃；

$\varphi_{\Delta t}$——温度差的校正系数。

校正系数 $\varphi_{\Delta t}$ 的大小与冷、热两流体的温度变化有关，它是 p 和 R 两个因数的函数。

其中：

$$p=\frac{t_2-t_1}{T_1-t_1}=\frac{\text{冷流体的温升}}{\text{两流体最初温度差}} \tag{7-4}$$

$$R=\frac{T_1-T_2}{t_2-t_1}=\frac{\text{热流体的温降}}{\text{冷流体的温升}} \tag{7-5}$$

校正系数 $\varphi_{\Delta t}$ 值可根据 p、R 两个参数，从相应的温度差校正系数图（见图 7-4）中查得。

3. 总传热系数的假设

总传热系数应根据本设计所选换热器的型式，查阅有关的手册和文献报道，或收集生产中的实际数据，初步选定一传热系数。当基本条件（设备型式、雷诺数、流体物性）相同时，传热系数 K 值可采用经验数据。表 7-3 所列为常用换热器 K 值的大致范围，以供设计者参考。

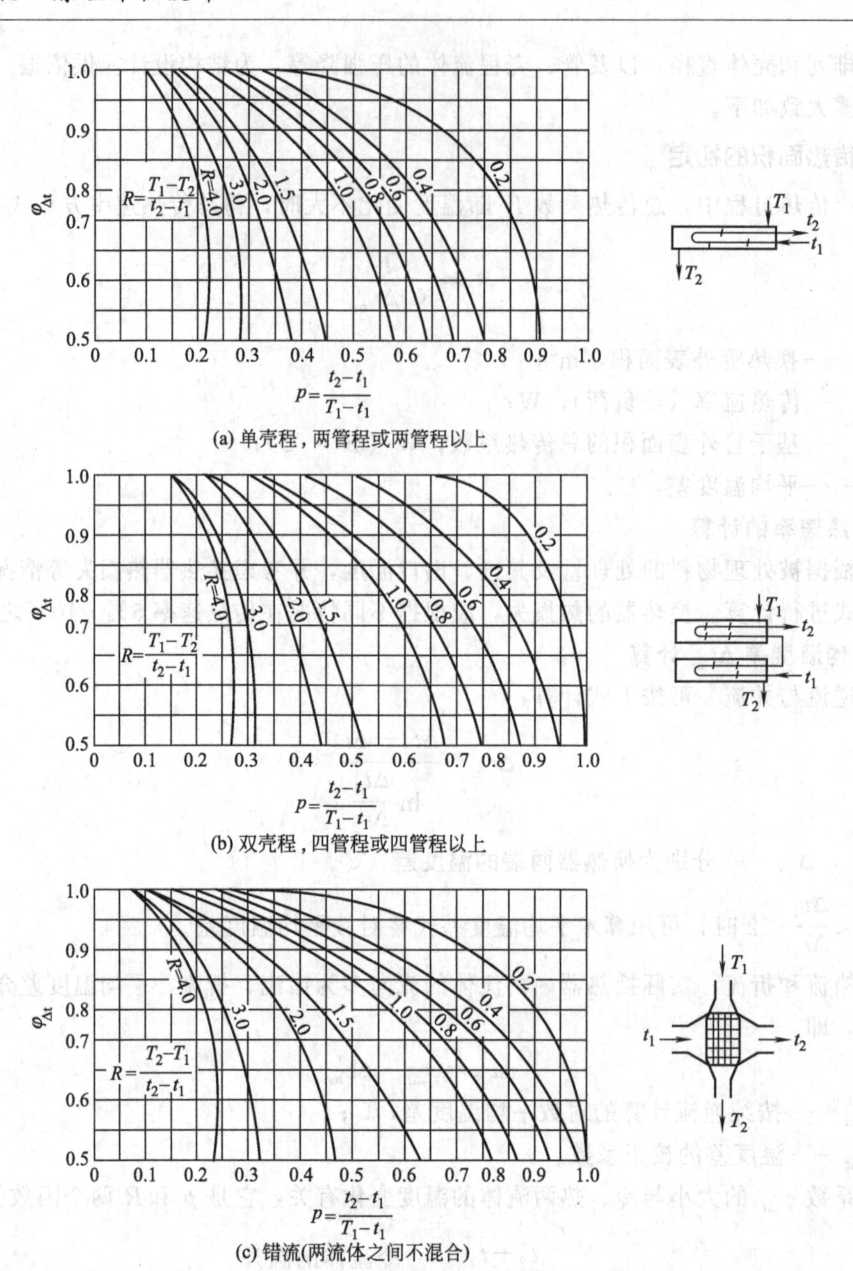

图 7-4　温度差校正系数

表 7-3　传热系数 K 值大致范围

管内(管程)	管间(壳程)	传热系数/[W/(m^2·℃)]
水(0.9～1.5m/s)	净水(0.3～0.6m/s)	580～700
水	水(流速较高时)	815～1160
冷水	轻有机物 $\mu<0.5\times10^{-3}$Pa·s	470～815
冷水	中有机物 $\mu=(0.5\sim1)\times10^{-3}$Pa·s	290～700
冷水	重有机物 $\mu>1.0\times10^{-3}$Pa·s	116～467
有机溶剂	有机溶剂(0.3～0.55m/s)	200～235
轻有机物 $\mu<0.5\times10^{-3}$Pa·s	轻有机物 $\mu<0.5\times10^{-3}$Pa·s	235～465
中有机物 $\mu=(0.5\sim1)\times10^{-3}$Pa·s	中有机物 $\mu=(0.5\sim1)\times10^{-3}$Pa·s	58～235

续表

管内(管程)	管间(壳程)	传热系数/[W/(m^2·℃)]
重有机物 $\mu>1\times10^{-3}$Pa·s	重有机物 $\mu>\times10^{-3}$Pa·s	2325～4650
水(1m/s)	水蒸气(有压强)冷凝	1750～3500
水	水蒸气(常、负压)冷凝	1165～4070
水溶液 $\mu<2.0\times10^{-3}$Pa·s	水蒸气冷凝	580～2910
水溶液 $\mu>2.0\times10^{-3}$Pa·s	水蒸气冷凝	580～1190
有机物 $\mu<0.5\times10^{-3}$Pa·s	水蒸气冷凝	290～580
有机物 $\mu=(0.5\sim1)\times10^{-3}$Pa·s	水蒸气冷凝	116～350
有机物 $\mu>1.0\times10^{-3}$Pa·s	水蒸气冷凝	116～350
水	有机物蒸气及水蒸气冷凝	580～1160
水	重有机物蒸气(常压)冷凝	116～350
水	重有机物蒸气(负压)冷凝	58～174
水	饱和有机溶剂蒸气(常压)冷凝	580～1160
水	含饱和有机溶剂蒸气的氯气(20～50℃)	350～175
水	SO_2(冷凝)	815～1160
水	NH_3(冷凝)	700～930
水	氟里昂(冷凝)	756
盐水	轻有机物 $\mu<0.5\times10^{-3}$Pa·s	233～580

实际操作中，由于传热面两侧的污垢热阻是不断变化的，传热系数是个变量，因此，设计中传热系数的选定要考虑污垢的清洗周期。若传热系数 K 值过高（即污垢热阻过小），则换热器的清洗周期就短，传热面积的计算值就小；反之，传热面积则大，所以，选定传热系数 K 值时应作全面估算。

二、主要工艺尺寸的确定

当确定了传热面积以后，设计工作将进入确定主要工艺尺寸的阶段。

1. 换热管的类型、尺寸及材料的确定

列管式换热器的传热面是由很多换热管（列管）构成的，因此，列管的尺寸和形状对换热器的传热有着重要的影响。

（1）管子的直径　当采用小直径的管子时，换热器单位体积的传热面积较大，设备较为紧凑，单位传热面积的金属耗用量较少，管程流体的对流传热系数也较高，但制造、加工较麻烦，且容易结垢、不易清洗，因此，小直径的管子一般用于清洁流体。而大直径的管子常用于黏性大或污垢的流体。我国列管式换热器标准中采用的无缝碳钢管的规格有：ϕ19mm×2mm；ϕ25mm×2.5mm；ϕ38mm×2.5mm；ϕ57mm×(2.5～3.5)mm。无缝不锈钢耐酸管的规格有：ϕ19mm×2mm；ϕ25mm×2mm；ϕ38mm×2.5mm。列管式换热器中换热管一般以光滑管为多，因为它的结构简单，制造容易，造价较低，但对于对流传热系数很低的流体，为了强化换热器的传热性能，可采用其他结构形式的管子，如异形管、翅片管、螺纹管等，如图 7-5～图 7-8 所示。

（2）管子的材料　列管式换热器设计中，正确选用管子的材料是很重要的，既要满足工艺条件的要求，又要经济合理。选材时应按照操作压强、工作温度及流体的物理化学性质来选择，所选的材料最好能满足下述要求：导热、耐腐蚀性能好，机械强度高，制造加工容易，价格低廉。换热管常用的材料有碳钢、低合金钢、不锈钢、铜镍合金、铝合金。此外，还有一些非金属材料，如石墨、陶瓷等。一般中、低压列管式换热器的列管常用含碳量低于0.25%的优质低碳钢的无缝钢管，其钢号常以 20 为多，这种钢强度虽低些，但塑性好，焊

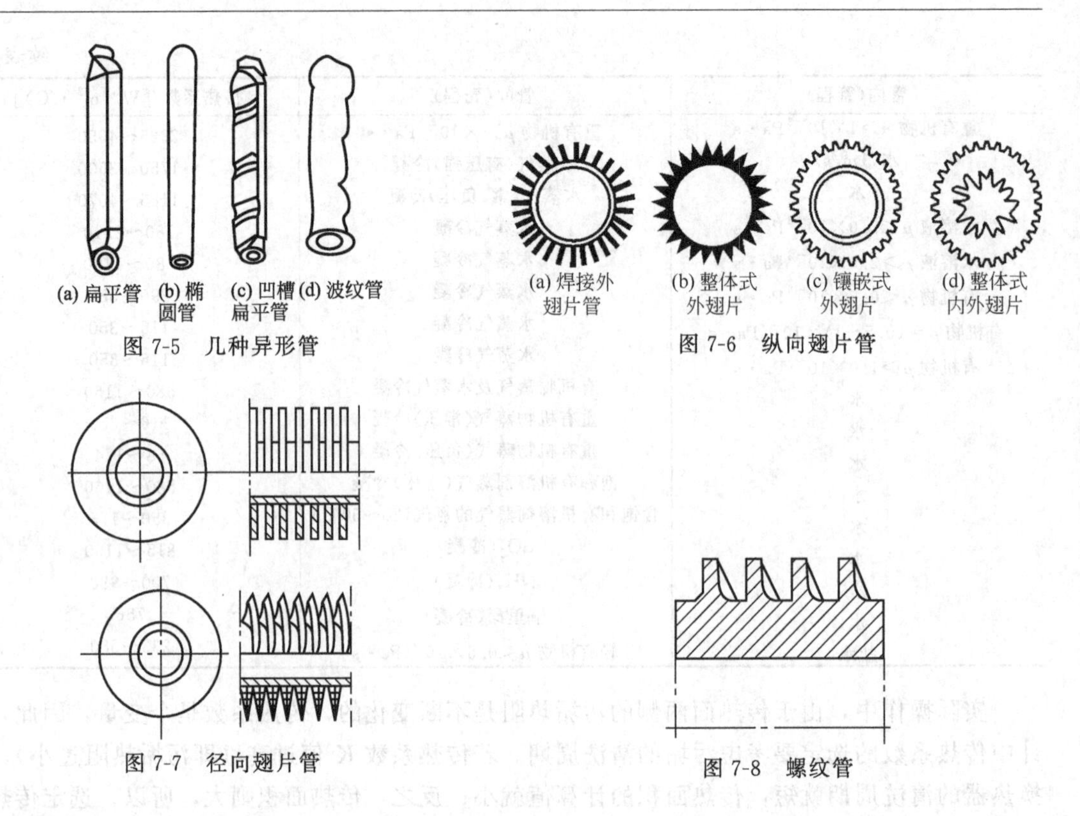

图 7-5 几种异形管

图 7-6 纵向翅片管

图 7-7 径向翅片管

图 7-8 螺纹管

接性能好。

(3) 管子的长度 列管式换热器设计中，换热管长度的确定，既与换热器工艺计算和设备设计有关，还涉及如何合理使用管子材料的问题。所以，管长的选择应尽量采用我国现有管子材料的长度规格，或根据所选的适宜管长进行合理地截用，避免材料的浪费。常用的管长标准有 1500mm、2000mm、3000mm、4500mm、6000mm、9000mm 等。

2. 管子数的计算

列管式换热器所需换热管的数目，可根据估算的传热面积 S_0，以及所选的管径和管子长度，由下述算式求得：

$$n_T = \frac{S_0}{\pi d_0 L} \tag{7-6}$$

式中 n_T——列管式换热器的总管数，必须取整数；

S_0——传热面积的估算值，m^2；

d_0——选定的换热管外径，m；

L——选定的换热管有效长度，m。

注：管子的有效长度是指管子的实际长度减去管板、隔板所占据的部分。

3. 管心距的确定

管板上两管子中心的距离称为管间距，用符号 t 表示。在排列管子时，应先决定好管间距 t。决定管间距时，应考虑管板的强度和清洗管子外表面时所需的空隙，t 值的大小还与管子在管板上的固定方法有关。当采用焊接法固定时，如果相邻两管的焊缝太近，就会相互受到热影响，难以保证焊接质量；当采用胀接法固定时，过小的管间距会造成管板在胀接时由于挤压力的作用而变形，从而失去管子与管板之间的连接力。

实践证明，最小管间距的经验值如下。

焊接法：$t_{最小}=1.25d_0$。

胀接法：$t_{最小}\geqslant 1.25d_0$。

管间距的实际最小值不能小于（d_0+6）mm，对于直径小的管子，t/d_0 的数值应取得更大一些。

管束最外层管子的中心距壳体内表面的距离不应小于$\left(\frac{1}{2}d_0+10\right)$mm。分程槽隔板两侧第一排管子中间的距离 a 见图 7-9。

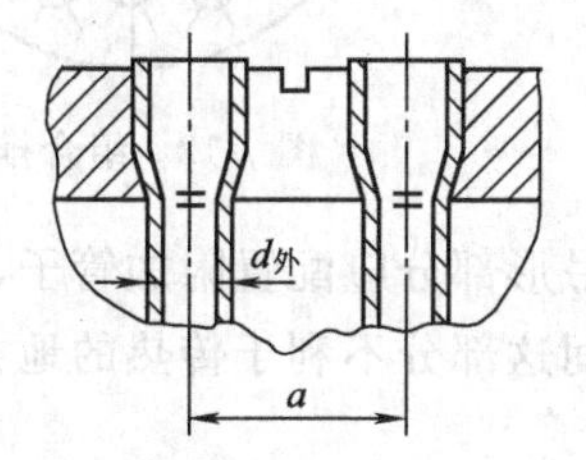

$d_{外}$/mm	19	25	38
a/mm	38	44	57

图 7-9　隔板两侧管心距

4. 管子在管板上的排列形式

管子在管板上排列的原则是：管子在整个换热器的截面上均匀地分布；排列紧凑；结构设计合理；方便制造并符合流体的特性。其排列方法通常为等边三角形（或称正六角形）与正方形两种，如图 7-10 所示。

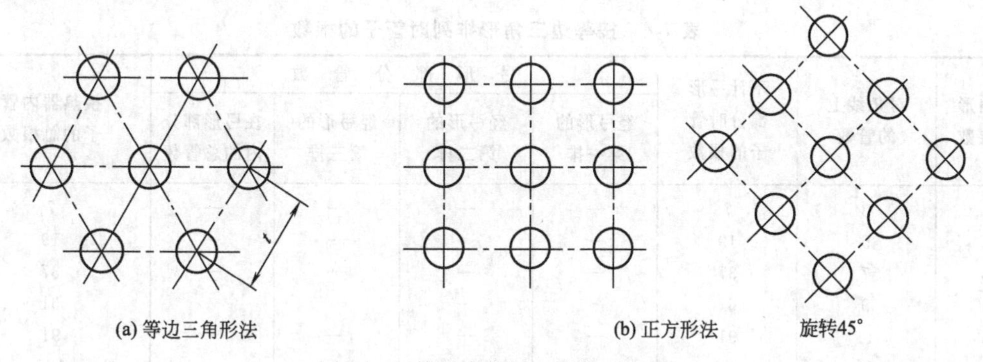

图 7-10　管子在管板上的排列方法

正六角形排列法的优点是：在一定的管板面积上可以配置较多的管子数，而且由于管子间的距离相等，管板的加工制作方便。

当壳程流体容易结垢，需用机械方法对其进行清洗时，可采用正方形排列法，此法在一定的管板面积上排列的管子数最少。

除了上述两种排列方法外，也有采用同心圆排列法和组合排列法的，如图 7-11 和图 7-12 所示。

在制氧设备中就常用同心圆排列。此法管子排列得比较紧凑，而且管束在靠近壳体的地方布管均匀。在小直径的换热器中，按此法在管板上布置的管数比三角形排列还多。

在一些多程的列管式换热器中，一般每程都为三角形排列，但两程之间常用正方形排列，这对于隔板的安装是很有利的。此时，整个管板上的排列称为组合排列。

对于等边三角形排列法，当管子总数超过 127 根（相当于层数大于 6）时，在最外层管

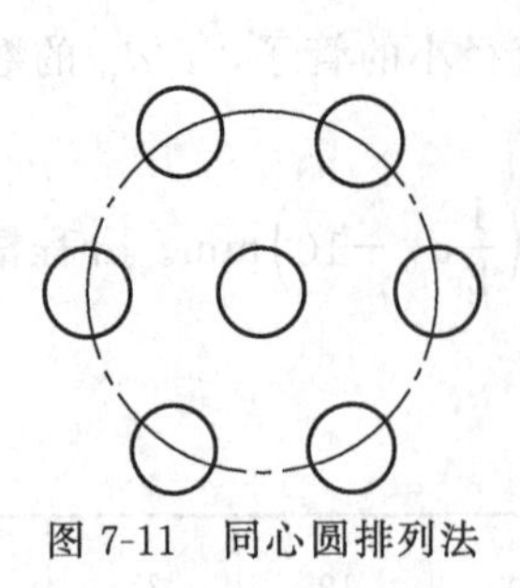

图 7-11　同心圆排列法

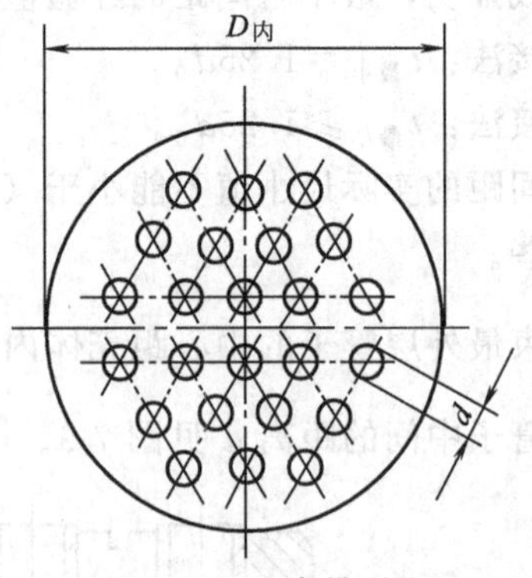

图 7-12　组合排列法

子和壳体之间将出现很大面积的弓形部分，这些弓形部分应配置附加管子，这样做不但可增加排列管数，增加传热面积，而且消除了管外空间这部分不利于传热的地方。弓形部分附加管子的配置数可参见表 7-4。

5. 管程数的确定

当流体的流量较小或传热面积较大而需管数很多时，有时会使管内流速较低，因而对流传热系数就比较小。为了提高管内流速，可采用多管程。但管程数过多，会导致管程流体阻力加大，动力费用增加；同时多程会使有效平均温度差下降；此外，多程隔板还会使管板可利用面积减少。因此，设计时应全面考虑。

表 7-4　按等边三角形排列时管子的根数

六角形的层数	对角线上的管数	不计弓形部分时管子的根数	弓形部分管数				换热器内管子的总根数
			经弓形的第一排	经弓形的第二排	经弓形的第三排	在弓形部分内的总管数	
1	3	7	—	—	—	—	7
2	5	19	—	—	—	—	19
3	7	37	—	—	—	—	37
4	9	61	—	—	—	—	61
5	11	91	—	—	—	—	91
6	13	127	—	—	—	—	127
7	15	169	3	—	—	18	187
8	17	217	4	—	—	24	241
9	19	271	5	—	—	30	301
10	21	331	6	—	—	36	367
11	23	397	7	—	—	42	439
12	25	469	8	—	—	48	517
13	27	547	9	2	—	66	613
14	29	631	10	5	—	90	721
15	31	721	11	6	—	102	823
16	33	817	12	7	—	114	913
17	35	919	13	8	—	126	1045

为了将换热器做成多管程，可在管箱中安装与管子中心线相平行的分程隔板，分程可以采用不同的组合形式，但每一程的管数要大致相等。列管式换热器标准中常用的程数有 1 程、2 程、4 程和 6 程等，其分布方法如图 7-13 所示。

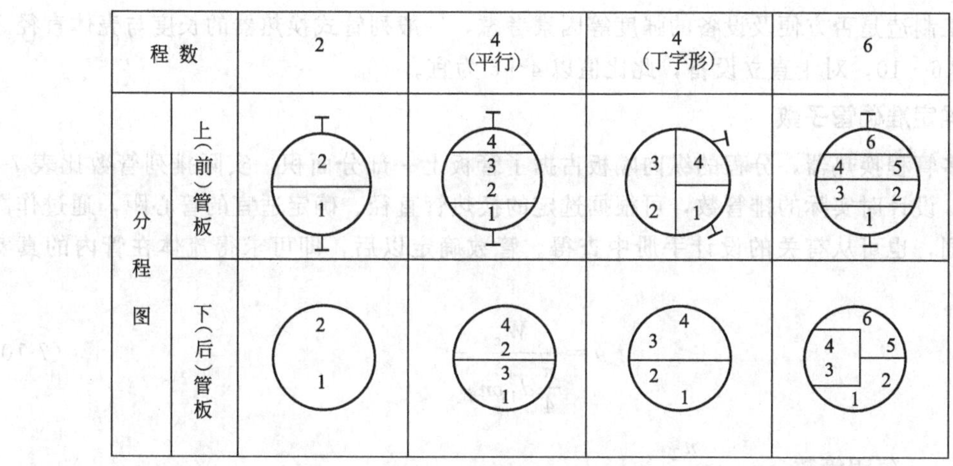

图 7-13　管程的分程布置

管程数 m 的计算式如下：

$$m=\frac{u}{u'} \tag{7-7}$$

式中　u——管程流体的适宜流速（由经验值查取），m/s；

u'——单管程流体的实际流速，m/s；

m——管程数（应取整数）。

单管程流体实际流速可通过冷却水的热负荷由下式计算：

$$u'=\frac{W_c}{\frac{\pi}{4}d_i^2\rho n_T} \tag{7-8}$$

式中　W_c——冷却水流量（通过热量衡算式求得），kg/s；

d_i——管内径，m；

ρ——冷却水密度，kg/m³；

n_T——总管数。

6. 壳体直径的初定

初步设计中可用下式估算壳体的内径，即

$$D=t(n_c-1)+2b' \tag{7-9}$$

式中　D——壳体内径，mm；

t——管间距，mm；

n_c——横过管束中心线的管数，管子按正三角形排列时，$n_c=1.1\sqrt{n_T}$；管子按正方形排列时，$n_c=1.19\sqrt{n_T}$；

b'——管束中心线上最外层管的中心至壳体内壁的距离［一般可取 $b'=(1\sim1.5)d_0$］，mm。

上述算得的壳径应圆整为标准尺寸，见表 7-5。

表 7-5　壳体内径的标准尺寸

壳体内径/mm	325	400,500,600,700	800,900,1000	1100,1200
最小壁厚/mm	8	10	12	14

从加工制造是否方便及设备的强度等因素考虑，一般列管式换热器的长度与壳体直径之比 L/D 为 6～10，对于直立设备，此比值以 4～6 为宜。

三、确定准确管子数

对于多管程换热器，分程的纵向隔板占据了管板上一部分面积，实际排列管数比表 7-4 所列要少，设计时实际的排管数，可根据选定的换热管直径、确定适宜的管心距，通过作图法自行排列，也可从有关的设计手册中查得。管数确定以后，即可求得流体在管内的真实流速。

$$u=\frac{W_c}{\frac{\pi}{4}d_i^2\rho n_{程}} \tag{7-10}$$

式中　$n_{程}$——每程管数，$n_{程}=\frac{n_T}{m}$。

四、流体流动阻力的计算

根据初定的换热器结构，计算管、壳程流体的流速和压力降。检查计算结果和结构设计是否合理或满足工艺要求。若压力降不符合要求，则需调整流速，再确定管程数或折流板间距，或另选管子规格再作换热器的初定设计，重新计算压力降直至满足要求为止。列管式换热器管、壳程的压力降应分别进行计算。

1. 管程流体阻力及压力降的计算

管程流体的流动总阻力为各程直管阻力、每程管子进出口阻力、管箱和封头内流向转折阻力以及换热器进出阻力等各项阻力之和，故管程总压力降：

$$\Delta p_f=m(\Delta p_{f_0}+\Delta p_{f_1}+\Delta p_{f_2}+\Delta p_{f_3})+\Delta p_{f_4} \tag{7-11}$$

式中　Δp_f——管程的总压力降，Pa；

m——管程数；

Δp_{f_0}——每程直管的压力降，Pa；

Δp_{f_1}——每程管束入口处的压力降，Pa；

Δp_{f_2}——每程管束出口处的压力降，Pa；

Δp_{f_3}——管箱和封头内流体 180℃转向时的压力降，Pa；

Δp_{f_4}——换热器管程进、出口处的压力降，Pa。

各种情况下的局部阻力系数 ζ 值，参见表 7-6。

表 7-6　列管换热器管、壳程中局部阻力系数

局部阻力名称	阻力系数 ζ 值	局部阻力名称	阻力系数 ζ 值
管程进、出口	1.0	管程流向转折 180°	2.5
壳程进、出口	1.5	壳程流向转折 180°	3.0

2. 壳程流体阻力及压力降的计算

壳程流体的流动阻力分有挡板及无挡板两种。当壳程无挡板，流体沿管束呈平行流动时，可按直管阻力的公式计算，但式中的圆管直径应以壳程的当量直径代之，此时壳程的当量直径计算式为：

$$de=\frac{D^2-nd_0^2}{D+nd_0} \tag{7-12}$$

当壳程中装有横向折流板时，壳程总阻力为流体横向流过管束的阻力、流体流过横向折流板转向时的阻力以及壳程进、出口的阻力三者之和。故壳程的总压力降：

$$\Delta p'_{f}=\Delta p'_{f_1}+\Delta p'_{f_2}+\Delta p'_{f_3} \tag{7-13}$$

$$\Delta p'_{f_1}=m'\Delta p' \tag{7-14}$$

式中　$\Delta p'_{f}$——壳程的总压力降，Pa；

$\Delta p'_{f_1}$——流体横向流过管束时的总压力降，Pa；

m'——壳程内流体横过管束的次数，$m'=(n'+1)$，n'为壳程内折流板数；

$\Delta p'_{f_2}$——流体流过折流板转向 180°时的压力降，Pa；

$\Delta p'_{f_3}$——换热器壳程进、出口处的压力降，Pa。

壳程流体每横向流过管束一次的压力降 $\Delta p'$：

$$\Delta p'=M\frac{\zeta'\rho u'^2}{2} \tag{7-15}$$

$$\zeta'=\frac{C}{Re^{0.15}} \tag{7-16}$$

$$Re=\frac{d_0 u'\rho}{\mu} \tag{7-17}$$

式中　ρ——流体的密度，kg/m^3；

μ——流体的黏度，Pa·s；

d_0——换热管的外径，m；

M——壳程流体横向流过管束时，沿流动方向上管子的排数，对于圆缺形（弓形）折流板，M 等于对角线上的管子数；对于盘环形折流板，M 等于六角形的圈数；

u'——按流体横向流过管束时流通面积 A_1 计算的流速，m/s。

C——系数，其值与管子排列方式、管心距和管径有关，具体数值参见表 7-7。

弓形折流板：
$$A_1=hD\left(1-\frac{d_0}{t}\right) \tag{7-18}$$

盘环形折流板：
$$A_1=\pi D_m h\left(1-\frac{d_0}{t}\right) \tag{7-19}$$

式中　h——相邻两折流板的间距，m；

D——换热器壳体的内径，m；

t——相邻两换热管的中心距，m；

D_m——环内径和盘外径的算术平均值，m。

表 7-7　系数 C 的数值

$\varphi=\frac{t}{d_0}$	1.2	1.3	1.4	1.6	2.0	2.5
错列	0.88	0.64	0.53	0.42	0.34	0.30
直列	0.90	0.60	0.45	0.321	0.20	0.15

管子直列、错列的排列方式如图 7-14 所示。

五、总传热系数的校核

按下式校核：

$$K_o=\left[\frac{d_o}{\alpha_i d_i}+R_{si}\frac{d_o}{d_i}+\frac{bd_o}{\lambda d_m}+R_{s_o}+\frac{1}{\alpha_o}\right]^{-1} \tag{7-20}$$

式中 K_o——基于外壁面的传热系数，W/(m^2·℃)；

α——传热壁面与流体间的对流传热系数，W/(m^2·℃)；

R_s——传热壁面两侧污垢热阻，m^2·℃/W；

d——换热管直径，m；

b——传热壁面的厚度，m；

λ——传热壁面材料的热导率，W/(m·℃)。

下标：i——内壁面的；

o——外壁面的；

m——平均壁面的。

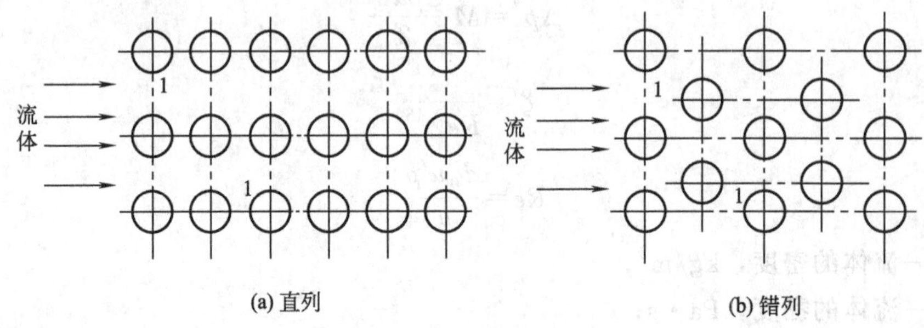

图 7-14 直列与错列

1. 污垢热阻的确定

污垢是沉积在传热壁面上的污物、腐蚀产物及其他杂物的统称。由于污垢层的厚度及其热导率很难准确估计，所以只能取其经验值。如表 7-8 所示。

表 7-8 水及典型流体的污垢热阻

水的污垢热阻/(m²·℃/W)				
加热介质的温度	<160℃		116～204℃	
水的温度	<50℃		>50℃	
水的类型	水速/(m/s)		水速/(m/s)	
	<0.92	>0.92	<0.92	>0.92
蒸馏水	0.00009	0.00009	0.00009	0.00009
海水	0.00009	0.00009	0.00009	0.00009
自来水或井水	0.00017	0.00017	0.00035	0.00035
清洁河水	0.00035	0.00021	0.00052	0.00035
微咸水	0.00035	0.00017	0.00052	0.00035
硬水	0.00052	0.00061	0.00088	0.00088
冷却塔和人工喷淋池				
处理过的补给水	0.00017	0.00017	0.00035	0.00035
未处理过的补给水	0.00052	0.00052	0.00088	0.00071
处理过的锅炉给水	0.00017	0.00017	0.00017	0.00017
锅炉排水	0.00035	0.00035	0.00035	0.00035
泥浆状或淤泥状水	0.00052	0.00035	0.00071	0.00052

续表

工业流体的污垢热阻/(m²·℃/W)			
气体和蒸汽		液　　体	
饱和水蒸气(不带油)	0.000086	燃料油	0.00088
水蒸气(带油)	0.00017	燃烧油	0.00091
压缩空气	0.00035	焦油	0.00152
制冷剂蒸气(带油)	0.00035	植物油	0.00053
有机溶剂蒸气	0.00017	苛性碱溶液	0.00035
天然气及液化石油气	0.00017	有机物液体	0.00176
人造气	0.00117	制冷剂液体	0.00017

2. 管内对流传热系数 α_i 的计算

无相变流体在圆形直管内作强制湍流时 α_i 关联式为：

$$Nu=0.023Re^{0.8}P_r^n \tag{7-21}$$

$$\alpha_i=0.023\frac{\lambda}{d_i}\left(\frac{d_i u\rho}{\mu}\right)^{0.8}\left(\frac{C_p\mu}{\lambda}\right)^n \tag{7-22}$$

当流体被加热时，$n=0.4$；被冷却时，$n=0.3$。

定性温度取流体进、出口温度的算术平均值。

应用范围：$Re>10^4$；$P_r=0.7\sim160$；$\frac{L}{d_i}>60$。

以上关联式适用于低黏度流体，如果流体的黏度大于两倍水黏度时，应采用下述关联式计算：

$$Nu=0.027Re^{0.8}P_r^{\frac{1}{3}}\left(\frac{\mu}{\mu_\omega}\right)^{0.14} \tag{7-23}$$

式中除 $P_r=0.7\sim16700$ 和 μ_ω 为壁温下流体黏度外，其他使用条件同式（7-21），其中校正项往往需要试差求解，为计算方便可用以下近似值：

液体被加热时 $\left(\frac{\mu}{\mu_\omega}\right)^{0.14}\approx1.05$；

液体被冷却时 $\left(\frac{\mu}{\mu_\omega}\right)^{0.14}\approx0.95$。

3. 饱和蒸汽在换热管外作膜状冷凝时 α_o 的计算

（1）列管式换热器水平安放　当冷凝液于饱和温度下排放时：

$$\alpha_o=0.725\left(\frac{\rho^2\lambda^3 rg}{n_m^{\frac{2}{3}}d_o\mu\Delta t}\right)^{\frac{1}{4}} \tag{7-24}$$

式中　d_o——换热管外径，m；

r——饱和蒸汽的冷凝潜热，J/kg；

Δt——饱和蒸汽温度 T_s 与壁温 T_w 之差，℃，定性温度取膜温的算术平均值$\left(\frac{T_s+T_w}{2}\right)$；

λ、ρ、μ——冷凝液的物性参数；

n_m——水平管束，各垂直列上管子数的平均值，与管子排列方式有关。

若为正方形排列（直列），则 n_m 等于每垂直列上的管子数。若为正三角形排列（错列），则：

$$n_m=\left(\frac{n_1+n_2+\cdots+n_z}{n_1^{0.75}+n_2^{0.75}+\cdots+n_z^{0.75}}\right)^4 \tag{7-25}$$

式中　n_1、n_2、…、n_z——每一列在垂直方向上的管数。

若为单根水平管，则 n_m 等于 1。

但由于壁温是未知的，所以在计算过程中，还需通过试差，才能求解出 α_o。

(2) 列管式换热器垂直安放　当冷凝液膜呈滞流流动时（$Re<1800$）：

$$\alpha_o=1.13\left(\frac{\rho^2\lambda^3 rg}{L\mu\Delta t}\right)^{\frac{1}{4}} \tag{7-26}$$

式中　L——换热管的长度，m。

其他符号意义同前。但需对换热管外冷凝液的流型进行校算。应满足 $Re<1800$ 的要求，Re 核算式：

$$Re=\frac{4M}{\mu}$$

式中　M——单位长度润湿周边上冷凝液的质量流量，即冷凝负荷，kg/(m·s)。

根据式（7-20）计算出总传热系数 K'_o，和以前假设 K_o 比较，若 $K'_o/K_o=1.1\sim1.2$，则说明 K_o 的设定值合适，否则需另选 K_o 的设定值，重复以上计算，直到合适为止。

六、传热面积的校核

为确保设计换热器的安全性，还需对设计换热器的准确传热面积 $S_{o设备}$ 与 $S_{o计算}$ 进行比较，若 $S_{o设备}/S_{o计算}=1.1\sim1.2$，则说明设计的换热器合理，设计计算也就结束了。

其中，$S_{o计算}=\dfrac{Q}{K'_o\Delta t_m}$，而 $S_{o设备}$ 应根据换热管长度、管板厚度及其连接方式等进行仔细计算。

如果 $S_{o计算}$ 超过 $S_{o设备}$，则需要重新调整计算，其简单的办法是用增长管束来达到，因为这样可以保持其他数据不作改变。但此种方法所能调整的范围往往很小，当实际传热面积和计算所需面积相差甚大时，仅调整管束的长度不可实现，必须改变前面设计所选定和计算的一系列数据（如重新假设 K 值），直至满足要求为止。由上可见，列管式换热器的工艺计算是一个反复试算的过程。

第四节　换热器结构设计

列管式换热器结构设计（或称机械设计）是在化工工艺计算的基础上进行的，其设计内容包括管板结构和尺寸的确定、管箱或封头的确定、隔板和折流板结构的确定，以及它们与壳体间的连接方式的确定等。此外还需考虑接管、接管法兰及开孔补强等结构。

设计一个比较完善的换热器，除了能够满足工艺要求和传热高效率外，还应具有体积小、重量轻、消耗材料少、制造成本低、清洗维护方便和操作安全等特点。而这些特点的实现需要由结构设计来完成。

一、壳体壁厚的计算

当列管式换热器受内压时，壳体厚度可用下式计算：

$$S=\frac{pD}{2[\sigma]\Phi-p}+C \tag{7-27}$$

式中　S——壳体壁厚，cm；

$[\sigma]$——壳体材料的许用应力，N/cm^2；

p——操作时的内压强，N/cm^2（表压）；

Φ——焊缝系数，单面焊缝 $\Phi=0.65$，双面焊缝 $\Phi=0.85$；

C——腐蚀裕度，其范围在 0.01～0.08cm 之间，根据流体的腐蚀性而定；

D——壳体内径，cm。

为保证制造、运输和安装时的刚度要求，根据上式计算所得的壳体厚度，还应适当考虑安全系数，一般壳体的最小壁厚不应小于表 7-5 所列数值。

二、管板结构及尺寸的确定

列管式换热器管板结构和尺寸，除与换热器的型式、管程数、操作压强有关外，还与管板管子的排列方式以及管板与壳体和隔板之间的连接方式等情况有关，所以确定时应作全面考虑。

1. 管子在管板上的固定

管子在管板上的固定方法主要有胀接和焊接两种。其选择原则是必须保证管子与管板连接牢固，连接处不会产生泄漏。实际生产中，高温高压情况下有时采用胀接加焊接的办法；对非金属管和铸铁管也有采用垫塞法的。

（1）胀接法　此法是利用胀管器挤压伸入管板孔中的管子端部，使管端发生塑性变形，管板孔同时也产生弹性变形，当取去胀管器后由于管板孔的弹性收缩，使管板与管子间产生一定的挤紧压力而紧密地贴在一起，从而达到密封固紧连接的目的。图 7-15 所示为胀管前和胀管后管径增大和受力情况。

采用胀接时，管板的硬度应比管端硬度高，以保证胀接质量。这样可免除因管板孔的塑性变形而影响胀接的紧密性。胀接法一般多用于压强小于 4MPa 和温度低于 300℃的场合，因为高温会使管子和管板产生蠕变、胀接应力松弛而引起连接处的泄漏。因此，对于高温、高压及处理易燃易爆流体的换热器大多采用焊接法。

（2）焊接法　由于此法具有高温高压下仍能保持连接的紧密性，对管板孔的加工精度要求低，加工工艺较简便，当压强不太高时可用较薄管板等优点，因此焊接法的应用较广泛。但焊接法工艺要求管子与管孔之间应留有一定间隙，如图 7-16 所示。由于此间隙中的流体是不流动的，所以容易造成“间隙腐蚀”。为了消除此间隙，目前广泛采用胀接加焊接的办法，此法能提高连接处的抗疲劳性能，且还能消除应力腐蚀，从而延长使用寿命。

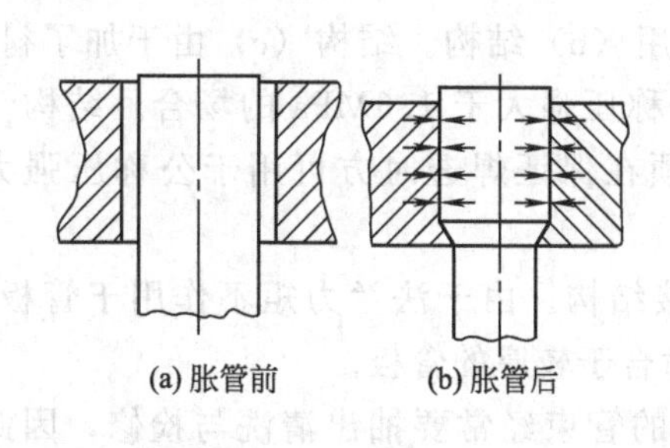

图 7-15　胀管前后示意图

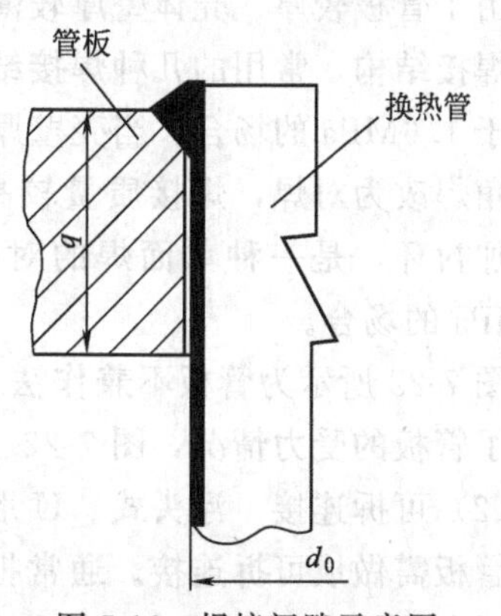

图 7-16　焊接间隙示意图

2. 管板尺寸的确定

列管式换热器的管板一般为平板，即在圆形的平板上开孔，装设管束，管板再与壳体相连。管板所受载荷除管程和壳程压力外，还承受着管壁与壳壁间温度差所引起的热应力等，其受力情况是比较复杂的，影响因素很多，目前尚无统一的、完善的计算公式，课程设计时可根据具体情况选用。

在选用管板的材料时，当换热介质无腐蚀或有轻微腐蚀时，可按规定采用低碳钢或普通低合金钢，处理腐蚀性介质时，应采用优质的耐腐蚀材料。

在确定管板最小厚度时，一般根据列管式换热器的型式及管板与换热管的连接方式来选定。当管子与管板采用胀接时，应考虑胀接时对管板刚度的要求，管板的最小厚度（包括腐蚀裕量）可按表 7-9 来选取。若包括厚度附加量在内，管板的厚度建议不小于 20mm。当采用焊接时，应考虑焊接工艺及管板焊接变形等的要求，管板的最小厚度可按换热器型式来确定。对于固定管板式列管换热器的管板尺寸，可根据壳体内径 D 的大小，按图 7-17 和表 7-10 选取。浮头式列管换热器一端的固定管板尺寸，见图 7-18 和表 7-11、表 7-12。浮头式列管换热器另一端的浮动管板尺寸，见图 7-19 和表 7-13、表 7-14。

表 7-9　管板最小厚度　　单位：mm

换热管外径 $d_{外}$	管板厚度 b
≤25	$3/4d_{外}$
32	22
38	25
57	32

三、管板与壳体、隔板的连接结构

1. 管板与壳体的连接结构

管板与壳体的连接方式与换热器的型式有关。其连接方式分为不可拆连接和可拆连接两大类。固定管板式换热器的管板和壳体间采用不可拆连接，而浮头式、U 形管式换热器的管板与壳体间采用可拆连接。

（1）不可拆连接　此连接方式又可分为兼作法兰和不兼作法兰两种，管板延伸至壳体圆周以外兼作法兰的不可拆连接结构如图 7-20 所示，生产中这种结构用得比较多，因为这时只要拆下顶盖即可对胀口进行检查修理，清洗管子也较为方便。

由于管板较厚、壳体壁厚较薄，为了保证必要的焊接强度，对于不同操作压强应采用不同的焊接结构，常用的几种焊接结构见图 7-21。图 7-21 中（a）、（b）的结构适用于公称压强小于 1.6MPa 的场合。当壳壁厚度小于 10mm 时用（b）结构。结构（c）由于加了衬环，且将角焊改为对焊，焊接质量较高，因此可用于公称压强大于 1.6MPa 的场合。结构（d）没有加衬环，是一种单面焊的对焊结构，因此必须在保证焊透时方可用于公称压强大于 1.6MPa 的场合。

图 7-22 所示为管板不兼作法兰时与壳体的连接结构。由于法兰力矩不作用于管板上，改善了管板的受力情况，图 7-22（b）所示的结构适合于较厚的管板。

（2）可拆连接　浮头式、U 形管式等换热器中的管束经常要抽出清洗与检修，因此固定端管板需做成可拆连接。通常把固定端管板夹在壳体法兰和管箱法兰之间，如图 7-23 所示。需要清洗时，只要拆下端盖就可将管束抽出。

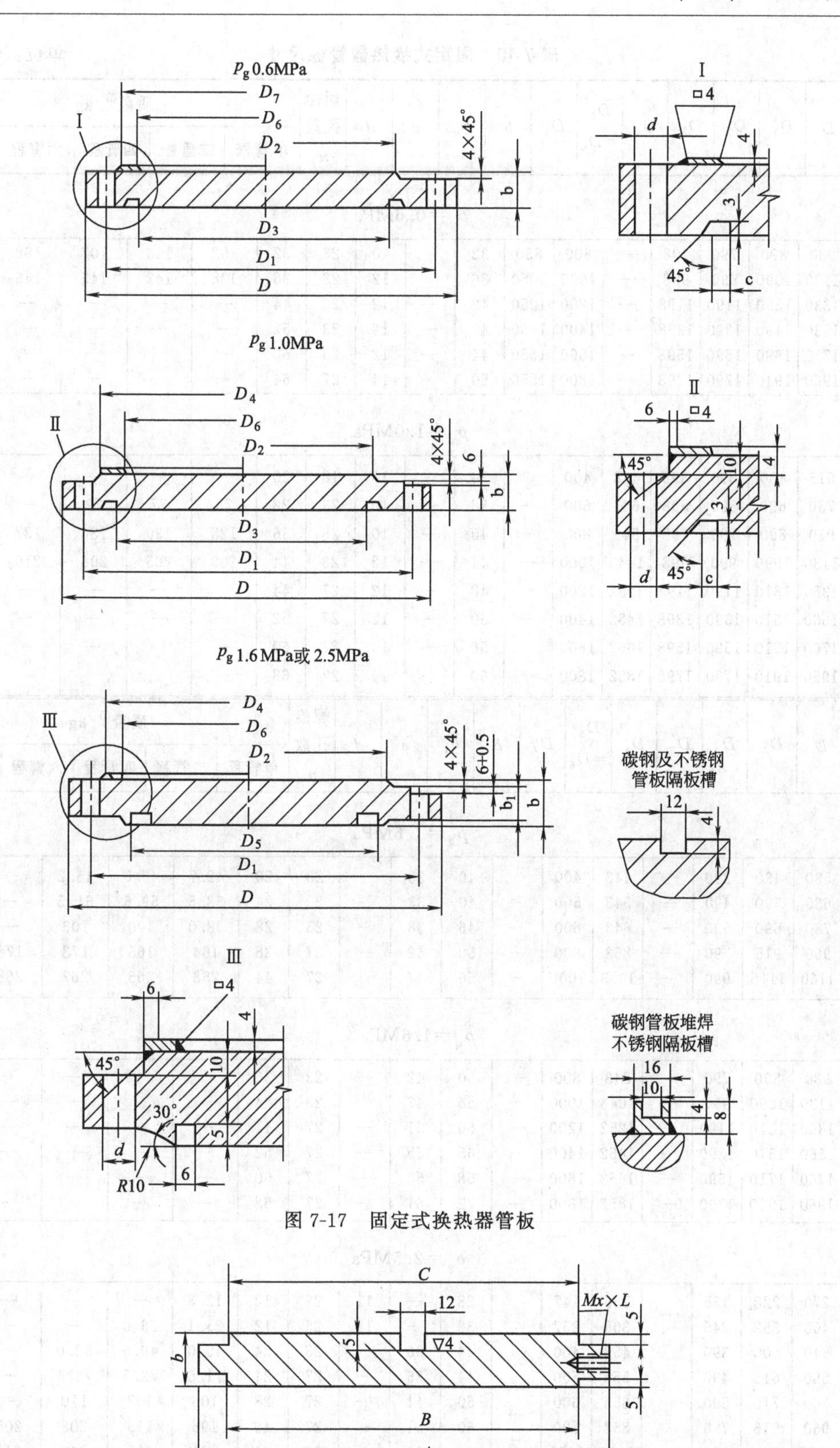

图 7-17　固定式换热器管板

图 7-18　浮头式换热器固定管板

表 7-10 固定式换热器管板尺寸 单位：mm

公称直径 D_g	D	D_1	D_2	D_3	D_4	$D_5=D_6$	D_7	b	b_1	c	d	螺栓孔数 n	质量[①]/kg				
													单管程	二管程	四管程	六管程	重沸器
$p_g=0.6\text{MPa}$																	
800	930	890	790	798	—	800	850	32	—	10	23	32	102	103	107	108	91.5
1000	1130	1090	990	998	—	1000	1050	36	—	12	23	36	138	142	145	146	139
1200	1330	1290	1190	1198	—	1200	1250	40	—	12	23	44	—	—	—	—	219
1400	1530	1490	1390	1398	—	1400	1450	40	—	12	23	52	—	—	—	—	278
1600	1730	1690	1590	1598	—	1600	1650	44	—	12	23	60	—	—	—	—	386
1800	1960	1910	1790	1798	—	1800	1850	50	—	14	27	64	—	—	—	—	597
$p_g=1.0\text{MPa}$																	
400	515	480	390	398	438	400	—	30	—	10	18	20	—	—	—	—	31.4
600	730	690	590	598	643	600	—	36	—	10	23	28	75	77	79	—	72.4
800	930	890	790	798	843	800	—	40	—	10	23	36	128	130	136	137	129
1000	1130	1090	990	998	1043	1000	—	44	—	12	23	44	200	205	209	210	193
1200	1360	1310	1190	1198	1252	1200	—	48	—	12	27	44	—	—	—	—	310
1400	1560	1510	1390	1398	1452	1400	—	50	—	12	27	52	—	—	—	—	409
1600	1760	1710	1590	1598	1652	1600	—	56	—	14	27	60	—	—	—	—	526
1800	1960	1910	1790	1798	1852	1800	—	60	—	14	27	68	—	—	—	—	702

公称直径 D_g	D	D_1	D_2	D_3	D_4	$D_5=D_6$	D_7	b	b_1	c	d	螺栓孔数 n	质量[①]/kg				
													单管程	二管程	四管程	六管程	重沸器
$p_g=1.6\text{MPa}$																	
400	530	490	390	—	443	400	—	40	33	—	23	20	42.7	43.0	45.2	—	43.5
500	630	590	490	—	543	500	—	40	33	—	23	24	58.5	59.6	61.5	—	—
600	730	690	590	—	643	600	—	46	38	—	23	28	98.0	100	103	—	87.0
800	960	915	790	—	853	800	—	50	42	—	27	36	164	165	173	178	—
1000	1160	1115	990	—	1053	1000	—	56	47	—	27	44	258	265	267	268	—
$p_g=1.6\text{MPa}$[②]																	
800	930	890	790	—	843	800	—	50	42	—	23	36	—	—	—	—	167
1000	1130	1090	990	—	1043	1000	—	56	47	—	23	44	—	—	—	—	252
1200	1360	1310	1190	—	1252	1200	—	60	51	—	27	44	—	—	—	—	364
1400	1560	1510	1390	—	1452	1400	—	65	55	—	27	52	—	—	—	—	486
1600	1760	1710	1590	—	1652	1600	—	68	58	—	27	60	—	—	—	—	668
1800	1960	1910	1790	—	1852	1800	—	72	61	—	27	68	—	—	—	—	830
$p_g=2.5\text{MPa}$																	
159	270	228	135	—	186	147	—	28	—	11	22	12	12.8	—	—	—	—
273	400	352	245	—	306	257	—	32	—	14	26	12	25.1	26.0	—	—	—
400	540	500	390	—	453	400	—	44	36	—	23	24	49.0	49.5	52.0	—	—
500	660	615	490	—	553	500	—	44	36	—	27	24	71.6	72.5	74.1	—	—
600	760	715	590	—	653	600	—	50	41	—	27	28	106	107	110	—	—
800	960	915	790	—	853	800	—	60	51	—	27	40	196	199	208	205	—
1000	1185	1140	990	—	1053	1000	—	66	56	—	30	44	331	338	340	341	—

① 管板质量是碳钢管板的质量（即衬环质量未列入）。

② 此压力下管板连接尺寸是采用 $p_g=1.0\text{MPa}$ 的连接尺寸。

表 7-11 列管直径 $\phi25$ 的浮头式换热器固定管板尺寸　　单位：mm

公称直径 D_g	公称压力 p_g/MPa	A	B	C	b	$Mx \times L$	管孔数		质量/kg	
							二管程	四管程	二管程	四管程
300	0.6	337	296	296	20	$M12\times16$	36		10.6	
	1.0				28					
	1.6	347			28	$M16\times20$			17.2	
	2.5				32				17.6	
	4.0				32				18.2	
400	0.6	437	396	396	28	$M16\times20$	70	64	23.6	24.2
	1.0				28				23.6	24.2
	1.6	447			32				28.5	29.2
	2.5				32				28.5	29.2
	4.0				40				30.8	37.6
500	0.6	537	496	496	28	$M16\times20$	138	128	31.1	32.1
	1.0	542			32				37.1	46.7
	1.6	547			32				38.4	49.3
	2.5				40				49.4	50
	4.0				40				54.4	56
600	0.6	637	596	596	28	$M16\times20$	200	188	46	47.3
	1.0	642			32				53.9	56.3
	1.6	647			32				55	56.5
	2.5				50				87	89.4
	4.0				50				87	89.4
700	0.6	742	696	696	32	$M24\times30$	294	280	69	70.5
	1.0				40				87	88.7
	1.6	747			40				88.7	90.8
	2.5				50				112	116
	4.0				60				129	132
800	0.6	842	796	796	42	$M24\times30$	398	384	114.2	115.2
	1.0				48				130.8	136.2
	1.6	847			50				124	126
	2.5				50				141	144
	4.0									
900	0.6	942	896	896	30	$M30\times37$	488	472	128	129
	1.0				40				141	142
	1.6	947			50				179	180
	2.5				50				180	182
	4.0									
1000	0.6	1042	996	996	40	$M30\times37$	680	664	158	182
	1.0				40				159	180
	1.6	1047			50				202	224
	2.5				60				244	266
	4.0									

注：$\phi25$ 管子按正方形排列，最大排管直径＜D_g-70，管子间距为 32mm，分程隔板两侧第一排管子中心间的距离为 44mm。

表 7-12 列管直径 ϕ19 的浮头式换热器固定管板尺寸 单位：mm

公称直径 D_g	公称压力 p_g/MPa	A	B	C	b	$Mx \times L$	管孔数		质量/kg	
							二管程	四管程	二管程	四管程
300	0.6	337	296	296	20	$M12\times16$	56		10.4	10.3
	1.0	337			28				14.6	14.5
	1.6	347			28	$M16\times20$			15.5	15.5
	2.5	347			32				18	18
	4.0	347			32				16	16
400	0.6	437	396	396	28	$M16\times20$	126	118	23.1	23.6
	1.0	437			28				22.4	23.8
	1.6	447			32				28.1	28.6
	2.5	447			32				28.5	29
	4.0	447			40				36.2	36.8
500	0.6	537	496	496	28	M16×20	218	210	32.4	33
	1.0	542			32				38.5	39.2
	1.6	547			32				39.5	40
	2.5	547			40				50.3	51.2
	4.0	547			40				56.4	57
600	0.6	637	596	596	28	$M16\times20$	334	326	46.71	47.2
	1.0	642			32				54.8	55.4
	1.6	647			32				56	56.4
	2.5	647			50				89.2	90
	4.0	647			50				88.5	89.3
700	0.6	742	696	696	32	$M24\times30$	478	476	112	72.5
	1.0	742			40				89.4	90.5
	1.6	747			40				91.5	92.8
	2.5	747			50				115	117
	4.0	747			60				130	133
800	0.6	842	796	796	42	$M24\times30$	642	634	118.8	119.4
	1.0	842			48				136.2	136.8
	1.6	847			50				146	146.5
	2.5	847			50				146	146.5
	4.0	847								
900	0.6	942	896	896	32	$M30\times37$	844	812	111	114
	1.0	942			40				139	142
	1.6	947			50				177	181
	2.5	947			50				177	181
	4.0	947								

续表

公称直径 D_g	公称压力 p_g/MPa	A	B	C	b	$Mx \times L$	管孔数		质量/kg	
							二管程	四管程	二管程	四管程
1000	0.6	1040	996	996	40	$M30 \times 37$	1056	1036	169	179
	1.0	1042			40				169	179
	1.6	1047			50				216	218
	2.5	1047			60				260	264

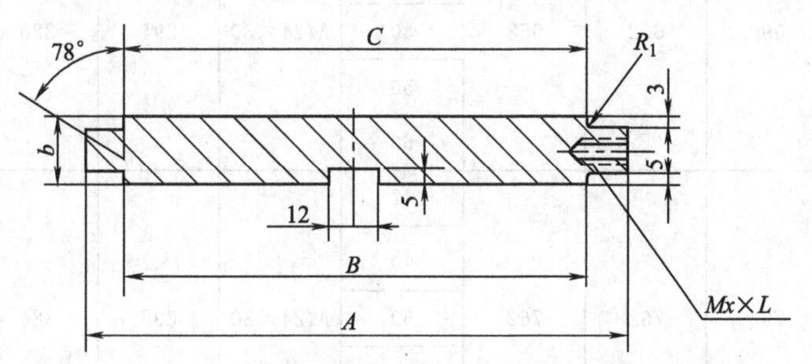

图 7-19 浮头式换热器浮动管板（二管程管板中间无槽）

表 7-13 列管直径 $\phi 25$ 的浮头式换热器浮动管板尺寸 单位：mm

公称直径 D_g	公称压力 p_g/MPa	A	B	C	b	$Mx \times L$	管孔数		质量/kg	
							二管程	四管程	二管程	四管程
300	0.6	290	262	262	20	$M12 \times 16$	36		6.8	
	1.0				28				9.5	
	1.6				28	$M16 \times 20$			9.8	
	2.5				32				11.4	
	4.0				32				11.4	
400	0.6	390	362	362	28	$M16 \times 20$	70	64	17.4	18.1
	1.0				28				17.6	18.2
	1.6				32				20.3	21
	2.5				32				20.5	21.2
	4.0				40				25.7	26.8
500	0.6	490	462	462	28	$M16 \times 20$	138	128	25.1	26.1
	1.0				32				28.7	30.2
	1.6				32				29.7	30.1
	2.5				40				31.5	37.8
	4.0				40				35.6	38
600	0.6	590	562	562	28	$M16 \times 20$	200	188	37.2	38.4
	1.0				32				42.4	43.2

续表

公称直径 D_g	公称压力 p_g/MPa	A	B	C	b	$Mx\times L$	管孔数		质量/kg	
							二管程	四管程	二管程	四管程
600	1.6	590	562	562	32	$M16\times20$	200	188	42.6	44.1
	2.5				50				67	69
	4.0				50				67.2	69.2
700	0.6	690	662	662	32	$M24\times30$	294	280	56	58
	1.0				40				70	72
	1.6				40				70.2	72.8
	2.5				50				88.4	91.5
	4.0				60				106	109.6
800	0.6	790	762	762	42	$M24\times30$	398	384	94.2	97
	1.0				48				115.3	118.5
	1.6				50				113	116
	2.5				50				114	116
	4.0				60					
900	0.6	890	862	862	32	$M30\times37$	488	472	95.0	96.2
	1.0				40				118.8	120
	1.6				50				148	152
	2.5				50				148.5	151
	4.0									
1000	0.6	990	962	962	40	$M30\times37$	698	684	134	159
	1.0				40				136	158
	1.6				50				169	191
	2.5				60				204	224

表 7-14 列管直径 ϕ19 的浮头式换热器浮动管板尺寸 单位：mm

公称直径 D_g	公称压力 p_g/MPa	A	B	C	b	$Mx\times L$	管孔数		质量/kg	
							二管程	四管程	二管程	四管程
300	0.6	290	262	262	20		56	56	7.15	7.15
	1.0	290			28				10.0	10.0
	1.6	290			28				10.0	10.0
	2.5	290			32				11.8	11.8
	4.0	290			32				10.4	10.4

续表

公称直径 D_g	公称压力 p_g/MPa	A	B	C	b	$Mx \times L$	管孔数		质量/kg	
							二管程	四管程	二管程	四管程
400	0.6	390	362	362	28		126	118	17.2	17.7
	1.0	390			28				17.2	17.7
	1.6	390			32				19.9	20.6
	2.5	390			32				20.0	20.4
	4.0	390			40				25.4	26.1
500	0.6	490	462	462	28	$M16\times20$	218	210	26.2	26.8
	1.0	490			32				30.4	31
	1.6	490			32				30.4	31
	2.5	490			40				38.3	39.2
	4.0	490			40				38.3	39.2
600	0.6	590	562	562	28	$M16\times20$	334	326	37.8	38.8
	1.0	590			32				43.4	44
	1.6	590			32				43.4	44
	2.5	590			50				68.2	69
	4.0	590			50				68.2	69
700	0.6	690	662	662	32	$M24\times30$	478	462	58.2	59.4
	1.0	690			40				72.7	74
	1.6	690			40				72.7	74
	2.5	690			50				90.5	93.8
	4.0	690			60				110	113
800	0.6	790	762	762	42	$M24\times30$	642	634	98.8	99.6
	1.0	790			48				113	112.5
	1.6	790			50				118	119
	2.5	790			50				118	119
	4.0									
900	0.6	890	862	862	32	M30×37	844	812	93.7	96.2
	1.0	890			40				117	120
	1.6	890			50				141	151
	2.5	890			50				144	151
	4.0									
1000	0.6	990	962	962	40	M30×37	1056	1036	144	147
	1.0	990			40				144	147
	1.6	990			50				182	185
	2.5	990			60				214	223
	4.0									

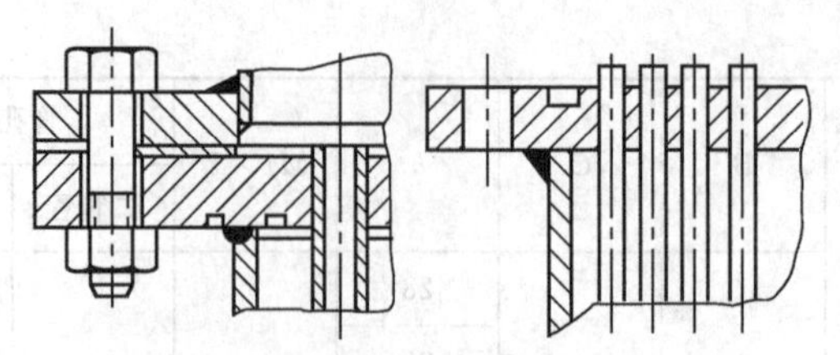

图 7-20　兼作法兰的管板与壳体的焊接

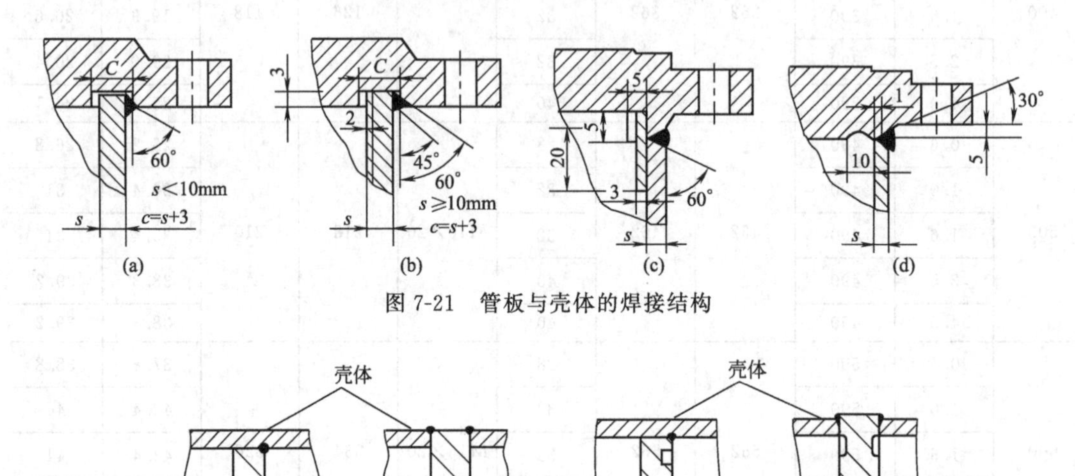

图 7-21　管板与壳体的焊接结构

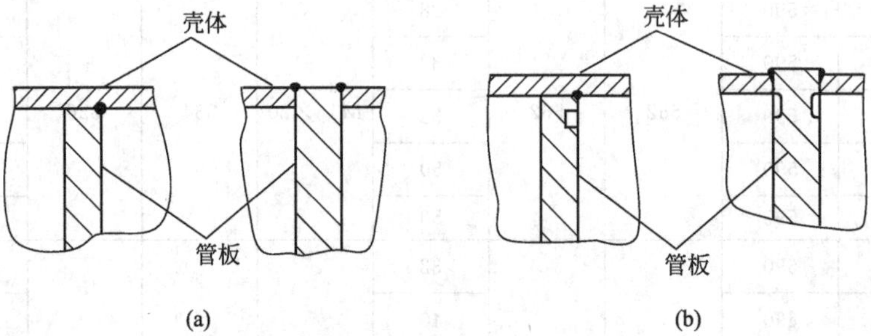

壳体

管板

(a)

(b)

图 7-22　管板在壳体内的焊接结构

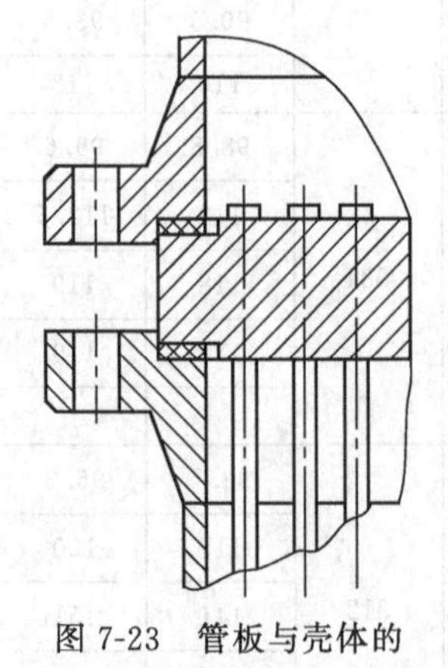

图 7-23　管板与壳体的可拆卸连接

2. 管板与管程隔板的连接结构

列管换热器管程的分程隔板可有单层和双层两种，单层隔板与管板的密封连接结构如图 7-24 所示，隔板的密封面宽度最小为隔板厚度加上 2mm。隔板的厚度同壳体厚度，隔板材料可与封头材料相同。双层隔板的结构如图 7-25 所示，双层隔板具有隔热空间，故可防止热流短路，即不使隔板一侧已被冷却或加热了的流体，被隔板另一侧刚进入换热器的热流体或冷流体再加热或冷却。

为安放分程隔板及其垫片，根据化工工艺计算所定的管程布置方式，在管板的对应位置开出小槽，管板上分程开槽的结构如图 7-26 所示，一般槽的宽度为 12mm，或取隔板厚度 $S+2$mm。交角处用直线过渡，在影响管子胀口时，直线可改变虚线所示的圆角结构，圆角半径 $R=7$mm，管板上刨出小槽以安放垫片，管板上的法兰面也应加工成与沟槽凹面齐平。

3. 管箱与封头

（1）管箱　列管式换热器管程流体进出口的空间称为管箱。因清洗和检修的需要，管箱的结构应便于装拆，其结构型式较多，如图 7-27 所示。图 7-27（a）（b）均以封头作为管箱，前者清洗检修时必须拆下外部的管道；后者由于接管连在封头的侧面，所以清洗检修时

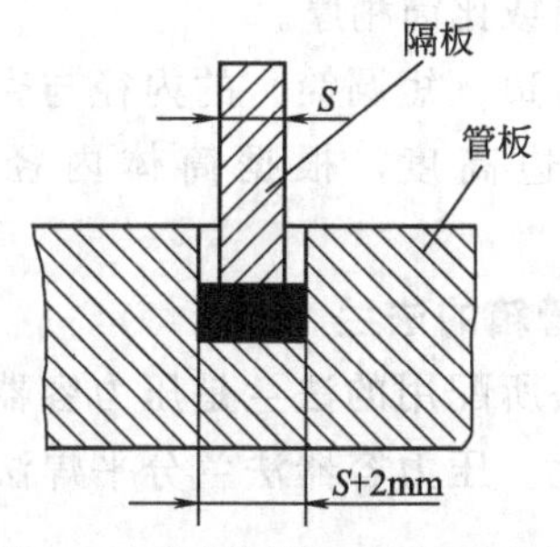

图 7-24　单层隔板与管板的密封

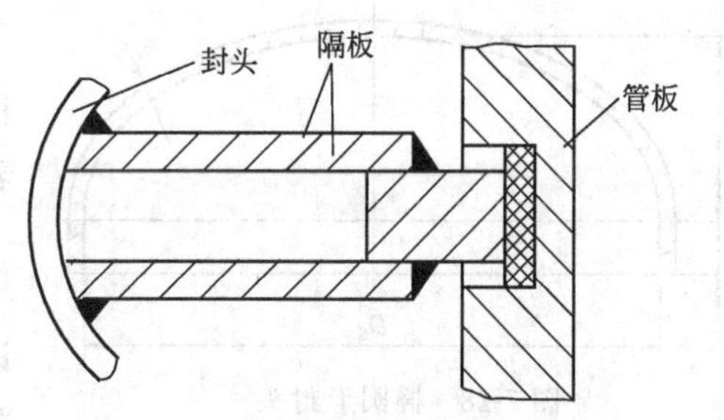

图 7-25　双层隔板与管板的密封

可不拆外部的管。图 7-27（c）仅有管箱，管箱的端盖为带法兰平板形封头，清洗检修时不必拆下管箱，只卸下平板形封头即可。图 7-27（d）管箱的端盖为椭圆形封头，这种管箱结构适用于管程操作压强较高或多管程的卧式列管换热器，清洗检修时不必拆下外部的管道，但需卸下带封头的管箱。

（2）封头　封头又称端盖（或项盖），按其形状不同可分为凸形封头、锥形封头和平板形封头三类。其中凸形封头按结构形状不同又可分为半球形、椭圆形、碟形和无折边球形四种封头。锥形封头分带折边的和无折边的两种。平板形封头按其与筒体连接方式不同也有多种结构，虽结构简单、制造方便，但承压能力差，且其壁厚比其他封头要大得多，一般不被采用，只是在压力容器上的入孔、手孔等场合才使用。圆锥形封头广泛地用于收集或卸除物料的化工设备的底盖，或连接塔设备上、下部直径不等的两塔段的变径段。一般带压化工设备大都采用凸形封头，对于列管式换热器一般取用椭圆形封头为多。椭圆形封头是由半椭球和具有一定高度的短圆筒（也称直边）两部分所构成的，如图 7-28 所示。直边的作用是避免壳体（或筒体）与封头间环向焊缝的边缘应力。由于椭圆封头各点曲率的变化是连续的，当其承受内压时封头内的应力分布不会发生突变，所以其承压能力较大。

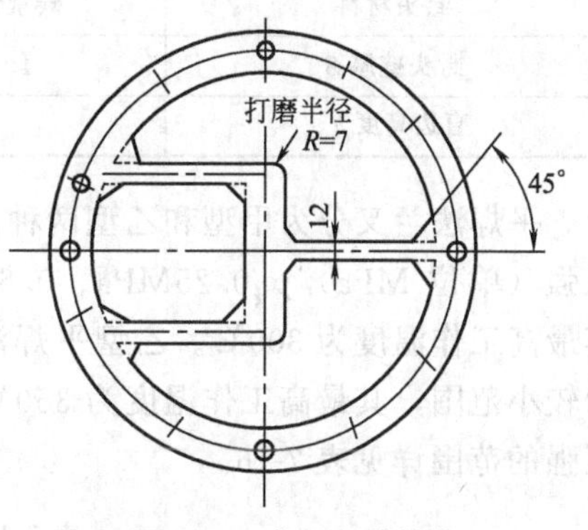

图 7-26　分程开槽结构

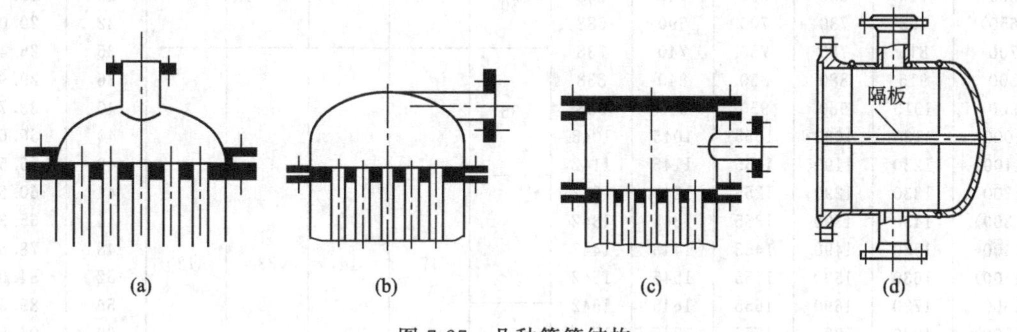

图 7-27　几种管箱结构

椭圆形封头的壁厚与其长、短轴的比值有关。标准椭圆封头长、短轴之长，即 $D/2h=2$，其壁厚计算式与式（7-27）相同。大多数椭圆封头的壁厚是与筒体（或列管或换热器的

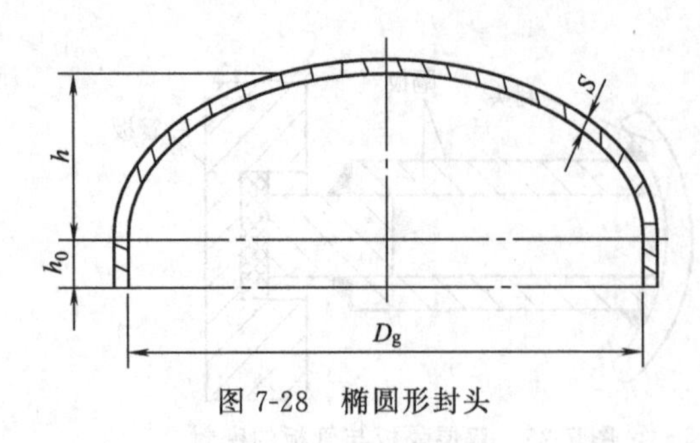

图 7-28 椭圆形封头

壳体）厚度相等或比筒稍厚。

椭圆封头直边（短圆筒）的内径与壳体内径相同，其直边高度，根据筒体内径可按表 7-15 选定。

4. 封头或管箱的法兰

管箱或封头所配用的法兰是压力容器（或设备）用的法兰。压力容器法兰分平焊法兰和对焊法兰两类。

表 7-15 标准椭圆形封头的直边高度 h_0 单位：mm

封头材料	碳素钢、普低钢、复合钢板	不锈钢、耐酸钢
封头壁厚 S	4～8 10～18 ＞20	3～9 10～18 ＞20
直边高度 h_0	25 40 50	25 40 50

平焊法兰又分为甲型和乙型两种，如图 7-29 和图 7-30 所示。甲型平焊法兰适用于公称压强（单位 MPa）p_g0.25MPa、0.6MPa、1.0MPa、1.6MPa 四个压强等级的较小范围，其最高工作温度为 300℃。乙型平焊法兰适用公称压强 p_g2.5MPa、4.0MPa 两个压强等级的较小范围，其最高工作温度为 350℃。甲型平焊法兰的标准规格及适用的公称直径、公称压强的范围详见表 7-16。

表 7-16 甲型平焊法兰尺寸系列 单位：mm

公称直径 D_g/mm	法兰/mm									螺栓		法兰质量 /kg
	D	D_1	D_2	D_3	D_4	b	a	a_1	d	规格	数量	
p_g＝0.25MPa												
300	415	380	350	340	338	25	15	13	18	$M16$	16	10.2
(350)	465	430	400	390	338						20	11.5
400	515	480	450	440	438						20	13.0
(450)	565	530	500	490	488						24	14.3
500	615	580	550	540	538						24	15.9
(550)	665	630	600	590	588	30					28	17.2
600	715	680	650	640	638						28	18.7
(650)	765	730	700	690	688						32	20.0
700	815	780	750	740	738	36	17	14	23	$M20$	36	26.4
800	915	880	850	840	838						36	29.9
900	1015	980	950	940	938						40	33.7
1000	1130	1090	1055	1045	1043						40	50.6
(1100)	1230	1190	1155	1145	1142						40	55.5
1200	1330	1290	1255	1245	1242	40					44	60.5
(1300)	1430	1390	1355	1345	1342						44	65.3
1400	1530	1490	1455	1445	1442						48	78.8
(1500)	1630	1590	1555	1545	1542						52	84.0
1600	1730	1690	1655	1645	1642	46					56	89.3
(1700)	1830	1790	1755	1745	1742						60	94.5
1800	1930	1890	1855	1845	1842						64	99.8
(1900)	2030	1990	1955	1945	1942						68	123
2000	2130	2090	2055	2045	2042						72	141
2200	2330	2290	2255	2245	2242	50					76	155

续表

公称直径 D_g/mm	法兰/mm									螺栓		法兰质量 /kg
	D	D_1	D_2	D_3	D_4	b	a	a_1	d	规格	数量	
p_g=0.6MPa												
300	415	380	350	340	338	25	15	13	18	M16	16	10.2
(350)	465	430	400	390	338						20	11.5
400	515	480	450	440	438						20	11.5
(450)	565	530	500	490	488						24	14.5
500	615	580	550	540	538	30					24	15.9
(550)	665	630	600	590	588						28	21.2
600	715	680	650	640	638						28	23.1
(650)	765	730	700	690	688	36			23	M20	32	24.7
700	830	790	755	745	743						32	35.8
800	930	890	855	845	843						32	41.0
900	1030	990	955	945	943						36	45.6
1000	1130	1090	1055	1045	1042	40	17	14			36	57.0
(1100)	1230	1190	1155	1145	1142						40	62.4
1200	1330	1290	1255	1245	1242	46					44	78.9
(1300)	1430	1390	1355	1345	1342						48	85.2
1400	1530	1490	1455	1445	1442	50					52	91.3
(1500)	1630	1590	1555	1545	1542						56	107
1600	1730	1690	1655	1645	1642						60	114
p_g=1.0MPa												
300	415	380	350	340	338	25	15	13	18	M16	16	10.2
(350)	465	430	400	390	338						20	11.5
400	515	480	450	440	438	30					20	13.0
(450)	565	530	500	490	488	36					24	17.7
500	630	590	555	545	543				23	M20	24	26.5
(550)	680	640	605	595	593	40					24	29.0
600	730	690	655	645	643						28	35.1
(650)	780	740	705	695	693						28	37.9
700	830	790	755	745	743	46					32	47.1
800	930	890	855	845	843						36	53.2
900	1030	990	955	945	943	50					40	65.0
1000	1130	1090	1055	1045	1043						44	71.7
p_g=1.6MPa												
300	430	390	355	345	343	30	15	13	23	M20	16	13.9
(350)	480	440	405	395	393						20	15.6
400	530	490	455	445	443	36					20	17.7
(450)	580	540	505	495	493						24	23.9
500	630	590	555	545	543						24	26.5
(550)	680	640	605	595	593	40					28	32.2
600	730	690	655	645	643						28	35.1
(650)	780	740	705	695	693						32	37.9

注：1. 表中带括号的公称直径应尽量不采用。

2. 表中“法兰质量”是指光滑密封面法兰质量。

对焊法兰也称长颈对焊法兰，如图 7-31 所示，由于具有厚度更大的颈，增大了法兰盘的刚度，故可用于更高的压强和更大的直径范围，其具体使用范围，见表 7-17。

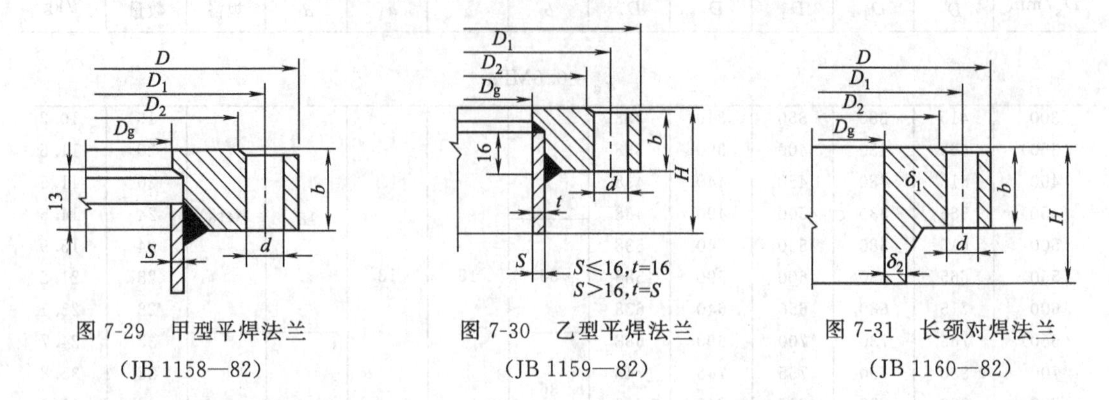

图 7-29　甲型平焊法兰（JB 1158—82）　　图 7-30　乙型平焊法兰（JB 1159—82）　　图 7-31　长颈对焊法兰（JB 1160—82）

当列管式换热器用不锈钢制作时，为节省不锈钢，可采用带衬环的法兰，即采用碳钢法兰加不锈钢衬环。图 7-32 所示为带衬环的甲型平焊法兰。

上述各种法兰的密封面有平面型、凸面型和榫槽面型三种，如图 7-33 所示。配合这三种密封面规定了相应的垫片尺寸标准。垫片的种类有非金属软垫片、绕式垫片及金属包垫片等。压力容器的法兰一般用非金属软垫片，对于光滑和衬环光滑密封面的尺寸，见表 7-18。容器用法兰的材料及其连接用的螺栓和螺母也有规定，详见表 7-19 和表 7-20。

使用法兰标准、确定法兰尺寸时，应遵循压力容器法兰的公称直径与压力容器的公称直径取同一系列数值的原则。

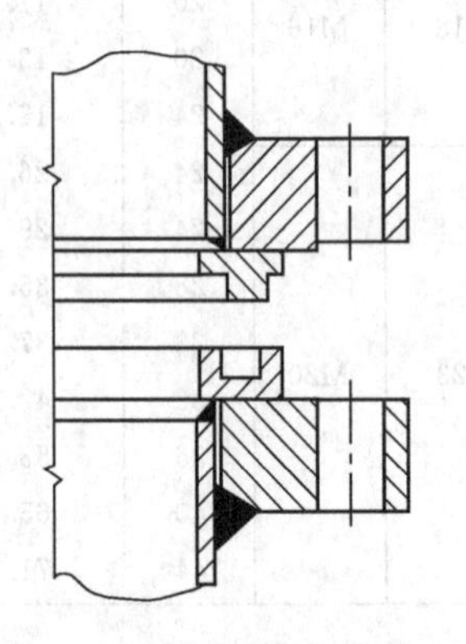

图 7-32　带衬环的甲型平焊法兰

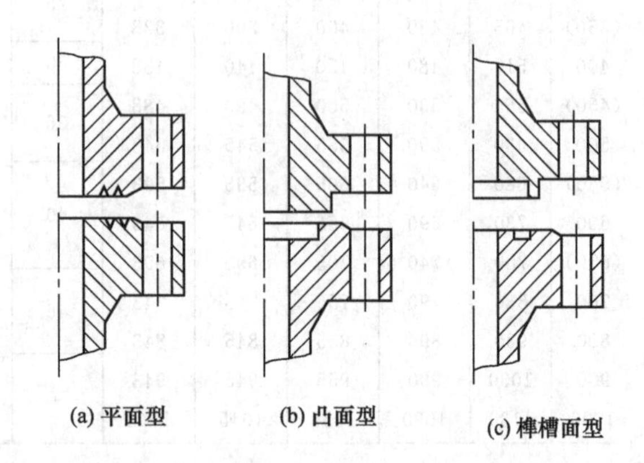

图 7-33　中、低压法兰密封压紧面的形状

5. 管程的接管及容器开孔的补强

（1）管程的接管　列管式换热器管程流体进出口的接管，一般都在管箱或封头上开孔，通过接管（称为容器接口管）与管程流体的输送管道相连接。接口管的形式有焊接接管、铸造接管和螺纹接管三种，如图 7-34 所示。焊接接管主要用于焊接的承压容器，接管的一端焊接在容器上，另一端配以管法兰。接管法兰的选取详见附录三，铸造接管与铸造设备的筒体铸为一体。螺纹接管主要用来连接温度计、压力表和液面计，根据需要可制成阴螺纹或阳螺纹，见图 7-34（c）。

表 7-17 三种不同型式压力容器法兰的使用范围

公称直径 D_g/mm \ 公称压强 p_g/MPa	0.25	0.6	1.0	1.6	2.5	4.0	6.4
300	甲型平焊法兰	甲型平焊法兰	甲型平焊法兰	甲型平焊法兰	乙型平焊法兰	乙型平焊法兰	长颈对焊法兰
(350)	甲型平焊法兰	甲型平焊法兰	甲型平焊法兰	甲型平焊法兰	乙型平焊法兰	乙型平焊法兰	长颈对焊法兰
400	甲型平焊法兰	甲型平焊法兰	甲型平焊法兰	甲型平焊法兰	乙型平焊法兰	乙型平焊法兰	长颈对焊法兰
(450)	甲型平焊法兰	甲型平焊法兰	甲型平焊法兰	甲型平焊法兰	乙型平焊法兰	乙型平焊法兰	长颈对焊法兰
500	甲型平焊法兰	甲型平焊法兰	甲型平焊法兰	甲型平焊法兰	乙型平焊法兰	乙型平焊法兰	长颈对焊法兰
(550)	甲型平焊法兰	甲型平焊法兰	甲型平焊法兰	甲型平焊法兰	乙型平焊法兰	乙型平焊法兰	长颈对焊法兰
600	甲型平焊法兰	甲型平焊法兰	甲型平焊法兰	甲型平焊法兰	乙型平焊法兰	乙型平焊法兰	长颈对焊法兰
(650)	甲型平焊法兰	甲型平焊法兰	甲型平焊法兰	甲型平焊法兰	乙型平焊法兰	长颈对焊法兰	长颈对焊法兰
700	甲型平焊法兰	甲型平焊法兰	甲型平焊法兰	乙型平焊法兰	乙型平焊法兰	长颈对焊法兰	长颈对焊法兰
800	甲型平焊法兰	甲型平焊法兰	甲型平焊法兰	乙型平焊法兰	乙型平焊法兰	长颈对焊法兰	长颈对焊法兰
900	甲型平焊法兰	甲型平焊法兰	甲型平焊法兰	乙型平焊法兰	乙型平焊法兰	长颈对焊法兰	长颈对焊法兰
1000	甲型平焊法兰	甲型平焊法兰	甲型平焊法兰	乙型平焊法兰	乙型平焊法兰	长颈对焊法兰	长颈对焊法兰
(1100)	甲型平焊法兰	甲型平焊法兰	乙型平焊法兰	乙型平焊法兰	乙型平焊法兰	长颈对焊法兰	长颈对焊法兰
1200	甲型平焊法兰	甲型平焊法兰	乙型平焊法兰	乙型平焊法兰	长颈对焊法兰	长颈对焊法兰	
(1300)	甲型平焊法兰	甲型平焊法兰	乙型平焊法兰	乙型平焊法兰	长颈对焊法兰		
1400	甲型平焊法兰	甲型平焊法兰	乙型平焊法兰	乙型平焊法兰	长颈对焊法兰		
(1500)	甲型平焊法兰	甲型平焊法兰	乙型平焊法兰	乙型平焊法兰	长颈对焊法兰		
1600	甲型平焊法兰	甲型平焊法兰	乙型平焊法兰	长颈对焊法兰	长颈对焊法兰		
(1700)	甲型平焊法兰	甲型平焊法兰	乙型平焊法兰	长颈对焊法兰			
1800	甲型平焊法兰	乙型平焊法兰	乙型平焊法兰	长颈对焊法兰			
(1900)	甲型平焊法兰	乙型平焊法兰	乙型平焊法兰	长颈对焊法兰			
2000	甲型平焊法兰	乙型平焊法兰	长颈对焊法兰				
2200	甲型平焊法兰	乙型平焊法兰	长颈对焊法兰				
2400	乙型平焊法兰	乙型平焊法兰	长颈对焊法兰				
2600	乙型平焊法兰	乙型平焊法兰					
2800	乙型平焊法兰						
3000	乙型平焊法兰						

接管的直径可由流量方程式求得，即

$$d_i = \sqrt{\frac{4V_s}{\pi u}} \tag{7-28}$$

式中，d_i 为接管的内径（圆整为标准尺寸），m；V_s 为通过接管流体的体积流量，m^3/s；u 为接管内流体的适宜流速，取经验值，m/s。

接管的长度可参照表 7-21 来选取。

表 7-18 光滑和衬环光滑密封面用非金属软垫片尺寸 单位：mm

<table>
<tr><td>简 图</td><td colspan="8">S, d, D</td></tr>
<tr><td rowspan="3">公称直径
D_g</td><td rowspan="3">垫片内径
d</td><td colspan="7">公 称 压 力/MPa</td></tr>
<tr><td>0.25</td><td>0.6</td><td>1.0</td><td colspan="2">1.6</td><td>2.5</td><td>4.0</td></tr>
<tr><td colspan="7">垫 片 外 径 D</td></tr>
<tr><td>300</td><td>315</td><td colspan="3">350</td><td>355</td><td colspan="2">365</td><td>370</td></tr>
<tr><td>(350)</td><td>365</td><td colspan="3">400</td><td>405</td><td colspan="2">415</td><td>420</td></tr>
<tr><td>400</td><td>415</td><td colspan="3">450</td><td>455</td><td colspan="2">465</td><td>470</td></tr>
<tr><td>(450)</td><td>465</td><td colspan="3">500</td><td>505</td><td colspan="2">515</td><td>520</td></tr>
<tr><td>500</td><td>515</td><td colspan="2">555</td><td colspan="2">555</td><td>565</td><td colspan="2">570</td></tr>
<tr><td>(550)</td><td>565</td><td colspan="2">600</td><td colspan="2">605</td><td>615</td><td colspan="2">620</td></tr>
<tr><td>600</td><td>615</td><td colspan="2">650</td><td colspan="2">655</td><td>665</td><td colspan="2">670</td></tr>
<tr><td>(650)</td><td>665</td><td colspan="2">700</td><td colspan="2">705</td><td>715</td><td colspan="2">720</td></tr>
<tr><td>700</td><td>715</td><td>750</td><td colspan="2">755</td><td></td><td colspan="3">770</td></tr>
<tr><td>800</td><td>815</td><td>850</td><td colspan="2">855</td><td></td><td colspan="3">870</td></tr>
<tr><td>900</td><td>915</td><td>950</td><td colspan="2">955</td><td></td><td colspan="3">970</td></tr>
<tr><td>1000</td><td>1015</td><td colspan="3">1055</td><td></td><td colspan="2">1170</td><td></td></tr>
<tr><td>(1100)</td><td>1115</td><td colspan="2">1155</td><td>1170</td><td></td><td colspan="2">1170</td><td></td></tr>
<tr><td>1200</td><td>1215</td><td colspan="2">1255</td><td>1270</td><td></td><td colspan="2">1270</td><td></td></tr>
<tr><td>(1300)</td><td>1315</td><td colspan="2">1355</td><td>1370</td><td></td><td colspan="2">1370</td><td></td></tr>
<tr><td>1400</td><td>1415</td><td colspan="2">1455</td><td>1470</td><td></td><td colspan="2">1470</td><td></td></tr>
<tr><td>(1500)</td><td>1515</td><td colspan="2">1555</td><td>1570</td><td></td><td>1570</td><td></td><td></td></tr>
<tr><td>1600</td><td>1615</td><td colspan="2">1655</td><td>1670</td><td></td><td>1670</td><td></td><td></td></tr>
<tr><td>(1700)</td><td>1715</td><td>1755</td><td colspan="2">1770</td><td></td><td>1770</td><td></td><td></td></tr>
<tr><td>1800</td><td>1815</td><td>1855</td><td colspan="2">1870</td><td></td><td>1870</td><td></td><td></td></tr>
<tr><td>(1900)</td><td>1915</td><td>1955</td><td colspan="2">1970</td><td></td><td></td><td></td><td></td></tr>
<tr><td>2000</td><td>2015</td><td>2055</td><td colspan="2">2070</td><td></td><td></td><td></td><td></td></tr>
<tr><td>2200</td><td>2215</td><td>2255</td><td>2270</td><td></td><td></td><td></td><td></td><td></td></tr>
<tr><td>2400</td><td>2420</td><td colspan="2">2470</td><td></td><td></td><td></td><td></td><td></td></tr>
<tr><td>2600</td><td>2620</td><td>2670</td><td></td><td></td><td></td><td></td><td></td><td></td></tr>
<tr><td>2800</td><td>2820</td><td>2870</td><td></td><td></td><td></td><td></td><td></td><td></td></tr>
<tr><td>3000</td><td>3020</td><td>3070</td><td></td><td></td><td></td><td></td><td></td><td></td></tr>
</table>

注：1. 表中粗实线范围内尺寸适用于甲型平焊法兰。

2. 垫片厚度 S 由设计者决定。

3. 垫片尺寸的允差按下表规定。

单位：mm

	300～1200	1300～3000
外 径	0 −1.5	0 −2.0
内 径	+1.5 0	+2.0 0

4. 标记

垫片 外径×内径×厚度 标准号

举例 外径 1070mm，内径 1020mm，厚度 2.5mm 的非金属软垫片标记为：垫片 1070×1020×2.5 JB 1161—73

表 7-19　甲型平焊法兰的公称压强与允许工作压强

公称压强 p_g/MPa	法兰材料	工作温度/℃			
		50	200	250	300
		允许工作压强/MPa			
0.25	A_3F,A_3	0.22	0.18	0.17	0.15
	16Mn	0.28	0.25	0.24	0.22
	15MnV	0.32	0.28	0.26	0.25
0.6	A_3F,A_3	0.53	0.42	0.40	0.36
	16Mn	0.67	0.60	0.56	0.53
	15MnV	0.75	0.65	0.64	0.60
1.0	A_3F,A_3	0.85	0.71	0.65	0.60
	16Mn	1.1	1.0	0.95	0.85
	15MnV	1.2	1.1	1.0	1.0
1.6	A_3F,A_3	1.4	1.1	1.0	0.95
	16Mn	1.8	1.6	1.5	1.4
	15MnV	2.0	1.7	1.7	1.6

表 7-20　压力容器法兰用的螺栓、螺母材料

法兰型式	螺栓材料	螺母材料
甲型平焊法兰	40Mn	A_3
乙型平焊法兰	4MnB,40MnVB	40Mn
长颈对焊法兰	35CrMo	

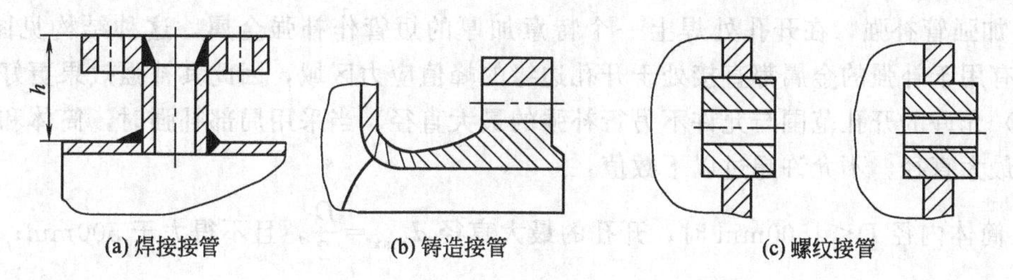

(a) 焊接接管　(b) 铸造接管　(c) 螺纹接管

图 7-34　容器的接口管

表 7-21　容器接管的长度

公称直径 D_g/mm	不保温接管长/mm	保温设备接管长/mm	适用公称压力/MPa
＜15	80	130	＜4.0
20～50	100	150	＜1.6
70～350	150	200	＜1.6
70～500			＜1.0

(2) 容器开孔的补强 由于承压容器的筒体或封头开孔后，在开孔的边缘处会产生应力集中，且开孔边缘的应力为最大（此应力称峰值应力，其值比平均应力高出数倍），因此将会使得容器被破坏。为了降低开孔边缘处的峰值应力，需对开孔口进行补强，其补强的方法有整体补强和局部补强两种。

① 整体补强 以增加整个筒壁或封头壁厚的办法降低峰值应力，适用于筒体上开排孔或封头开孔较多的场合。

② 局部补强 用在开孔边缘附近另外附加一块金属截面的办法来分担峰值应力，常用的方法如下。

a. 补强圈，一般将补强圈放在器外开孔边缘处附近作单面补强，如图 7-35 所示。补强圈的材料一般与器壁材料相同，其厚度一般也与器壁厚度相等。补强圈和被补强的器壁之间要焊接得很好，使其与器壁能同时受力，否则起不了补强的作用。补强圈的标准尺寸见图 7-36 和表 7-22。

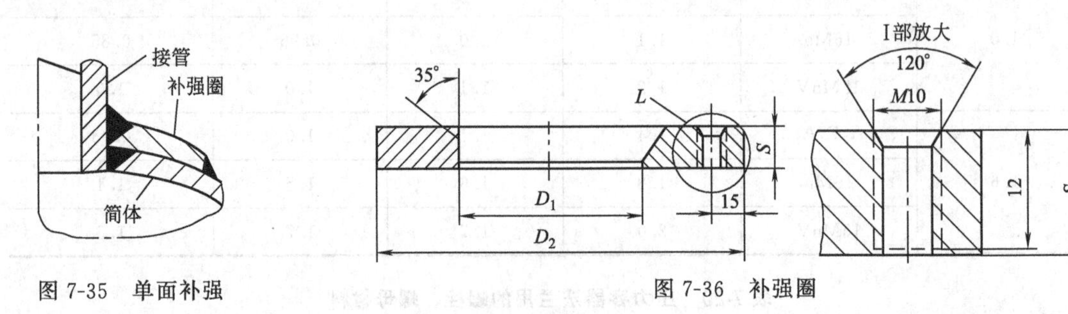

图 7-35 单面补强

图 7-36 补强圈

表 7-22 补强圈尺寸 单位：mm

接管公称直径	70	80	100	125	150	175	200	225	250	300	350	400	450	500
接管外径	76	89	108	133	159	194	219	245	273	325	377	426	480	530
补强圈内径	80	93	112	137	163	198	223	249	277	329	381	430	484	534
补强圈外径	140	160	200	250	300	360	400	440	480	550	620	680	760	840

b. 加强管补强，在开孔处焊上一个特意加厚的短管作补强金属，这种结构见图 7-37，由于所有用于补强的金属都直接处于开孔边缘的峰值应力区域，因此其补强效果更好些。

(3) 允许的开孔范围与允许不另行补强的最大直径 当采用局部补强时，筒体和封头上开孔的最大直径，不允许超过以下数值：

① 筒体内径 $D<1500$mm 时，开孔的最大直径 $d_{max}=\dfrac{D}{2}$，且不得大于 500mm；

② 筒体内径 $D>1500$mm 时，开孔的最大直径 $d_{max}=\dfrac{D}{3}$，且不得大于 1000mm；

③ 在椭圆形或碟形封头上开孔时，应尽量开设在封头中心部位附近。当需要靠近封头边缘开孔时，应使孔边与封头边缘之间的投影距离不小于 $0.1D$；

④ 锥形封头开孔的最大直径 $d_{max}=\dfrac{D_k}{2}$，D_k 是开孔中心处的锥体内直径，如图 7-38 所示。

若开孔直径超出上述规定，开孔的补强结构和计算须作特殊考虑，必要时应作验证性水压试验，以考核设计的可靠性。

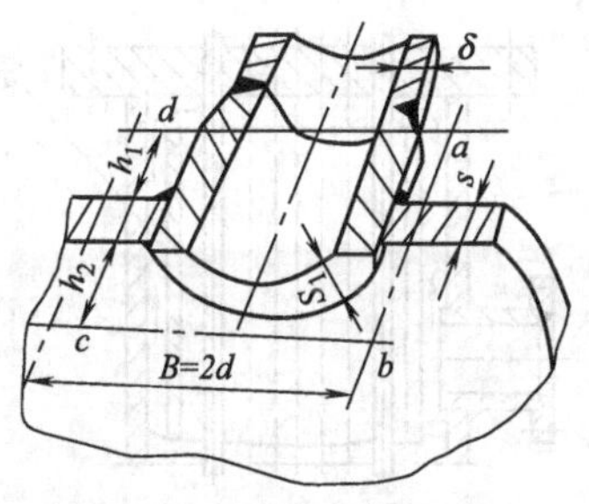

图 7-37 加强管补强

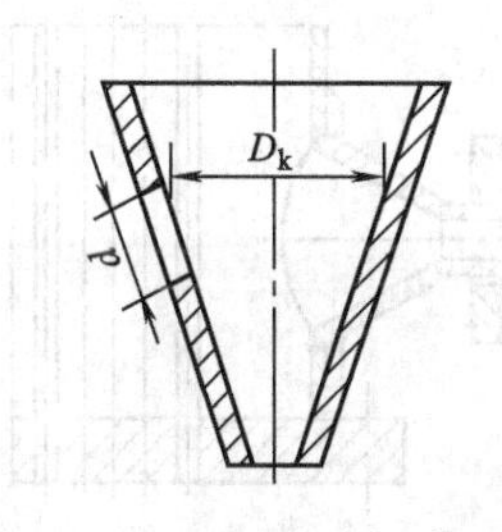

图 7-38 开孔的锥形封头

当开孔在一定限度以内时，于下述情况下可不另行补强：a. 计算壁厚时考虑了焊缝系数而使壁厚增加；b. 实际选用钢板厚度大于计算所需壁厚；c. 容器材料具有一定的塑性储备，允许承受非过大的局部应力。对于在圆锥形筒体、球壳、锥体封头及凸形封头上开孔，而又不另外补强的最大孔径可参照表 7-23。

表 7-23 不另外补强的最大孔径 单位：mm

设计压力/MPa	$\frac{S-C}{S_0}$	筒体内直径 $D_{内}$ 或球体半径 $R_{内}$				
		<1000	<2000	<3000	<4000	<5000
<0.6	1.0	57×5	57×5	76×6	76×6	76×6
	1.1	76×6	76×6	89×6	89×6	89×6
	1.2	89×6	89×6	89×6	89×6	89×6
	1.3	108×6	108×6	159×7	159×7	159×7
<1.0	1.0	45×3.5	45×3.5	57×5	57×5	76×6
	1.1	57×5	57×5	76×6	76×6	89×6
	1.2	76×6	76×6	89×6	89×6	108×6
	1.3	89×6	89×6	108×7	159×7	159×7
<1.6	1.0	38×3.5	38×3.5	38×3.5	57×5	76×6
	1.1	45×3.5	45×3.5	45×3.5	76×6	89×6
	1.2	57×5	57×5	57×5	89×6	108×6
	1.3	76×6	89×6	76×6	108×7	159×7
<2.5	1.0	32×3.5	38×3.5	38×3.5	57×5	76×6
	1.1	38×3.5	45×3.5	45×3.5	76×6	89×6
	1.2	45×3.5	57×5	57×5	89×6	108×6
	1.3	57×5	76×6	76×6	108×7	159×7

注：1. 标准椭圆形封头的 $R_{内}=D_{内}$。

2. 此表的使用范围：材料的常温屈服限<392MPa；筒体或封头的设计温度<120℃（奥氏体不锈钢除外）；相邻开孔中心距>$2(d_1+d_2)$，d_1 和 d_2 是相邻两孔的孔径；接管的腐蚀裕量<1mm。

（4）壳程接管 壳程流体进出口的设计，直接影响换热器的传热效率和换热管的寿命。当热蒸汽或高速流体流入壳程时，对换热管会造成很大的冲刷，为此需在壳程流体的进口处采用必要的措施予以保护。其常用结构型式有：①喇叭形进口接管，在壳程接管的入口处加以扩大，以减少流体的流速而起到缓冲的作用，如图 7-39 所示；②设置挡板，在换热器壳程进口处增设挡板，迫使流体改变流向来加以缓冲，其挡板型式有筒形挡板（称导流筒）、圆形挡板、方形挡板等多种。导流筒的结构如图 7-40 所示，可将蒸汽或流体导至靠近管板再进入换热管束，这样可充分利用传热面积。圆形和方形挡板的结构如图 7-41 所示，为减

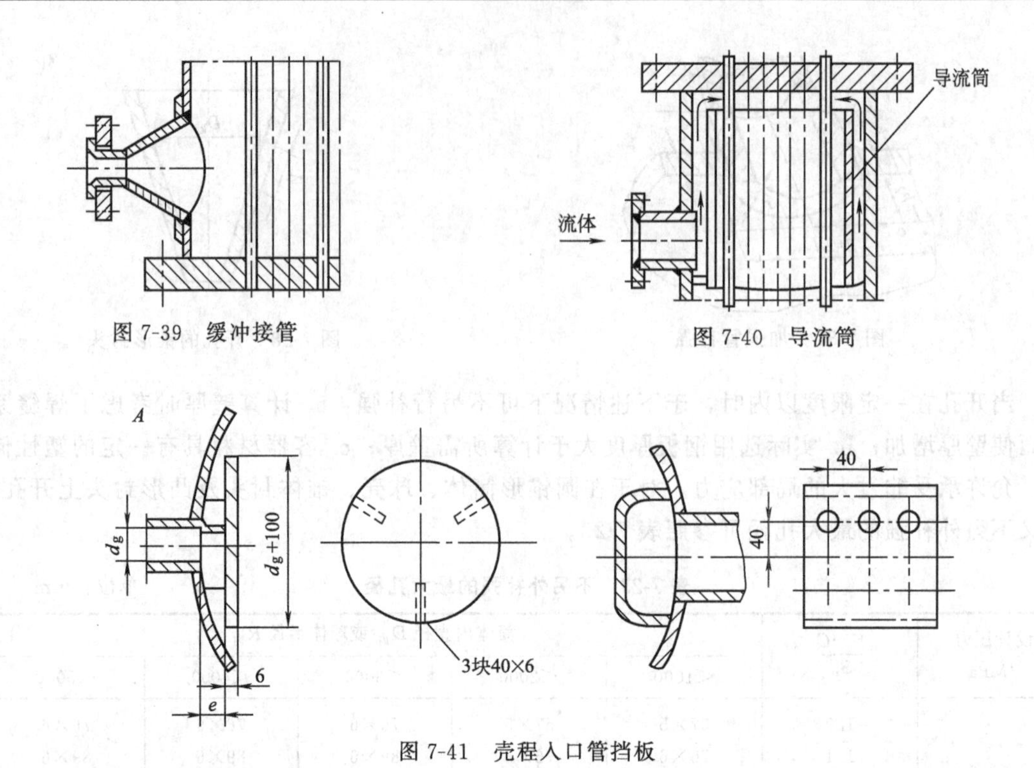

图 7-39　缓冲接管　　图 7-40　导流筒

图 7-41　壳程入口管挡板

少流体阻力，挡板与换热器壳壁间的距离 a 不应太小，至少应保证此处流道截面积不小于流体进口接管的面积，且距离 a 不小于 30mm，但此距离也不宜太大，否则会妨碍换热管的排列或影响传热面积。

对于蒸汽在壳程冷凝的立式列管换热器，应尽量减少冷凝液在管板上的积留，以保证传热面的充分利用，故冷凝液须及时排除。凝液排出管的结构型式如图 7-42 所示。此外，为保证传热面的有效利用，还应及时排除壳程内积存的不凝性气体。不凝气的排出管应装在壳程尽可能高的位置，一般在上管板上开设，作为开车时的排气管以及运转中间歇排放不凝气的接管。

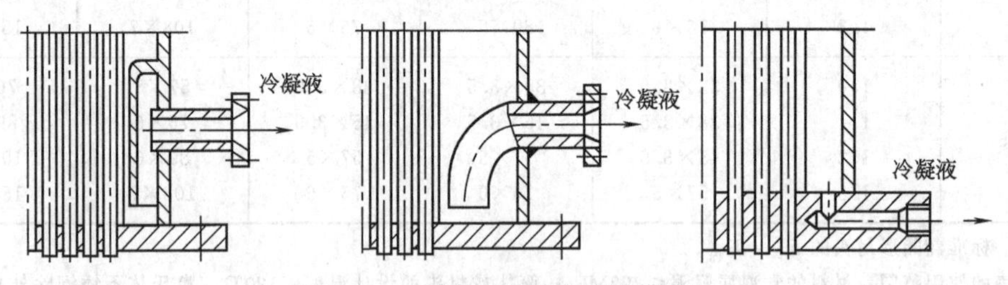

图 7-42　立式换热器冷凝液的排出口

以上只介绍了壳程接管的结构型式，而接管的直径仍需根据壳程流体的流量以及其许可的流速，按式 (7-28) 进行计算、圆整而定，接管的法兰可参照附录三“管法兰”的标准来确定。

第五节　温差应力及其补偿方法

一、换热器中的温差应力

固定管板式换热器，管束与壳体是刚性连接的。当管程温度较高的流体与壳程温度较低的流体进行换热时，由于管束的壁温高于壳体的壁温，管束的伸长大于壳体的伸长，壳体限制管束的热膨胀，结果使管束受压，壳体受拉，在管壁截面和壳壁截面上产生了应力。这个应力是由于管壁、管壳壁温度差所引起的，所以称为温差应力，也称热应力。其值的大小是随管、壳壁间温度差的增减而作同步变化的。当温差应力超过某一定值时，轻者会导致换热管的弯曲变形，或造成换热管与管板连接处物质的泄漏；重者能使换热管从管板上拉脱。因此在设计时需予以认真对待，必要时应作具体的计算。

固定管板式换热器应力的计算，通常在下述假定条件下进行：

① 换热管与管板均没有弯曲变形，即作用于每根换热管上的应力均相同；

② 管壁和壳壁的计算温度均取管壁和壳壁各自温度的平均值。

对于管、壳壁热膨胀均为自由膨胀的理想换热器，其管、壳壁的平均温度分别为 t_1 和 t_s℃，则换热管与壳体的自由伸长分别为 δ_t 和 δ_s，如图 7-43（b）所示，其计算式为：

$$\delta_t = \alpha_t (t_1 - t_0) L \tag{7-29}$$

$$\delta_s = \alpha_s (t_s - t_0) L \tag{7-30}$$

式中　α_t，α_s——分别为管子和壳壁材料的温度膨胀系数，$℃^{-1}$；

L——管子和壳体的长度，m；

t_0——安装时的壁温，℃。

在固定管板式换热器中，管板与壳体是刚性地连接在一起的，换热管与壳体不能彼此独立地伸长，而只能共同伸长到某一定长度 δ，如图 7-43（c）所示。比较图 7-43（b）和（c）得知：此时换热管是受压缩的，被压缩的长度为 $\delta_t - \delta$；而壳体是受拉伸的，被拉伸的长度为 $\delta - \delta_s$，其值可按照虎克定律进行计算，即

换热管被压缩的长度：

$$\delta_t - \delta = \frac{QL}{E_t F_t} \tag{7-31}$$

壳体被拉伸的长度：

$$\delta - \delta_s = \frac{QL}{E_s F_s} \tag{7-32}$$

式中　Q——换热管中的压缩力，即等于壳体中的拉伸力，N；

E_t、E_s——管子和壳体材料的弹性模量，N/m^2；

F_t、F_s——管子和壳体材料的截面积，m^2。

合并式（7-31）、式（7-32）以及应用式（7-29）、式（7-30）经整理可得：

$$Q = \frac{\alpha_t (t_1 - t_0) - \alpha_s (t_1 - t_0)}{\dfrac{1}{E_t F_t} + \dfrac{1}{E_s F_s}} \tag{7-33}$$

于是，管壁所受的压应力为 δ_t，N/m^2

$$\delta_t = \frac{Q}{F_t} \tag{7-34}$$

同时，壳体所受的拉应力为 δ_s，N/m^2

$$\delta_s = \frac{Q}{F_s} \tag{7-35}$$

二、温差应力的补偿

当壳壁与管壁的温度差（Δt）大于 50℃时，一般采用各种温差补偿装置，可消除温差应力而引起的壳体与换热管束的约束，以减少它们的热膨胀差，使它们各自能自由膨胀。在

生产中常采用的温差应力补偿措施有多种，如用填料函式换热器、滑动管板式换热器、浮头式换热器，U 形管式换热器，这些换热器管束有一端能自由伸缩，这样壳体和管束的热胀冷缩便互不牵制，这些方法可完全消除热应力。但在管壳壁温差为 50～70℃范围内，用得最多的方法是在固定管板式换热器的壳体上装置波形膨胀节。这种方法是利用膨胀节的弹性变形来补偿壳体和管束膨胀的不一致性，因而它只能部分地减少热应力。

三、波形膨胀节

膨胀节是装在固定式换热器壳体上的挠性元件，它可补偿管子与壳体的膨胀变形差，以消除不利的温差应力。最常用的波形膨胀节适应于设计应力 $p<1.6$MPa 的情况，膨胀节的壁厚不宜大于 6mm。波形膨胀节已有标准 JB 4731—93 "换热设备用波形膨胀节"，其设计压力为 0.25MPa 和 0.6MPa；设计温度为 200℃。其基本参数和尺寸见图 7-44 和表 7-24。

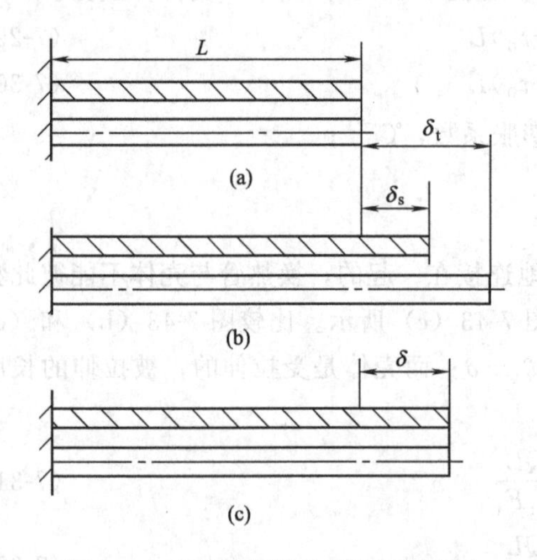

图 7-43　壳体及管子的膨胀与压缩图

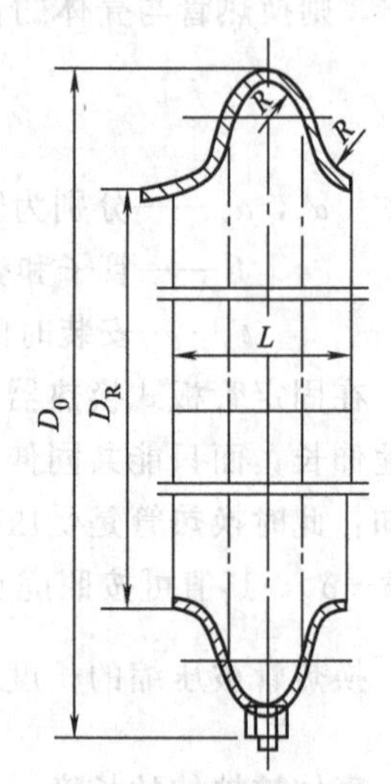

图 7-44　波形膨胀节

表 7-24　波形膨胀节基本参数和尺寸

公称直径 D_g /mm	波的最大外径 D_0 /mm	R /mm	L /mm	壁厚 S/mm 质量/kg p_g0.25 MPa	p_g0.6 MPa	一个波的最大允许补偿量 p_g0.25 MPa A_3R	16MnR	p_g0.6 MPa A_3R	16MnR	标准图号 p_g0.25MPa	p_g0.6MPa
400	650	35	160	3/13.9	5/22.3	7.5	13.1	7.3	7.3	JB 1121—68 W/L—1	JB 1121—68 W/L—17
500	750	35	160	3/15.5	5/26.3	6.8	11.9	6.7	6.7	JB 1121—68 W/L—2	JB 1121—68 W/L—18
600	850	35	160	3/18.5	5/30.5	6.7	11.7	6.5	6.5	JB 1121—68 W/L—3	JB 1121—68 W/L—19
700	950	35	160	3/21.3	5/34.9	6.5	11.4	6.3	6.3	JB 1121—68 W/L—4	JB 1121—68 W/L—20
800	1050	45	200	3/25.2	5/41.6	6.4	11.4	6.3	6.3	JB 1121—68 W/L—5	JB 1121—68 W/L—21
1000	1250	45	200	3/30.7	5/50.8	6.4	11.2	6.3	6.3	JB 1121—68 W/L—6	JB 1121—68 W/L—22

续表

公称直径 D_g /mm	波的最大外径 D_0 /mm	R /mm	L /mm	壁厚 S/mm 质量/kg		一个波的最大允许补偿量				标准图号	
				p_g0.25 MPa	p_g0.6 MPa	p_g0.25 MPa		p_g0.6 MPa		p_g0.25MPa	p_g0.6MPa
						A_3R	16MnR	A_3R	16MnR		
1200	1450	45	200	3/36.2	5/59.8	6.3	11.0	6.1	6.1	JB 1121—68 $\frac{W}{L}$—7	JB 1121—68 $\frac{W}{L}$—23
1400	1650	45	200	3/41.7	5/68.7	6.0	10.5	5.8	5.8	JB 1121—68 $\frac{W}{L}$—8	JB 1121—68 $\frac{W}{L}$—24
1600	1850	45	200	3/47.2	5/77.7	6.1	10.7	5.9	5.9	JB 1121—68 $\frac{W}{L}$—9	JB 1121—68 $\frac{W}{L}$—25
1800	2050	45	200	3/52.7	5/86.8	6.1	10.7	5.9	5.9	JB 1121—68 $\frac{W}{L}$—10	JB 1121—68 $\frac{W}{L}$—26
2000	2250	45	200	3/58.8	5/95.9	5.9	10.3	5.8	5.8	JB 1121—68 $\frac{W}{L}$—11	JB 1121—68 $\frac{W}{L}$—27
2200	2500	60	260	4/106		6.6	11.5			JB 1121—68 $\frac{W}{L}$—12	
2400	2700	60	260	4/114		6.4	11.2			JB 1121—68 $\frac{W}{L}$—13	
2600	2900	60	260	4/130		6.4	11.2			JB 1121—68 $\frac{W}{L}$—14	
2800	3100	60	260	4/132		6.5	11.4			JB 1121—68 $\frac{W}{L}$—15	
3000	3300	60	260	4/140		6.4	11.2			JB 1121—68 $\frac{W}{L}$—16	

注：1. 图号中的字母“W”表示用于卧式换热设备；“L”表示用于立式换热设备。

2. 表中质量为一个立式波的质量，卧式波形膨胀节的质量为：当壳体直径 D_g 为 400～1000mm 时加 0.8kg；D_g 为 1200～2000mm 时加 0.9kg；D_g 为 2200～3000mm 时加 1kg。

3. 一个波的最大补偿能力，表内所列数字不包括预拉（压）值。

4. 当选用 1Cr18Ni9Ti 时，其本参数尺寸均与本表相当。

5. 当介质较中性介质腐蚀性为强时，增加腐蚀裕量即可满足，或操作壁温超过 200℃时，可酌情使用 16MnR 或降压使用。

对于公称压力 p_g1.0MPa 和 p_g1.6MPa 的 Mn 波形膨胀节的基本参数和尺寸，可参考表 7-25。有关波形膨胀节的具体计算可参考文献［3］。

表 7-25 16Mn 波形膨胀节基本参数和尺寸

公称直径 D_g/mm	波的最大外径 D_0 /mm	R /mm	L/mm	S		一个波的最大允许补偿值		一个波的质量/kg	
				p_g1.0MPa	p_g1.6MPa	p_g1.0MPa	p_g1.6MPa	p_g1.0MPa	p_g1.6MPa
400	650	35	160	4	4	11.4	11.4	17.9	17.9
500	750	35	160	4	4	11.0	11.0	21.0	21.0
600	850	35	160	4	4	10.7	10.7	24.4	24.4
700	950	35	160	4	5	10.6	8.4	27.9	27.9
800	1050	45	200	4	5	10.5	8.4	33.3	41.6
1000	1250	45	200	4	5	10.1	8.1	40.6	50.8
1200	1450	45	200	4	5	9.9	7.9	47.8	59.8
1400	1650	45	200	4	5	9.3	7.4	55.0	68.7
1600	1850	45	200		5	8.0		77.7	
1800	2050	45	200		5	8.0		86.8	

四、管子拉脱力的计算

换热器在操作中，由于流体压力与管壁和壳壁的温差应力的联合作用，在壳壁截面和管壁截面中产生了拉应力或压应力，同时在管子与管束与连接接头处产生了一个拉脱力，使管子与管板有脱离的倾向。实验表明尤其是对于管束与管板的连接为胀接的连接处，拉脱力则可能引起连接处密封性的破坏或使管子松脱。为保证管端与管板牢固地连接和良好的密封性能，必须进行拉脱力的校核。

所谓拉脱力是管子每平方米胀接面积上所受到的力，单位为 N/m^2。此拉脱力应是操作压力和温差应力共同作用下的拉脱力之向量和。

在操作压力作用下，每平方米胀接面积所受到的力 q_p 为

$$q_p=\frac{pf}{\pi d_o l} \tag{7-36}$$

式中 p——设计压力，取管程压力 p_t，壳程压力 p_s 二者中的较大值，N/m^2（表压）；

d_o——换热管外径，m；

l——管子胀接长度，m；

f——每四根管子之间管板的面积，m^2，如图 7-45 所示。

管子成三角形排列时：

$$f=0.866t^2-\frac{\pi}{4}d_o^2 \tag{7-37}$$

管子成正方形排列时：

$$f=t^2-\frac{\pi}{4}d_o^2 \tag{7-38}$$

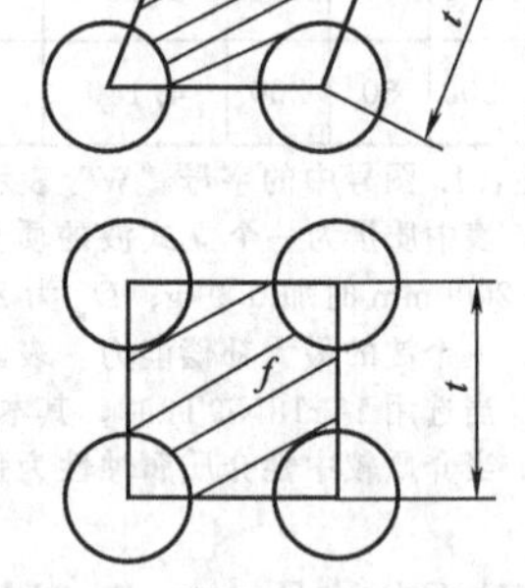

图 7-45 管子之间的管板面积

式中 t——管心距，m。

在温差应力作用下，管子每平方米胀接面积产生的力为 q_t，N/m^2。

$$q_t=\sigma_t f_t/d_o l=\frac{\sigma_t(d_o^2-d_i^2)}{\pi d_o l} \tag{7-39}$$

式中 σ_t——管子中的温差应力，N/m^2；

f_t——每根管子管壁的横截面积，m^2。

$$f_t=\frac{\pi}{4}(d_o^2-d_i^2)$$

式中 d_i——管子内径，m。

由温差产生的管子周边力与压力产生的管子周边力，可能是作用于同一方向的，或者是作用在不同方向的。当温差产生的管子周边力同压力产生的管子周边力同方向时，管子的拉脱力为 q_p+q_t；反之，管子拉脱力为 q_t-q_p。

换热器管子的拉脱负荷必须小于许用值 $[q]$，$[q]$ 值如表 7-26 所列。

表 7-26 许用拉脱力　　单位：N/m^2

换热管与管板胀接结构型式	$[q]$
管端不卷边，管板孔不开槽胀接	1.962×10^6
管端卷边或管板孔开槽胀接	3.924×10^6

附 录 三

一、列管式换热器零部件的常用材料，见附表 3-1。

附表 3-1 列管式换热器零部件常用材料

零件或部件名称	材料名称	
	碳素钢	不锈钢
壳体、法兰	A_3F、A_3R、16MnR	16Mn+0Cr18Ni9Ti 1Cr18Ni9Ti
法兰、法兰盖	16Mn、A_3	
管板	A_4	1Cr18Ni9Ti
膨胀节	A_3R、16MnR	1Cr18Ni9Ti
挡板和支承板	A_3F	1Cr18Ni9Ti
换热管	10	1Cr18Ni9Ti
螺栓	16Mn、40Mn、40MnB	
螺母	A_3、40Mn	
垫片	石棉橡胶板	
支座	A_3F	

二、列管式换热器技术要求

1. 列管式换热器装配图技术要求

(1) 本设备按 JB 1147—80《钢制管壳式换热器技术条件》进行制造、试验和验收。

(2) 焊接采用电焊，焊条标号______（说明①）。

(3) 焊缝结构型工按 TH 3005—59 中规定。除图中注明外，对接焊缝采用______，T形焊缝采用______，角焊缝采用______。法兰的焊接按相应的法兰中规定（说明②）。

(4) 列管与管板的连接采用______（说明③）。

(5) 壳体焊缝应进行无损伤检查，控伤长度：

纵焊缝占总长的______%，环焊缝占总长的______%（说明④）。

(6) 制造完毕后，进行水压试验（说明⑤）。

管程______MPa（表压），壳程______MPa（表压）。

(7) 管口、支座方位见管口方位图，图号______。

说明：

① 按相应材质的容器技术要求中第 2 条填写，详见参考文献 [3]。

② 当材质为不锈复合钢板、铝材等，其焊缝坡口不能按 GB T985—88 中的规定时，则应在图中绘出，本条技术要求可取消。

③ 连接方法一般有胀接、焊接、先胀后焊、先贴胀后焊等，若连接结构在图样上已完全表示清楚，如有表示连接结构的放大图，则本条可不写。

④ 焊缝是否透视及透视长度，按相应材质的容器技术要求，若不需透视，本条应取消。

⑤ 要求进行气密性试验或者还有须测出泄漏量的要求时，应添上这些要求。

水压试验压力、气密性试验及泄漏量要求等参照《碳素钢及普通低合金钢容器技术要求》第 5 条及其有关说明填写，详见参考文献 [3]。

对于浮头式换热器可以添加试验顺序说明如下。

试验顺序：a. 壳体与胀口检查试压；b. 管箱与浮头盖试压；c. 壳体与外头盖试压。

⑥ 当膨胀节有预压缩或预拉伸的要求时，应添加一条：

在管子和管板胀接（或焊接）前，补偿器预压缩（或预拉伸）______mm。该条写在第（4）条后面。

2. 管板技术要求

（1）管板表面应光滑，无气泡、裂缝、毛刺等缺陷。

（2）管板密封面应与轴线垂直，偏差不得超过30′。

（3）管孔应严格垂直于管板紧密面，孔表面不允许存在贯通的纵向条痕（说明①）。

（4）相邻两管孔中心距公差为±0.5mm，孔距积累公差为±1.2mm。

（5）相邻两螺栓孔间的弦长允许偏差为±0.6mm，任意两孔间弦长允许偏差为____（说明②）。

说明：

① 如管板与管子为焊接结构，则孔表面的要求可取消。

② 任意两孔间弦长允许偏差见附表3-2。

附表3-2　两孔间弦长允许偏差

公称直径 D_g/mm	允许偏差/mm
＜500	＜±1.0
＞500～1200	＜±1.5
＞1200	＜±2.0

3. 折流板、支承板技术要求

（1）折流板（或支承板）应平整，弯曲度不得超过3mm。

（2）相邻两管孔中心距公差为±0.5mm，孔距积累为±1.2mm。

三、压力容器法兰

容器法兰自从制定了标准以来，已作过数次修订，近几年使用的容器法兰标准是JB 1157～1164—82。这套标准于1990年又作了进一步修订，并已经机械电子部、化学工业部、劳动部和中国石化总公司联合批准为行业标准，标准号为JB 4700～4707—2000。下面介绍此标准。

1. 压力容器法兰的类型与结构

压力容器法兰共有三种类型，具体如下。

（1）附图3-1所示为甲型平焊法兰，它具有两种密封面型式。

（2）附图3-2所示为乙型平焊法兰，它与甲型平焊法兰的主要区别是，法兰本身具有一个厚度为δ_t的短节，因此与筒体直接连接的不是法兰盘而是这个短节，短节的存在使筒体免受法兰变形带给的附加弯矩，而且由于短节的厚度δ_t规定有最小值，这一厚度往往大于容器壁厚从而使法兰的刚度增大。

（3）附图3-3所示为长颈对焊法兰，这种类型的法兰是把乙型平焊法兰中的短节，换成了一个根部加厚的“颈”。颈与短节相比有两个明显的优点：一是颈的根部比短节厚10mm，而且与法兰盘圆滑过渡，从而更有效地增加了法兰的整体强度与刚度；二是除去了连接法兰盘与短节的焊缝，这就消除了焊接残余应力存在的可能性。在颈端部的直边段有两个厚度，其中δ_1是颈的直边段厚度，δ_0是最小对接圆筒厚度，也就是法兰颈直边段与圆筒对接焊时

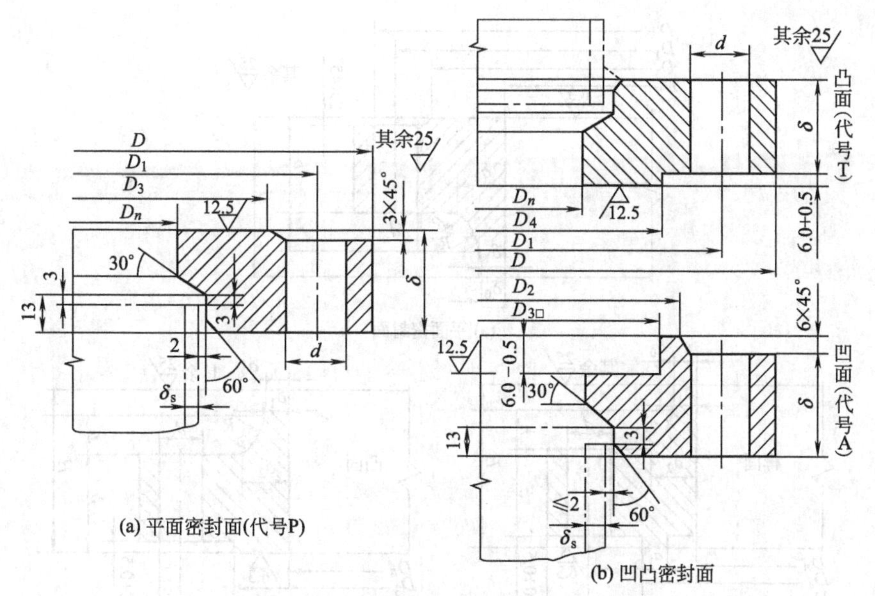

附图 3-1　甲型平焊法兰（JB 5701—92）

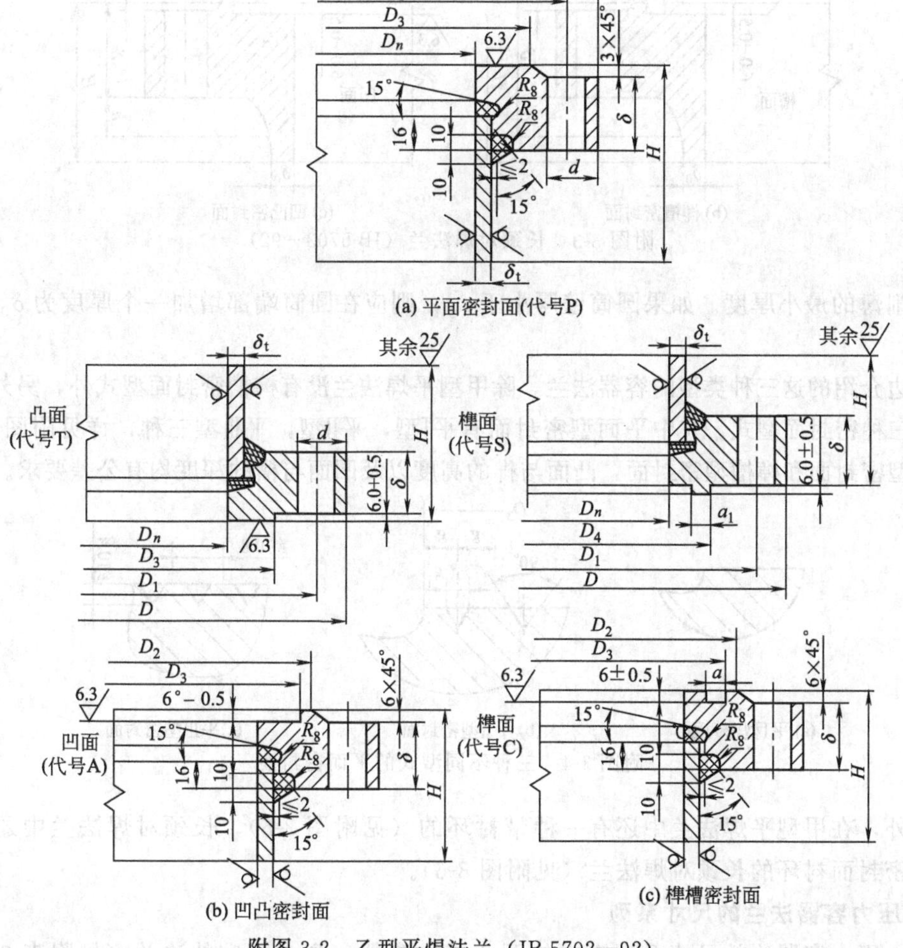

附图 3-2　乙型平焊法兰（JB 5702—92）

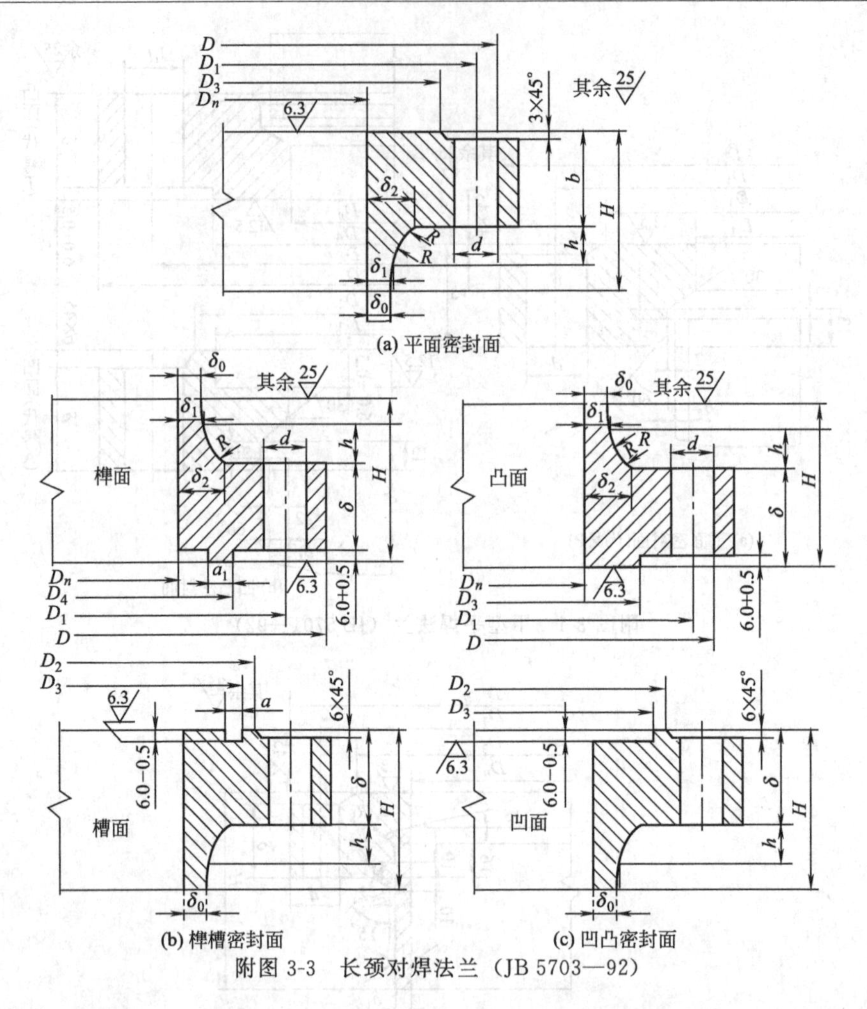

附图 3-3 长颈对焊法兰（JB 5703—92）

所允许削薄的最小厚度。如果圆筒壁厚小于 δ_0，则应在圆筒端部增加一个厚度为 δ_0 的加强短节。

上边介绍的这三种类型的容器法兰，除甲型平焊法兰没有榫槽密封面型式外，另外两类法兰都有三种密封面型式。其中平面型密封面有平Ⅰ型，平Ⅱ型，平Ⅲ型三种，详见附图 3-4。对于凹凸型密封面和榫槽型密封面，凸面与榫的高度以及凹面与槽的深度均有公差要求。

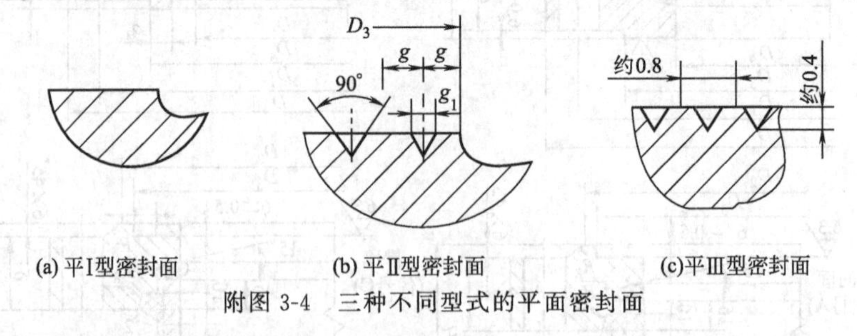

附图 3-4 三种不同型式的平面密封面

此外，在甲型平焊法兰中还有一种带衬环的（见附图 3-5），长颈对焊法兰中还有一种带凹凸密封面衬环的长颈对焊法兰（见附图 3-6）。

2. 压力容器法兰的尺寸系列

（1）压力容器法兰尺寸系列表中的两个基本参数 列入标准的法兰（见附表 3-3），其尺寸可从法兰尺寸系列表中查得。如果仅从查取法兰尺寸来说，法兰的尺寸是由法兰的公称压力和公称直径两个参数确定的。

附表 3-3　压力容器法兰分类

类型		平焊法兰										对焊法兰					
		甲型				乙型						长颈					
简图																	
公称压力 PN /MPa		0.25	0.6	1.0	1.6	0.25	0.6	1.0	1.6	2.5	4.0	0.6	1.0	1.6	2.5	4.0	6.4
公称直径 DN /mm	300																
	(350)	按 PN1.00															
	400																
	(450)																
	500																
	(550)																
	600																
	(650)																
	700																
	800																
	900																
	1000																
	(1100)																
	1200																
	(1300)																
	1400																
	(1500)																
	1600																
	(1700)																
	1800																
	(1900)																
	2000																
	2200					按 PN 0.60											
	2400																
	2600																
	2800																
	3000																

① 法兰的公称直径　容器法兰的公称直径指的是与法兰相配的筒体或封头的公称直径。钢板卷制圆筒及其相配接封头的公称直径均等于其内径，因而其法兰的公称直径也为内径，对带衬环的甲型平焊法兰，以衬环的内径作为法兰的公称直径。公称直径（原 D_g）用 DN 表示。

② 法兰的公称压力　法兰的公称压力指的是在规定的设计条件下，确定法兰结构尺寸

时所采用的设计压力。

压力容器法兰的公称压力分成七个等级，即 0.25MPa（见附表 3-4）、0.60MPa（见附表 3-5）、1.00MPa、1.60MPa、2.50MPa、4.00MPa、6.40MPa（本书只列出常用的 0.25MPa、0.60MPa 两种，其余的可查阅有关手册）。

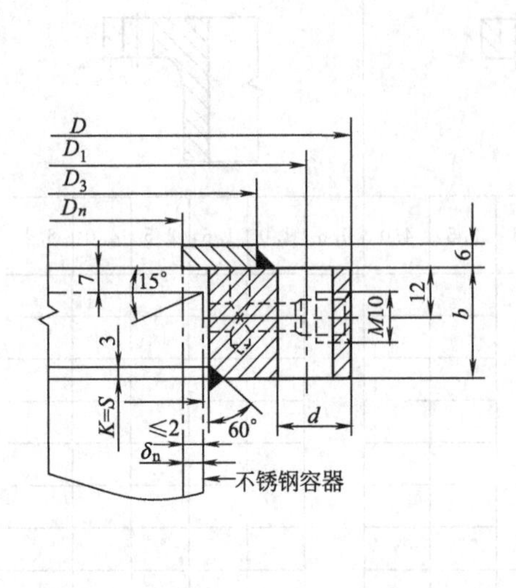

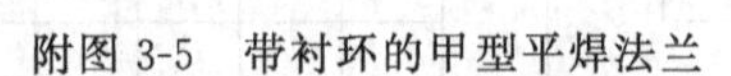
附图 3-5　带衬环的甲型平焊法兰

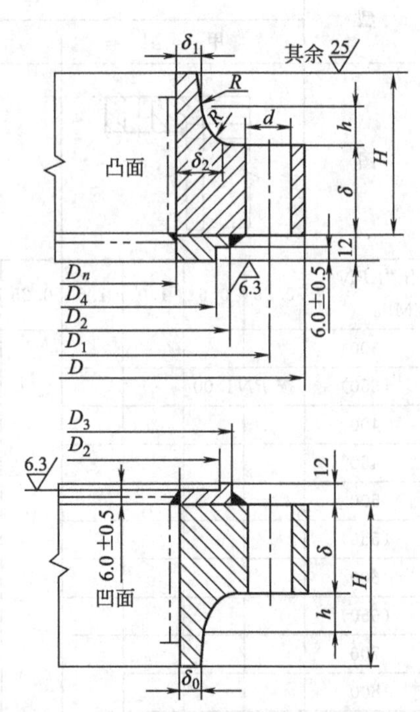

附图 3-6　带凹凸密封面衬环的长颈对焊法兰

在附表 3-3 中给出了三种不同型式法兰所适用的 PN 与 DN 范围，也就是制定有标准尺寸的法兰范围。从这张表可以看到：甲型平焊法兰与乙型平焊法兰在公称直径和公称压力上是衔接的，而长颈对焊法兰所覆盖的公称压力与公称直径的范围是最大的，相同的公称直径和公称压力的法兰可有不同型式。

(2) 压力容器法兰尺寸系列表简介　《压力容器法兰》标准中的法兰尺寸系列表是按法兰类型分别制定的，将同一压力等级的不同型式的法兰尺寸安排在同一张表中。表中的"连接尺寸"对三种不同类型的法兰大部分是相同的，遇有少量不相同的，则分别用分子、分母表示。表中"法兰厚度"是法兰强度的关键尺寸，从表中不难发现在同一公称压力和公称直径下，长颈对焊法兰的法兰盘厚度均小于乙型平焊法兰。表中的"短节尺寸"与"高颈尺寸"反映的是乙型平焊法兰和长颈对焊法兰所特有的特征尺寸。关于螺柱的规格和数量，对不同型式的法兰来说，在同一公称压力和相同公称直径条件下，有时是一样的，有时是不同的，请注意表下"注"的说明。

在压力容器法兰尺寸表的"法兰盘厚度"一栏中，凡是没有数字的，表示该种型式的法兰，在该公称压力和公称直径条件下没有制定标准。

(3) 确定法兰尺寸的计算基础　法兰系列表中的法兰尺寸是在规定设计温度是 200℃，规定法兰材料是 16Mn，根据不同型式的法兰，规定了垫片的型式、材质、尺寸和螺柱材料的基础上，按照不同的容器直径（即法兰的公称直径）和不同的设计压力（即法兰公称压力），通过多种方案的比较计算和尺寸圆整得到的。譬如 $DN=1000$mm，$PN=0.6$MPa 的甲

附表 3-4　PN＝0.25MPa（甲型平焊 DN300～2000mm；乙型平焊 DN2200～3000mm）

公称直径 DN/mm	法兰												螺柱	
	连接尺寸								法兰厚度		短节尺寸		规格	数量
	D	D_1	D_2	D_3	D_4	a	a_1	d	甲型	乙型	H	δ_t		
≤650	与 PN0.6MPa 的法兰连接相同(查表)													
700	815	780	750	740	737			18	36				M16	28
800	915	880	850	840	837			18	36				M16	32
900	1015	980	950	940	937			18	40				M16	36
1000	1130	1090	1055	1145	1042			23	40				M20	32
(1100)	1230	1190	1155	1141	1138			23	40				M20	32
1200	1330	1290	1255	1241	1238			23	44				M20	36
(1300)	1430	1390	1355	1341	1338			23	46				M20	40
1400	1530	1490	1455	1441	1438			23	46				M20	40
(1500)	1630	1590	1555	1541	1538			23	48				M20	44
1600	1730	1690	1655	1641	1638			23	50				M20	48
(1700)	1830	1790	1755	1741	1738			23	52				M20	52
1800	1930	1890	1855	1841	1838			23	56				M20	56
(1900)	2030	1990	1955	1941	1938			23	56				M20	56
2000	2130	2090	2055	2041	2038			23	60				M20	60
2200	2160	2315	2276	2256	2253	21	18	27		90	340	16	M24	64
2400	2560	2515	2476	2456	2453	21	18	27		92	340	16	M24	68
2600	2760	2715	2676	2656	2653	21	18	27		90	345	16	M24	72
2800	2960	2915	2876	2856	2853	21	18	27		102	350	16	M24	80
3000	3160	3115	3076	3056	3053	21	18	27		104	355	16	M24	84

注：表中带括号的公称直径尺寸应尽量不采用。

型平焊法兰，它的尺寸是根据以下条件：垫片材料为石棉橡胶板，厚度是 3mm，垫片宽度为 20mm，螺柱材料是 Q235-A；法兰材料为 16MnR，许用应力按 200℃ 取，法兰内径为 1000mm，设计压力是 0.6MPa 等，通过计算确定的。这个法兰尺寸一经确定，我们就称它是公称压力 $PN=0.6\text{MPa}$，公称直径 $DN=1000\text{mm}$ 的甲型平焊法兰。所以法兰的尺寸是由法兰的公称压力和公称直径确定的。

附表 3-5　PN＝0.6MPa（甲型平焊 DN300～1200mm；乙型平焊 DN1300～2400mm；长颈对焊 DN1300～2000mm）

公称直径 DN /mm	法兰/mm																			螺柱	
	连接尺寸								法兰盘厚度			短节尺寸		高颈尺寸						规格	数量
	D	D_1	D_2	D_3	D_4	a	a_1	d	甲型平焊	乙型平焊	长颈对焊	H	δ_t	H	h	δ_1	δ_2	R	δ_0		
300	415	380	350	340	337			18	26											M16	16
(350)	465	430	400	390	387			18	26											M16	16
400	515	480	450	440	437			18	30											M16	20

续表

公称直径 DN /mm	法兰/mm																				螺柱	
	连接尺寸								法兰盘厚度			短节尺寸		高颈尺寸							规格	数量
	D	D_1	D_2	D_3	D_4	a	a_1	d	甲型平焊	乙型平焊	长颈对焊	H	δ_t	H	h	δ_1	δ_2	R	δ_0		
(450)	565	530	500	490	487			18	30											M16	20
500	615	580	550	540	537			18	30											M16	20
(550)	615	580	550	540	587			18	32											M16	24
600	715	680	650	640	637			18	32											M16	24
(650)	765	730	700	690	687			18	36											M16	28
700	830	790	755	745	742			23	36											M20	24
800	930	890	850	845	842			23	40											M20	24
900	1030	990	955	945	942			23	44											M20	32
1000	1130	1090	1055	1045	1042			23	48											M20	36
(1100)	1230	1190	1155	1141	1138			23	55											M20	44
1200	1330	1290	955	945	942			18	44											M20	52
(1300)	1460	1415	1378	1356	1353	21	18	27		70	60	270	16	125	35	16	26	12	12	M24	36/40
1400	1560	1515	1476	1456	1453	21	18	27		72	62	270	16	135	40	16	26	12	12	M24	40/44
(1500)	1660	1615	1576	1556	1553	21	18	27		74	64	270	16	145	35	16	26	12	12	M24	40/48
1600	1760	1715	1668	1656	1653	21	18	27		76	66	275	16	145	40	16	26	12	12	M24	44/52
(1700)	1860	1815	1776	1756	1753	21	18	27		78	70	280	16	150	40	16	26	12	12	M24	48/52
1800	1960	1915	1876	1856	1853	21	18	27		80	70	270	16	150	4	16	26	12	12	M24	52
(1900)	2060	2015	1976	1956	1953	21	18	27		84	74	285	16	150	4	16	26	12	12	M24	56
2000	2160	2115	2076	2056	2053	21	18	27		87	76	285	16	150	40	16	26	12	12	M24	60
2200	2360	2315	2276	2256	2253	21	18	27		90		340	16							M24	64
2400	2560	2515	2476	2456	2453	21	18	27		92		340	16							M24	68

注：1. DN1300～2000mm 的乙型平焊与长颈对焊法兰有相同的连接尺寸，只是螺柱数量有所不同，此时“分子”是乙型法兰的螺柱数目，“分母”是长颈对焊法兰的螺柱数目。

2. 表中带括号的公称直径尺寸应尽量不采用。

四、管法兰

从 1958 年至今在化工设备中一直使用的是 HG 管法兰标准，虽然 1992 年颁布了新的 HGJ 管法兰标准，但是原 HG 管法兰标准仍在使用，所以，这里简单介绍 HG 管法兰标准。

1. 管法兰分类

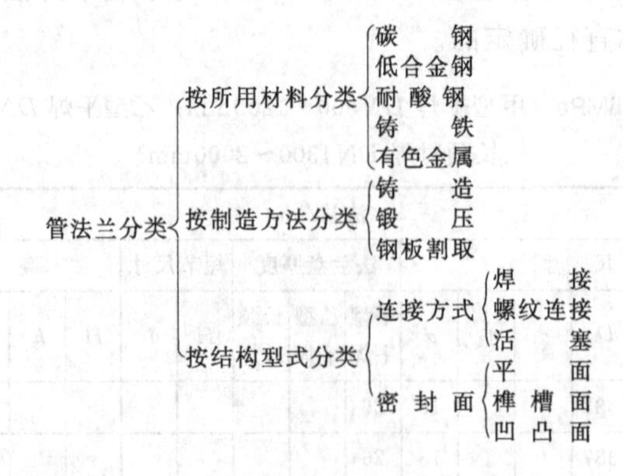

2. 管法兰结构

在管法兰标准中，将全部管法兰分成 22 种，本附录摘编了常用的 5 类 11 种，具体如下。

（1）三种密封面的平焊法兰 见附图 3-7。

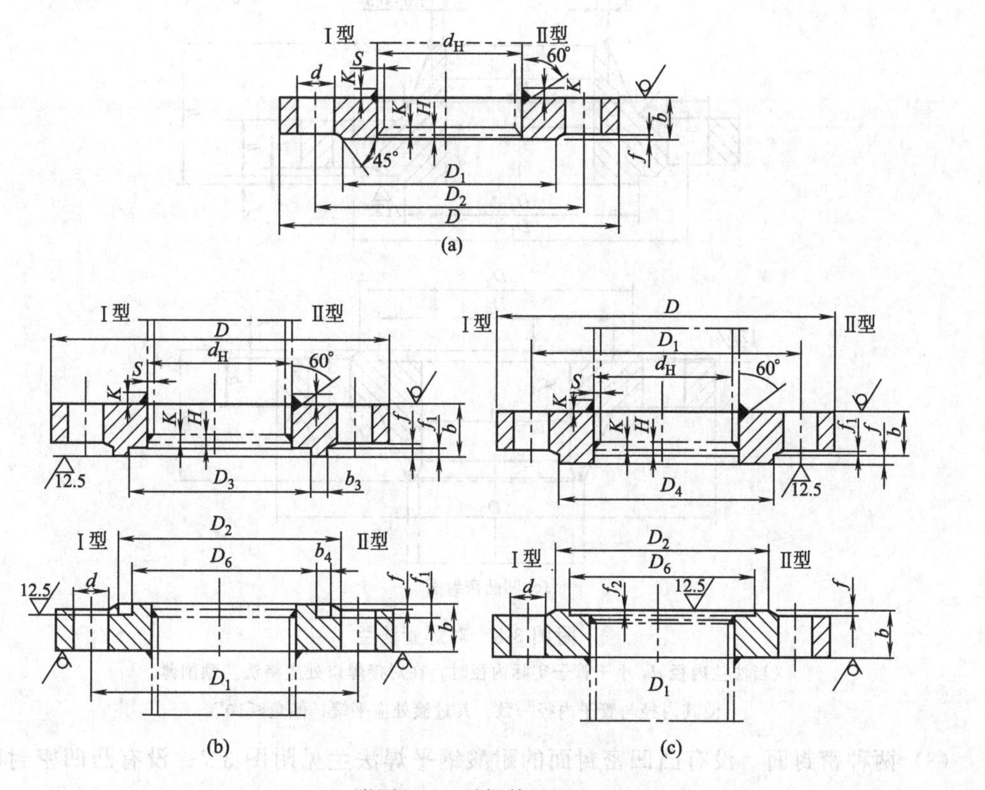

附图 3-7 平焊管法兰

（Ⅰ型用于 $p_g \leqslant 0.98$MPa，Ⅱ型用于 $p_g \geqslant 1.57$MPa；耐酸钢平焊管法兰也可参看本图）

（2）三种密封面的对焊法兰 见附图 3-8。

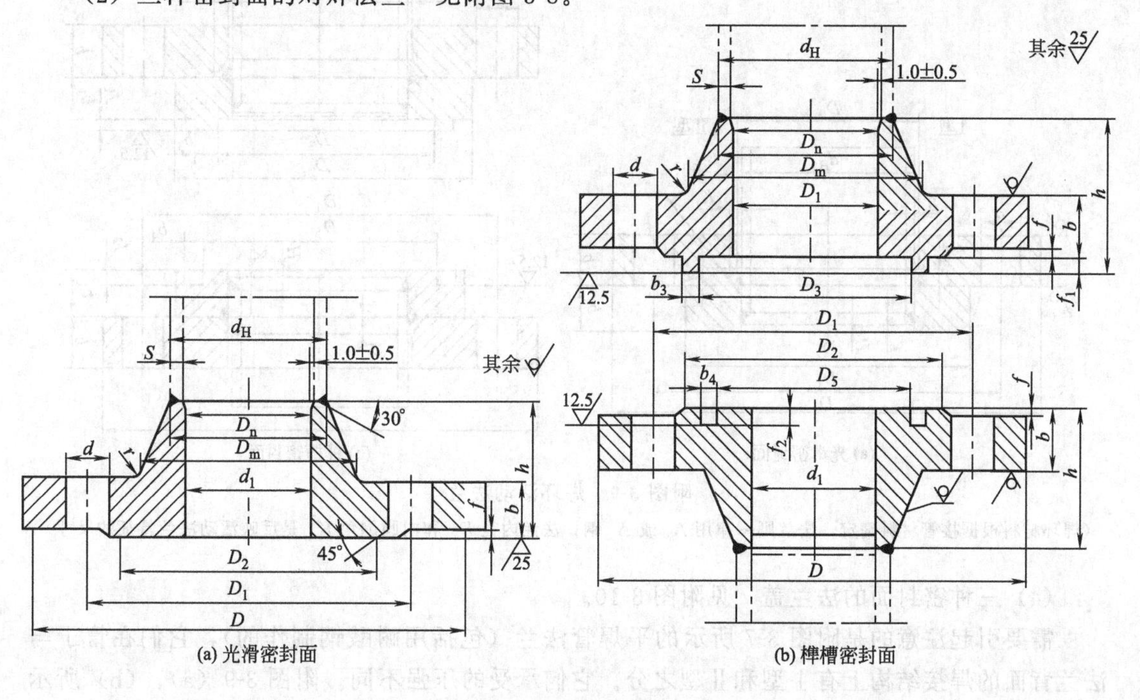

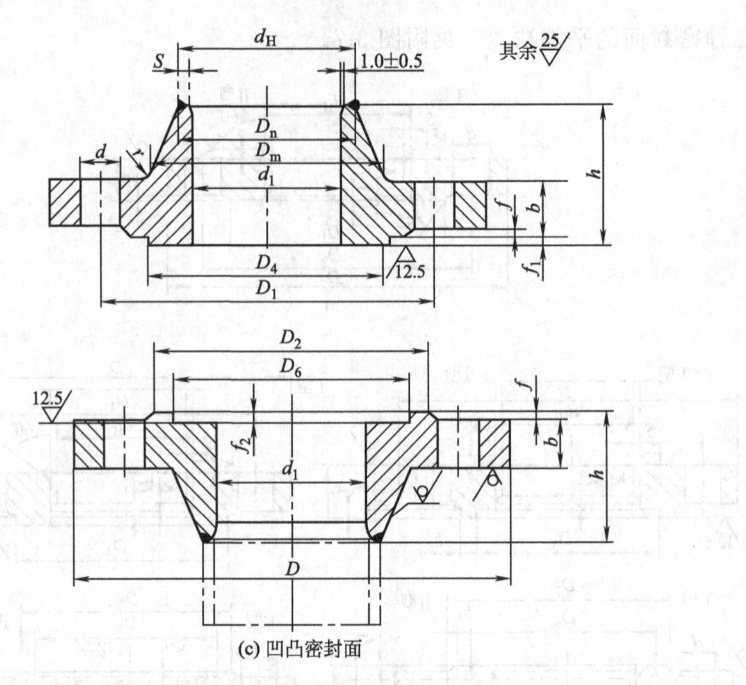

(c) 凹凸密封面

附图 3-8　对焊管法兰

（当法兰内径 d_1 小于管子实际内径时，在对接焊口处应将法兰颈削薄，使其内径与管子内径一致，其过渡处应平缓，倾角≤10°）

(3) 两种密封面　没有凸凹密封面的耐酸钢平焊法兰见附图 3-7；没有凸凹密封面的焊环活动法兰见附图 3-9。

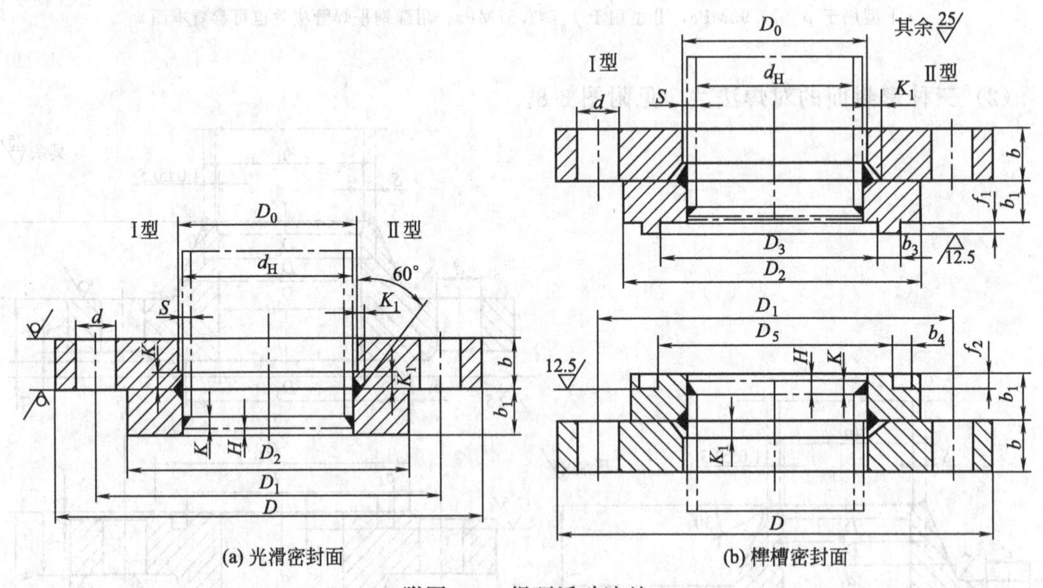

(a) 光滑密封面　　(b) 榫槽密封面

附图 3-9　焊环活动法兰

（焊环材料根据接管材料确定，法兰则一律用 A_3 或 A_4 钢；法兰内径 D_0 和内圆倒角 K_1 是反映活动法兰特征的尺寸）

(4) 三种密封面的法兰盖　见附图 3-10。

需要引起注意的是附图 3-7 所示的平焊管法兰（包括用耐酸钢制作的），它们在管子与法兰背面的焊接结构上有Ⅰ型和Ⅱ型之分。它们承受的压强不同。附图 3-9 (a)、(b) 所示

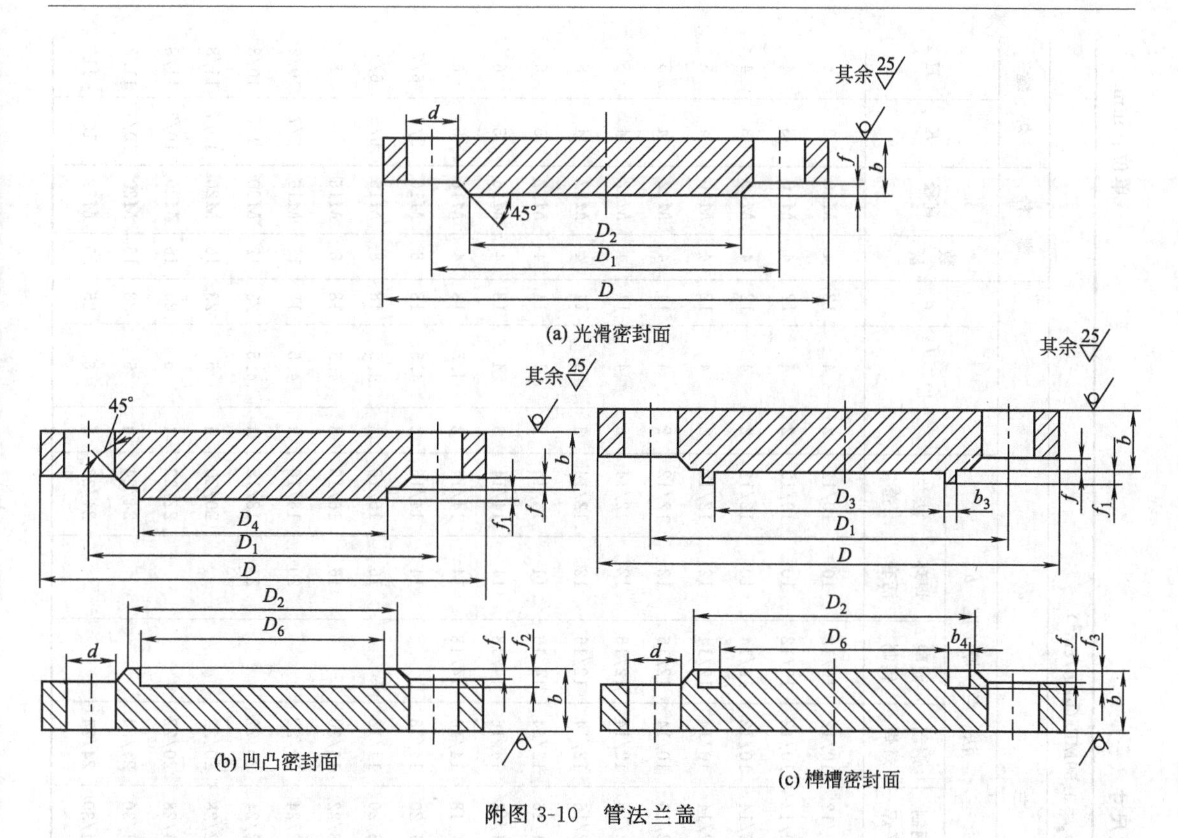

附图 3-10　管法兰盖

注：附图 3-7～附图 3-10 中各符号的意义如下：

d_H——接管外径；

S——接管壁厚；

D——法兰外圆半径；

D_1——法兰（盖）连接螺栓孔中心圆直径；

D_2——法兰（盖）的平面密封面外圆直径，焊环外径；

D_3——榫面法兰（盖）榫圆环内圆直径；

D_4——凸面法兰（盖）凸出面外圆直径；

D_6——凹面法兰（盖）凹陷面外圆直径；

D_0——焊环活动法兰内圆直径；

D_m——对焊法兰颈的根部外圆直径；

D_n——对焊法兰颈的顶部外圆直径；

d_1——对焊法兰内圆（孔）直径；

d——法兰（盖）螺栓孔直径；

b——法兰（盖）厚度；

b_1——焊环活动法兰的焊环厚度；

b_3——榫面法兰（盖）榫环的宽度；

b_4——槽面法兰（盖）槽环的宽度；

h——对焊法兰（连带颈）高度；

f——倒角高度；

f_1——榫面法兰（盖）榫的高度，凸面法兰（盖）凸起高度；

K——平焊法兰（焊环）与接管角焊缝的焊脚高度；

H——平焊法兰（焊环）端面与管口端面之间的装配距离；

K_1——焊环活动法兰内圆倒角高度。

的焊环活动法兰，其焊环与管子之间的焊接也有类似的Ⅰ型与Ⅱ型结构的不同。

3. 管法兰尺寸

管法兰的尺寸也是由法兰的公称直径和公称压力确定的。各种不同类型的管法兰，只要它们在某一 D_g 和 p_g 范围内制定了标准，那么具有相同 p_g 和 D_g 的各种类型的管法兰就有相同的连接尺寸和密封面尺寸，这样就可以把各种类型法兰的上述尺寸，按公称压力分级，分别编排在一张表中。在 HG 管法兰标准中，共有 8 个公称压力等级，它们分别是：0.1MPa，0.25MPa，0.59MPa，0.98MPa，1.57MPa，2.45MPa，3.92MPa 和 6.28MPa。在本附录中只摘编了从 0.25～2.45MPa 5 个压力等级的法兰尺寸，其中将 p_g 等于 0.25MPa

附表 3-6 管法兰尺寸（一）

单位：mm

$p_g=0.25$MPa(2.5kgf/cm^2)及$p_g=0.59$MPa(6kgf/cm^2)

D_g	管子		法兰									法兰厚度 b								螺栓		焊缝	
	d_H	S	D	D_1	D_2	D_3	D_5	D_4	D_6	b_3	b_4	钢制平焊	钢制对焊	耐酸钢制	焊环活套	法兰盖	f	$f_1=f_2$	d	数量	直径	K	H
10	14	3/2.5	75	50	35	19	18	—	—	5	6	10/12	10/12	10/12	10	10/12	2	4	12	4	M10	3	4
15	18	3/2.5	80	55	40	23	22	—	—	5	6	10/12	10/12	10/12	10	10/12	2	4	12	4	M10	3	4
20	25	3	90	65	50	33	32	42	43	5	6	12/14	10/12	12/14	10	12/12	2	4	12	4	M10	3	4
25	32	3.5	100	75	60	41	40	51	52	5	6	12/14	10/14	12/14	12	12/12	2	4	12	4	M10	4	5
32	38	3.5	120	90	70	49	48	60	61	5	6	12/16	10/14	12/16	12	12/12	2	4	14	4	M12	4	5
40	45	3.5	130	100	80	55	54	69	70	7	8	12/16	12/14	12/16	12	12/14	3	4	14	4	M12	4	5
50	57	3.5	140	110	90	66	65	80	81	7	8	12/16	12/14	12/16	12	12/14	3	4	14	4	M12	4	5
70	76	4	160	130	110	86	85	99	100	7	8	14/16	12/14	14/16	14	14/14	3	4	14	4	M12	5	6
80	89	4	185	150	128	101	100	116	117	7	8	14/18	14/16	14/18	14	14/14	3	4	18	4	M16	5	6
100	108	4/5	205	170	148	117	116	135	136	10	11	14/18	14/16	14/18	14	14/14	3	4.5	18	4	M16	5	6
125	133	4	235	200	178	146	145	164	165	10	11	14/20	14/18		14	14/16	3	4.5	18	8	M16	5/6	6/7
150	159	4.5	260	225	202	171	170	188	189	10	11	16/20	14/18		16	16/16	3	4.5	18	8	M16	5/6	6/7
200	219	6	315	280	258	229	228	245	246	10	11	18/22	16/20		16	16/16	3	4.5	18	8	M16	7	8
250	273	8	370	335	312	283	282	298	299	10	11	22/24	20/22		20	16/16	3	4.5	18	12	M16	9/7	10/8
300	325	8	435	395	365	336	335	353	354	10	11	22/24	20/22		24	18/18	4	4.5	23	12	M20	9/7	10/8
400	426	9	535	495	465	436	435	453	454	10	11	22/28	20/22			20/20	4	5	23	16	M20	10/7	11/8
450	478	9	590	550	520	489	488	506	507	10	11	24/28	20/22			22/22	4	5	23	16	M20	10/7	11/8
500	529	9	640	600	570	541	540	557	558	10	11	24/30	24/24			24/24	4	5	23	16	M20	10/7	11/8
600	630	9	755	705	670	645	644	659	660	11	12	24/30	24/24			24/28	5	6	25	20	M22	10	11

附表 3-7 管法兰尺寸（二） 单位：mm

$p_g=0.98MPa$ （$10kgf/cm^2$）

D_g	管子		法兰																螺栓		焊缝	
												法兰厚度 b										
	d_H	S	D	D_1	D_2	D_3	D_5	D_4	D_6	b_3	b_4	钢制平焊	钢制对焊	耐酸钢制	焊环活套	法兰盖	f	$f_1=f_2$	d	数量	直径	K	H
10	14	3/2.5	90	60	40	19	18	—	—	5	6	12	12	12	12	12	2	4	14	4	M12	3	4
15	18	3/2.5	95	65	45	23	22	—	—	5	6	12	12	12	12	12	2	4	14	4	M12	3	4
20	25	3	105	75	58	33	32	—	—	5	6	14	14	14	14	12	2	4	14	4	M12	3	4
25	32	3.5	115	85	68	41	40	57	58	5	6	14	14	14	14	12	2	4	14	4	M12	4	5
32	38	3.5	135	100	78	49	48	65	66	5	6	16	16	16	16	12	2	4	18	4	M16	4	5
40	45	3.5	145	110	88	55	54	75	76	7	8	18	16	18	18	14	3	4	18	4	M16	4	5
50	57	3.5	160	125	102	66	65	87	88	7	8	18	16	18	18	14	3	4	18	4	M16	4	5
70	76	4	180	145	122	86	85	109	110	7	8	20	18	20	20	14	3	4	18	4	M16	5	6
80	89	4	195	160	133	101	100	120	121	7	8	20	18	20	22	14	3	4	18	4	M16	5	6
100	108	4/5	215	180	168	117	116	149	150	10	11	22	20	22	24	14	3	4.5	18	8	M16	5	6
125	133	4	245	210	188	146	145	175	176	10	11	22	22		26	16	3	4.5	18	8	M16	5/6	6/7
150	159	4.5	280	240	212	171	170	203	204	10	11	22	22		26	16	3	4.5	23	8	M20	5/6	6/7
200	219	6	335	295	268	229	228	259	260	10	11	24	22		26	16	3	4.5	23	8	M20	7	8
250	273	8	390	350	320	283	282	312	313	10	11	26	24		28	18	3	4.5	23	12	M20	9/7	10/8
300	325	8	440	400	370	336	335	363	364	10	11	28	26		30	20	4	4.5	23	12	M20	9/7	10/8
400	426	9	565	510	482	436	435	473	474	10	11	30	26			26	4	5	25	16	M22	10	11
450	478	9	615	565	532	489	488	—	—	10	11	30	26			28	4	5	25	20	M22	10	11
500	529	9	670	620	585	541	540	—	—	10	11	32	28			32	4	6	25	20	M22	10	11
600	630	9	780	725	685	645	644	—	—	11	12	36	28			36	5	6	30	20	M27	10	11

附表 3-8 管法兰尺寸（三）

单位：mm

$p_g = 1.57MPa$ （$16kgf/cm^2$）

D_g	管子		法									兰								螺栓		焊缝	
												法兰厚度 b											
	d_H	S	D	D_1	D_2	D_3	D_5	D_4	D_6	b_3	b_4	钢制平焊	钢制对焊	耐酸钢制	焊环活套	法兰盖	f	$f_1=f_2$	d	数量	直径	K	H
10	14	3/2.5	90	60	40	24	23	—	—	5	6	14	14	14	14	12	2	4	14	4	M12	3	4
15	18	3/2.5	95	65	45	29	28	39	40	5	6	14	14	14	14	12	2	4	14	4	M12	3	4
20	25	3	105	75	58	36	35	50	51	7	8	16	14	16	16	12	2	4	14	4	M12	3	4
25	32	3.5	115	85	68	43	42	57	58	7	8	18	14	18	18	12	2	4	14	4	M12	4	5
32	38	3.5	135	100	78	51	50	65	66	7	8	18	16	18	20	12	2	4	18	4	M16	4	5
40	45	3.5	145	110	88	61	60	75	76	7	8	20	16	20	20	14	3	4	18	4	M16	4	5
50	57	3.5	160	125	102	73	72	87	88	7	8	22	16	22	22	14	3	4	18	4	M16	4	5
70	76	4	180	145	122	95	94	109	110	7	8	24	18	24	24	14	3	4	18	4	M16	5	6
80	89	4	195	160	138	100	105	120	121	7	8	24	20	24	26	14	3	4	18	4	M16	5	6
100	108	4/5	215	180	158	129	128	149	150	10	11	26	20	26	28	16	3	4.5	18	8	M16	5	6
125	133	4	245	210	188	155	154	175	176	10	11	28	22		28	16	3	4.5	18	8	M16	5/6	6/7
150	159	4.5	280	240	212	183	182	203	204	10	11	28	22		28	18	3	4.5	23	8	M20	5/6	6/7
200	219	6	335	295	268	239	238	259	260	10	11	30	24			20	3	4.5	23	8	M20	7	8
250	273	8	405	355	320	292	291	312	313	10	11	32	26			24	3	4.5	25	12	M22	9	10
300	325	8	460	410	378	343	342	363	364	10	11	32	28			28	4	4.5	25	12	M22	9	10
400	426	9	585	525	490	447	446	473	474	13	14	38	36			36	4	5	30	16	M27	10	11
450	478	9	645	585	550	497	496	—	—	13	14	42	38			42	4	5	30	20	M27	10	11
500	529	9	705	650	610	549	548	—	—	13	14	48	42			46	4	6	34	20	M30	10	11
600	630	9	840	775	720	651	650	—	—	13	14	50	46			54	5	6	41	20	M36	10	11

附表 3-9 管法兰尺寸（四） 单位：mm

$p_g=2.45MPa$ （$25kgf/cm^2$）

D_g	管子		法兰														螺栓		焊缝	
											法兰厚度 b									
	d_H	S	D	D_1	D_2	D_3	D_5	D_4	D_6	b_3	b_4	平焊法兰	对焊法兰	法兰盖	f	$f_1=f_2$	d	数量	直径	K	H
10	14	3/2.5	90	60	40	24	23	—	—	5	6	16	—	12	2	4	4	14	M12	3	4
15	18	3/2.5	95	65	45	29	28	39	40	5	6	16	16	12	2	4	4	14	M12	3	4
20	25	3	105	75	58	36	35	50	51	7	8	18	16	12	2	4	4	14	M12	3	4
25	32	3.5	115	85	68	43	42	57	58	7	8	18	16	12	2	4	4	14	M12	4	5
32	38	3.5	135	100	78	51	50	65	66	7	8	20	18	12	2	4	4	18	M16	4	5
40	45	3.5	145	110	88	61	60	75	76	7	8	22	18	14	3	4	4	18	M16	4	5
50	57	3.5	160	125	102	73	72	87	88	7	8	24	20	14	3	4	4	18	M16	4	5
70	76	4	180	145	122	95	94	109	110	7	8	24	22	16	3	8	4	18	M16	5	6
80	89	4	195	160	138	101	100	120	121	7	8	26	24	18	3	8	4	18	M16	5	6
100	108	4/5	230	190	162	129	128	149	150	10	11	28	24	20	3	8	4.5	25	M16	5	6
125	133	4	270	220	188	155	154	175	176	10	11	30	26	22	3	8	4.5	25	M16	5	6
150	159	4.5	300	250	218	183	182	203	204	10	11	30	28	24	3	8	4.5	25	M20	5	6
200	219	6	360	310	278	239	238	259	260	10	11	32	30	26	3	12	4.5	25	M20	7	8
250	273	8	425	370	335	292	291	312	313	10	11	34	32	30	3	12	4.5	30	M22	9	10
300	325	8	485	430	390	343	342	363	364	10	11	36	36	34	4	16	4.5	30	M22	9	10
400	426	9	610	550	505	447	446	473	374	13	14	44	44	42	4	16	5	34	M27	10	11
450	478	9	660	600	555	497	496	—	—	13	14	48	46	—	4	20	5	34	M27	10	11
500	529	9	730	660	615	549	548	—	—	13	14	52	48	—	4	20	5	41	M30	10	11
600	630	9	840	770	720	651	650	—	—	13	14	—	54	—	5	20	6	41	M36	—	—

注：1. 以上各表中 S、b、K、H 各栏内，凡一格中包含两个数字时，分别表示：S—分子是碳钢管，分母是耐酸钢管壁厚；b—分子是 $p_g=0.25MPa$ 法兰厚度，分母是 $p_g=0.59MPa$ 法兰厚度；K—分子是平焊法兰与管子之间的焊脚高度，分母是焊环与管子之间的焊脚高度；H—分子是法兰端面至管端间的装配距离，分母是焊环端面至管端间的装配距离。

2. 表中所列管子壁厚 S 可以改变，当采用壁厚大于 S 的管子时，K、H 值要相应增大。

的编排在一张表中（附表 3-6），因为这两个低压力级别的法兰连接尺寸相同。另外三个压力级别的法兰尺寸则分别编排成三张表（附表 3-7～附表 3-9）。在这四张表中，由于每张表都包括了四种不同型式的法兰和法兰盖，即使是相同的 p_g 和 D_g，不同型式的法兰，它们的厚度也是不同的，所以在表的“法兰厚度”一栏中，各种型式的法兰是分别列出的。

不同型式的法兰除了法兰盘厚度不同外，还应有反映某种型式法兰结构特点的特征尺寸。例如附图 3-8 所示的对焊法兰，它是带颈的，与管子又是对接的，所以对于对焊法兰，除了要有上述四张表中所包括的尺寸外，还应有表示颈部的尺寸（D_n，D_m，h）和法兰内径 d_1。为此，我们编排了附表 3-10，用以表示对焊法兰与焊环活动法兰的特征尺寸。

附表 3-10　对焊法兰与焊环活动法兰特征尺寸

D_g	管子		对焊法兰											焊环活动法兰	
					D_m				h						
					公称压力/MPa				公称压力/MPa						
	d_H	S	d_1	D_a	0.25 0.59	0.98	1.57	2.45	0.25	0.59	0.98	1.57	2.45	D_0	K_1
10	14	3	8	15	22	25	26	26	25	25	35	35	35	16	4
15	18	3	12	19	28	30	30	30	28	30	35	35	35	20	4
20	25	3	18	26	36	38	38	38	30	32	38	38	36	27	4
25	32	3.5	25	33	42	45	45	45	30	32	40	40	38	34	5
32	38	3.5	31	39	50	55	55	56	30	35	42	42	45	41	5
40	45	3.5	38	46	60	62	62	64	36	38	45	45	48	48	5
50	57	3.5	49	58	70	76	76	76	36	38	48	48	48	60	5
70	76	4	66	77	88	94	94	96	36	38	50	50	48	80	5
80	89	4	78	90	102	105	110	110	38	40	52	52	52	93	6
100	108	4	96	110	122	128	130	132	40	42	52	52	55	112	6
125	133	4	121	135	148	156	156	160	40	44	60	60	6268	138	6
150	159	4.5	146	161	172	180	180	186	42	46	60	60	72	164	6
200	219	6	202	222	235	240	240	245	55	55	62	62	80	225	6
250	273	8	254	278	288	290	292	300	55	60	65	68	85	279	8
300	325	8	303	330	340	345	346	352	58	60	65	70	92	331	11
400	426	9	398	432	440	445	450	464	60	62	65	90	115	433	11
450	478	9	450	484	494	500	506	514	60	62	70	95	115	485	12
500	529	9	501	535	545	550	559	576	62	62	78	98	120	536	12
600	630	9	602	636	650	655	660	670	74	74	90	105	130		12

4. 管法兰连接用螺栓、螺母材料与法兰材料的匹配

HG 管法兰标准中规定使用的螺栓、螺母材料列于附表 3-11 中，制定标准时所用的 A_3、A_4、A_5 等普通碳素钢，现已被 Q235-A，Q255-A 和 Q275 所取代，为保持标准的原来面貌，故附表 3-11 中的材料未予更改。

5. 管法兰的标记

管法兰是标准件，所以在容器总图的明细表中和管口表中应注明法兰标记，管法兰标记由 4 个部分组成，即 $\frac{法兰}{1}$ $\frac{p_g}{2}$ $\frac{D_g}{3}$ $\frac{标准代号}{4}$

例如，公称压力 p_g10kgf/cm^2，公称直径 D_d100mm 的平焊管法兰，其标记为

法兰　p_g10　D_g100　HG 5010-58

又如公称压力 p_g40kgf/cm^2，公称直径 D_f100mm 的凹凸面对焊管法兰，其标记分别为

凹面法兰　p_g40 D_g100　HG 5016-58

凸面法兰　p_g40D_g 100　HG 5016-58

由于我国现在实施的法定计量单位中，压力单位为 MPa，所以在附表 3-6～附表 3-10，均对原标准中的单位作了换算，但对于法兰标记，为了避免在使用中理解错误，p_g 单位仍用 kgf/cm^2 表示。

附表 3-11　法兰、螺栓、螺母材料的匹配

<table>
<tr><th rowspan="2">项　目</th><th colspan="3">零　件　名　称</th></tr>
<tr><th>法　兰</th><th>螺　栓</th><th>螺　母</th></tr>
<tr><td>平焊法兰</td><td>A3、A4</td><td>A3、A4、A5</td><td>A3、A4</td></tr>
<tr><td rowspan="6">对焊法兰</td><td rowspan="6">20、25</td><td colspan="2">t<250℃</td></tr>
<tr><td>A4、A5</td><td>A3、A4</td></tr>
<tr><td colspan="2">t<425℃</td></tr>
<tr><td>25、35</td><td>20、30</td></tr>
<tr><td colspan="2">t<250℃</td></tr>
<tr><td>30CrMo</td><td>35、45</td></tr>
<tr><td>耐酸钢平焊法兰</td><td>18-8 型耐酸钢、代用合金钢</td><td>A3、A4、A5</td><td>A3、A4</td></tr>
<tr><td>焊环活动法兰</td><td>焊环：
18-8 型耐酸钢、代用合金钢、A3
法兰：
A3、A4</td><td>A3、A4、A5</td><td>A3、A4</td></tr>
<tr><td rowspan="6">管法兰盖</td><td>t<300℃</td><td colspan="2">t<350℃</td></tr>
<tr><td>A3、A4</td><td>A3、A4、A5</td><td>A3、A4</td></tr>
<tr><td>t<450℃</td><td colspan="2">t<425℃</td></tr>
<tr><td rowspan="3">20、25</td><td>25、35</td><td>20、30</td></tr>
<tr><td colspan="2">t<450℃</td></tr>
<tr><td>30CrMo</td><td>35、45</td></tr>
</table>

五、列管换热器图例

见附图 3-11。

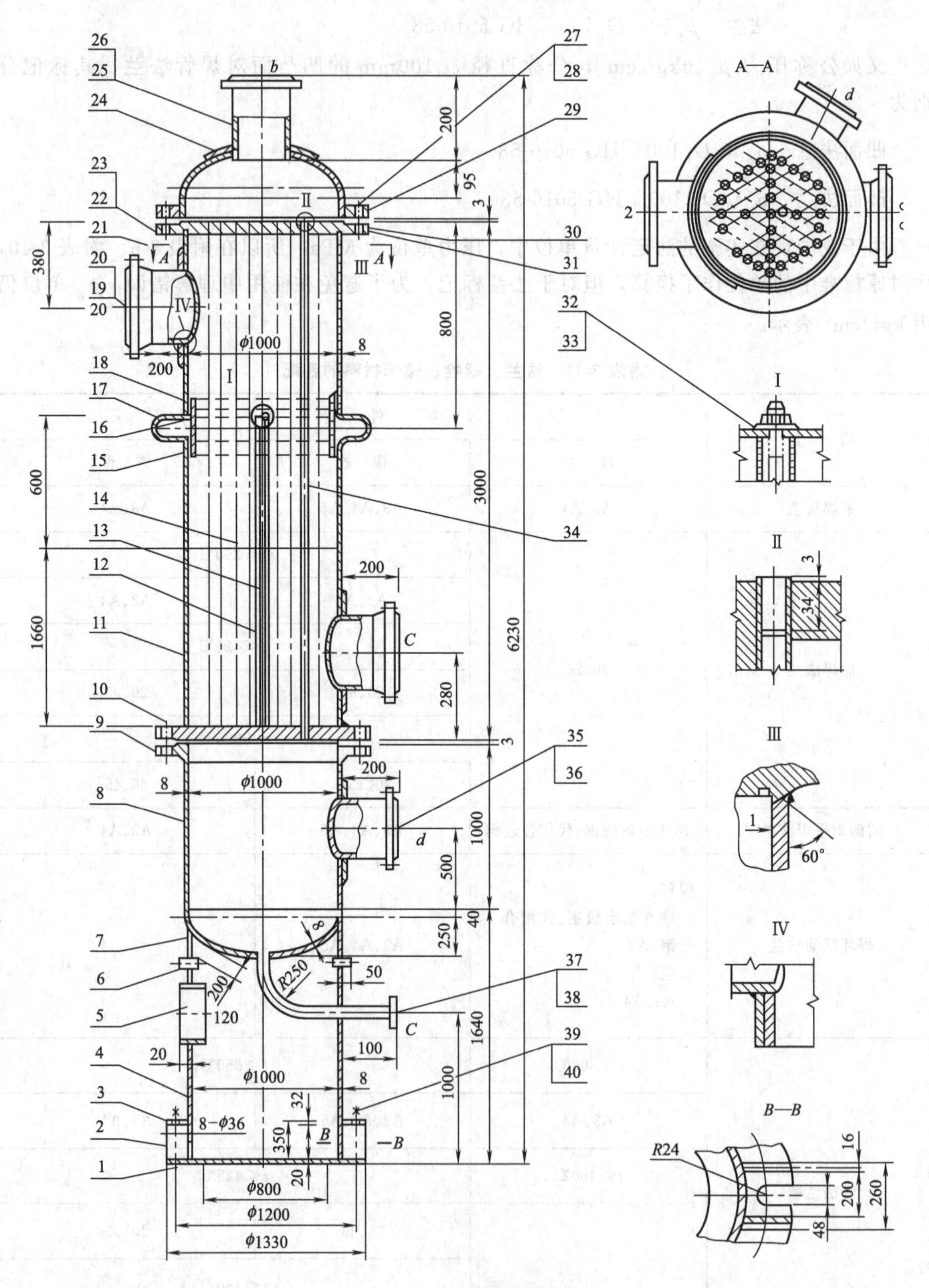

附图 3-11 立式列管换热器

六、列管换热器设计任务书及说明书和图纸

任 务 书

1. 设计题目

2. 设计原始数据

（1）二次蒸汽

处理量

冷凝水排出温度

压强

（2）冷却水

进口温度

出口温度

（3）当地大气压

3. 设计任务

① 设计计算列管式换热器的热负荷、传热面积、换热管、壳体、管板、封头、隔板及接管等。

② 绘制列管式换热器的装配图。

③ 编写课程设计说明书。

4. 设计时间

年　　月　　日～　　年　　月　　日

设计学生　　　　指导教师

说 明 书

1. 设计说明书的内容

（1）目录　将课程设计的主要项目写于说明书的第一页。

（2）设计题目　附上或抄写设计任务书。

（3）设计说明

① 根据设计任务简述所设计的设备在生产中的作用。

② 画出工艺流程示意图。

③ 说明选用该设备的理由、依据和优缺点。

④ 设计中遇到的特殊问题及解决方法。

（4）传热过程工艺计算　根据所选定的设备型式和设计任务书所给定的条件，查阅参考资料进行工艺计算。其主要内容包括列管式换热器的热负荷、冷却水的用量、传热面积、管子的尺寸与排列方式的确定，以及总传热系数和传热面积的校核等。

（5）设备结构的设计　根据工艺计算的结果进行设备结构的设计，其主要内容包括列管式换热器壳体直径、长度、厚度；管板尺寸、厚度和结构；封头尺寸和法兰以及它们之间的连接和材料的选用等。

（6）主要附属件的选定　包括列管式换热器各物流进、出口连接管尺寸、材料及法兰等。

计算中应注意以下几点：

① 凡设计计算所用公式及数据均须注明来源；

② 设备各结构件形状与尺寸的确定及材料的选择应尽量标准化；

③ 主要部件的结构应在说明书中用图示出；

④ 说明书中应详细书写出设计计算的步骤。

（7）设计结果的汇集　将工艺计算及结构设计的主要结果和主要尺寸列成表格表示出来。

（8）对设计的评论　设计完毕应对本设计作出综合评论，指出本设计的特点，特别是有创造性的见解，另一方面也要指出存在的问题，有待改进。

（9）参考文献　设计所引用的文献、书籍、科技杂志，均应列出名称、年份等，以便阅审者查对。

学生在完成设计后，应按照以上内容与顺序编写课程设计说明书，编写时既要以有力的论证（包括理论、图表及计算数据）阐述本设计的正确性和可靠性，又要实事求是地指出存在的问题。要做到语言简练、字迹清晰、书写整齐（20页左右）。

本课程设计要求设计图纸绘制一张列管式换热器的装配图。

2. 绘图的要求

① 对于标准零部件（螺栓、螺母等）采用简化画法表示，但在零件明细表中应详细列出其名称、规格、数量、材料和标准号。

② 换热器中的管束，通常只画出一根或几根管子，其余的管子用点划线表示。

③ 设备的壁厚尺寸与设备的直径、高度相差太大，在画图时可将壁厚适当夸大画出。

④ 设备壳体上各接管，在主视图上可假设将这些管分别旋转到与正面投影面平行的位置再进行投影画图，但在管板布置图中要表达出各接管的实际位置。

3. 技术说明

（1）接管表

序　号	规　　格	用　　途
a		
b		
c		
⋮		

（2）技术特性表

序号	名　称	指　标		
		管程	壳程	其他
1	工作压力/(kgf/cm^2)			
2	工作温度/℃			
3	物料名称			
4	传热面积/m^2			

（3）技术要求（见附录三中二、列管式换热器技术要求。）

参考文献

[1] 姚玉英，等. 化工原理（上册）. 修订版. 天津：天津大学出版社，2005.

[2] 钱颂文，等. 化工设备及设计. 武汉：华中理工大学出版社，1990.

[3] 张石铭. 化工容器及设备. 武汉：湖北科学技术出版社，1984.

[4] 华南理工大学化工原理教研组. 化工过程及设备设计. 广州：华南理工大学出版社，1990.

[5] 董大勤. 化工设备机械基础. 4版. 北京：化学工业出版社，2012.

第八章　板式精馏塔设计

第一节　塔设备简介

塔设备是化工、石油化工等生产中广泛应用的气液传质设备。根据塔内气液接触部件的结构型式，可分为板式塔与填料塔两大类。板式塔内设置一定数量塔板，气体以鼓泡或喷射形式穿过板上液层进行质热传递，气液相组成呈阶梯变化，属逐级接触逆流操作过程。填料塔内装有一定高度的填料层，液体自塔顶沿填料表面下流，气体逆流向上（也有并流向下者）与液相接触进行质热传递，气液相组成沿塔高连续变化，属微分接触操作过程。

工业上对塔设备的要求是：①生产能力大；②传质、传热效率高；③气流的摩擦阻力小；④操作稳定，适应性强，操作弹性大；⑤结构简单，材料耗用量少；⑥制造安装容易，操作维修方便。此外还要求不易堵塞、耐腐蚀等。

实际上，任何塔设备都难以满足上述所有要求，因此，设计者应根据塔型特点、物系性质、生产工艺条件、操作方式、设备投资、操作与维修费用等技术经济评价以及设计经验等因素，依矛盾的主次，综合考虑，选择适宜的塔型。

第二节　板式精馏塔的工艺设计

一、概述

板式塔大致可分为两类，一类是有降液管的塔板，如泡罩、浮阀、筛板、导向筛板、新型垂直筛板、舌形塔板、S形塔板、多降液管塔板等；另一类是无降液管的塔板，如穿流式筛板（栅板）、穿流式波纹板等。工业上应用较多的是有降液管的浮阀、筛板和泡罩塔板等。

1. 泡罩塔

泡罩塔是最早使用的板式塔，其主要构件是泡罩、升气管及降液管。泡罩的种类很多，国内应用较多的是圆形泡罩。

泡罩塔的主要优点是操作弹性较大，液气比范围大，适用于多种介质，操作稳定可靠；但其结构复杂、造价高、安装维修不便，气相压降较大。现虽已为其他新型塔板所取代，但鉴于其某些优点，仍有沿用。

2. 浮阀塔

浮阀塔广泛应用于精馏、吸收和解吸等过程。其主要特点是在塔板的开孔上装有可浮动的浮阀，气流从浮阀周边以稳定的速度水平地进入塔板上液层进行两相接触。浮阀可根据气体流量的大小而上下浮动，自行调节。

浮阀有盘式、条式等多种，国内多用盘式浮阀，此型又分为F-1型（V-1型）、V-4型、十字架型和A型，其中F-1型浮阀结构较简单、节省材料，制造方便，性能良好，故在化工及炼油生产中普遍应用，已列入部颁标准（JB 1118—2001）。其阀孔直径为39mm，重阀质量为33g，轻阀为25g。一般多采用重阀，因其操作稳定性好。

盘式浮阀塔的主要优点是生产能力大，操作弹性较大，分离效率较高，塔板结构较泡罩塔简单。

3. 筛板塔

筛板是在塔板上钻有均布的筛孔，上升气流经筛孔分散、鼓泡通过板上液层，形成气液密切接触的泡沫层（或喷射的液滴群）。

筛板塔的优点是结构简单，制造维修方便，造价低，相同条件下生产能力高于浮阀塔，塔板效率接近浮阀塔。其缺点是稳定操作范围窄，小孔径筛板易堵塞，不适宜处理黏性大的、杂质多的和带固体粒子的料液。但设计良好的筛板塔仍具有足够的操作弹性，对易引起堵塞的物系可采用大孔径筛板，故近年来我国筛板塔的应用日益增多。

本章主要讨论二元物系板式连续精馏塔（以筛板为例）的设计。

二、设计方案的选定

1. 装置流程的确定

精馏装置包括精馏塔、原料预热器、蒸馏釜（再沸器）、冷凝器、釜液冷却器和产品冷却器等设备。热量自塔釜输入，物料在塔内经多次部分气化与部分冷凝进行精馏分离，由冷凝器和冷却器中的冷却介质将余热带走。在此过程中，热能利用率很低，为此，在确定装置流程时应考虑余热的利用，注意节能。

另外，为保持塔的操作稳定性，流程中除用泵直接送入塔原料外，也可采用高位槽送料以免受泵操作波动的影响。

塔顶冷凝装置根据生产情况以决定采用分凝器或全凝器。一般，塔顶分凝器对上升蒸气虽有一定增浓作用，但在石油等工业中获取液相产品时往往采用全凝器，以便于准确地控制回流比。若后继装置使用气态物料，则宜用分凝器。

2. 操作压强的选择

精馏操作可在常压、减压和加压下进行。操作压强常取决于冷凝温度。一般，除热敏性物料以外，凡通过常压蒸馏不难实现分离要求，并能用江河水或循环水将馏出物冷凝下来的系统，都应采用常压蒸馏；对热敏性物料或混合液沸点过高的系统则宜采用减压蒸馏；对常压下馏出物的冷凝温度过低的系统，需提高塔压或采用深井水、冷冻盐水作为冷却剂；而常压下呈气态的物料必须采用加压蒸馏。例如苯乙烯常压沸点为145.2℃，而将其加热到102℃以上就会发生聚合，故苯乙烯应采用减压蒸馏；脱丙烷丙烯塔操作压强提高到1765kPa时，冷凝温度约为50℃，便可用江河水或循环水进行冷凝冷却，则运转费用减少；石油气常压呈气态，必须采用加压蒸馏分离。

3. 进料热状态的选择

进料热状态以进料热状态参数 q 表达，即

$$q=\frac{\text{使每摩尔进料变成饱和蒸气所需热量}}{\text{每摩尔进料的气化潜热}} \tag{8-1}$$

有五种进料状态，即 $q>1.0$ 时，为低于泡点温度的冷液进料；$q=1.0$ 为泡点下的饱和液体；$q=0$ 为露点下的饱和蒸气；$1>q>0$ 为介于泡点与露点间的气液混合物；$q<0$ 为高于露点的过热气进料。

原则上，在供热量一定的情况下，热量应尽可能由塔底输入，使产生的气相回流在全塔发挥作用，即宜冷进料。但为使塔的操作稳定，免受季节气温影响，精馏、提馏段采用相同塔径以便于制造，则常采用饱和液体（泡点）进料，但需增设原料预热器。若工艺要求减少塔釜加热量避免釜温过高、料液产生聚合或结焦，则应采用气态进料。

4. 加热方式

蒸馏大多采用间接蒸汽加热，设置再沸器。有时也可采用直接蒸汽。例如蒸馏釜残液中的主要组分是水，且在低浓度下轻组分的相对挥发度较大时（如乙醇与水的混合液）宜用直接蒸汽加热，其优点是可以利用压强较低的加热蒸汽以节省操作费用并省掉间接加热设备。但由于直接蒸汽的加入，对釜内溶液起一定稀释作用，在进料条件和产品纯度、轻组分收率一定的前提下，釜液浓度相应降低，故需在提馏段增加塔板以达到生产要求。

5. 回流比的选择

选择回流比，主要从经济指标出发，力求使设备费用和操作费用之和最低。一般经验值为

$$R=(1.1\sim2.0)R_{\min} \tag{8-2}$$

式中 R——操作回流比；

$R_{\min}$——最小回流比。

对特殊物系与场合，则应根据实际需要选定回流比。在进行课程设计时，也可参考同类生产的 R 经验值选定。必要时可选若干个 R 值，利用吉利兰图（简捷法）求出对应理论板数 N，作出 N-R 曲线或 $N(R+1)$-R 曲线，从中找出适宜操作回流比 R。也可作出 R 对精馏操作费用的关系线，从中确定适宜回流比 R。

三、二元连续板式精馏塔的工艺计算

1. 物料衡算与操作线方程

（1）间接蒸汽加热

① 全塔物料衡算

总物料
$$F=D+W \tag{8-3}$$

易挥发组分
$$Fx_F=Dx_D+Wx_W \tag{8-4}$$

式中 F，D，W——分别为进料、馏出液和釜液的流量，kmol/h(或 kg/h)；

x_F，x_D，x_W——分别为进料、馏出液和釜液中易挥发组分的组成，摩尔分数（或质量分数）。

② 精馏段操作线方程

$$y_{n+1}=\frac{L}{L+D}x_n+\frac{D}{L+D}x_D \tag{8-5}$$

或
$$y_{n+1}=\frac{R}{R+1}x_n+\frac{1}{R+1}x_D \tag{8-6}$$

式中 L——精馏段内回流液流量，kmol/h，$L=RD$；

x_n——精馏段内任意第 n 层理论板下降的液相组成，摩尔分数；

y_{n+1}——精馏段内第 $n+1$ 层理论板上升的蒸气组成，摩尔分数。

③ 提馏段操作线方程

$$y'_{m+1}=\frac{L'}{L'-W}x'_m-\frac{W}{L'-W}x_W \tag{8-7}$$

或
$$y'_{m+1}=\frac{L+qF}{L+qF-W}x'_m-\frac{W}{L+qF-W}x_W \tag{8-8}$$

式中 L'——提馏段内回流液流量，kmol/h，$L'=L+qF$；

x'_m——提馏段内任意第 m 板下降液体组成，摩尔分数；

y'_{m+1}——提馏段内第 $m+1$ 板上升蒸气的组成，摩尔分数。

④ 进料线方程（q 线方程）

$$y=\frac{q}{q-1}x-\frac{x_F}{q-1} \tag{8-9}$$

q 线方程代表精馏段操作线与提馏段操作线交点的轨迹方程。

（2）直接蒸汽加热

① 全塔物料衡算

总物料 $$F+S+L=V+W^* \tag{8-10}$$

易挥发组分 $$Fx_F=Sy_o+Lx_L=Vy_1+W^*x_W^* \tag{8-11}$$

式中　S，y_o——分别为直接蒸汽量（kmol/h）及其组成（$y_o=0$）；

W^*——直接蒸汽加热时的釜液量，kmol/h，$W^*=W+S$；

$x_W{}^*$——直接蒸汽加热时釜液组成，摩尔分数，$x_W{}^*=\frac{W}{W+S}x_W$

V——精馏段上升蒸气量，kmol/h，恒摩尔流、泡点进料时，$V=V'=S$；

V'——提馏段上升蒸气量，kmol/h。

② 精馏段操作线方程

$$y_{n+1}=\frac{R}{R+1}x_n+\frac{1}{R+1}x_D$$

③ 提馏段操作线方程

$$y'_{m+1}=\frac{W^*}{S}x'_m-\frac{W^*}{S}x_W{}^* \tag{8-12}$$

2. 理论板数的求算

欲计算完成规定分离要求所需的理论板数，需知原料液组成，选择进料热状态和操作回流比等精馏操作条件，利用气、液相平衡关系和操作方程求算。

分离要求即对塔顶、塔底产品的质量和产率的要求，后者有时用塔顶易挥发组分的回收率$\left(\frac{Dx_D}{Fx_F}\times100\%\right)$或塔底难挥发组分的回收率$\left[\frac{W(1-x_W)}{F(1-x_F)}\times100\%\right]$表达。

现以塔内恒摩尔流简化假定为前提，介绍常用的理论板数的求算方法。

（1）逐板计算法　通常从塔顶开始进行逐板计算。设塔顶采用全凝器，泡点回流，则自第一层板上升蒸气组成等于塔顶产品组成，即 $y_1=x_D$（已知）。而自第一层板下降的液体组成 x_1 与 y_1 相平衡，可利用相平衡方程求取 x_1。第二层塔板上升蒸气组成 y_2 与 x_1 满足精馏段操作关系，可用精馏段操作线方程，即

$$y_2=\frac{R}{R+1}x_1+\frac{x_D}{R+1}$$

求取 y_2。同理由 y_2 利用相平衡方程求 x_2，再由 x_2 利用操作方程求 y_3…，如此交替利用相平衡方程和操作方程进行下行逐板计算，直到 $x_n\leqslant x_F$ 时，则第 n 层理论板即为进料板，精馏段理论板数为（$n-1$）层。

以下改用提馏段操作线方程，即

$$y'_2=\frac{L+qF}{L+qF-W}x'_1-\frac{W}{L+qF-W}x_W$$

由 $x_1'=x_n$ 用上式求得 y_2'，同上法交替利用平衡方程和提馏段操作线方程重复下行逐板计算，直到 $x_m'\leqslant x_W$ 为止。间接蒸汽加热时，再沸器内可视为气液两相达平衡，故再沸器相当于一层理论板，则提馏段理论板数为（$m-1$）层。

以上计算过程中，每使用一次平衡方程，表示需要一层理论板。

显然，逐板计算法可同时求得各层板上的气液相组成，计算结果准确，是求算理论板数的基本方法，但较烦琐。

(2) 直角梯级图解法（*M.T.* 图解法） 将逐板计算过程在 y-x 相平衡图上，分别用平衡曲线和操作线代替平衡方程和操作线方程，用图解理论板的方法代替逐板计算法，则大大简化了求解理论板的过程，但准确性差些，一般二元精馏中常采用此法。

图解理论板的方法与步骤简述如下。

设采用间接蒸汽加热，全凝器（$x_D=y_1$），泡点进料，如图 8-1 所示。

① 首先在 y-x 图上作平衡线和对角线。

② 作精馏段操作线。自点 $a(x_D, x_D)$ 至点 $b\left(\text{精馏段操作线在 } y \text{ 轴上的截距}\dfrac{x_D}{R+1}\right)$作连线 ab 或自点 a 作斜率为$\dfrac{R}{R+1}$的直线 ab，即为精馏段操作线。

③ 作进料线（q 线）。自点 $e(x_F, x_F)$ 作斜率为$\dfrac{q}{q-1}$的 ef 线（即为 q 线）。q 线与精馏段操作线 ab 的交点 d，就是精馏、提馏段两操作线的交点。

④ 作提馏操作线。连接点 d 与点 $c(x_W, x_W)$，dc 线即为提馏段操作线。也可自点 c 开始作斜率为$\dfrac{L+qF}{L+qF-W}$的线段即为提馏段操作线。此线与 ab 线交点即点 d。

⑤ 图解理论板层数。自点 $a(x_D, x_D)$ 开始，在精馏段操作线 ab 与平衡线之间下行绘直角梯级，梯级跨过两操作线交点 d 时，改在提馏段操作线 dc 与平衡线之间绘直角梯级，直到梯级的垂直线达到或超过点 $c(x_W, x_W)$ 为止，每一个梯级代表一层理论板，跨过交点 d 的梯级为进料板。

本例采用间接蒸汽再沸器，它可视为一层理论板，由图 8-1 可知，共需 9 层理论板（不包括再沸器），其中精馏段 4 层，提馏段 5 层，第 5 层为进料板。

若塔顶采用分凝器，即塔顶蒸气经分凝器部分冷凝作为回流液，未冷凝的蒸气在冷凝器冷凝取得液相产品时，由于离开分凝器的气相与液相可视为相互平衡，故分凝器也相当于一层理论板。故用上述方法求得的理论板层数还应减去一层板。

若采用直接蒸汽加热，塔顶采用全凝器，泡点进料时，求解理论板方法同上，采用相应的平衡关系和操作方程。但图解理论板时应注意塔釜点 $c'(x_W^*, 0)$ 位于横轴上（直接蒸汽组成 $y_o=0$），如图 8-1 所示。

对于要取得两种以上精馏产品或分离不同浓度的原料液的情况，属于多侧线塔的计算。则应将全塔分成（侧线数+1）段，通过对各段作物料衡算，分别写出相应段的操作线方程式，再按常规图解理论板的方法求解所需理论板层数。

应予说明，为提高图解理论板方法作图的准确性，应采用适宜的作图比例；对分离要求很高时，在高浓度区域（近平衡线端部）可局部放大作图比例或采用对数坐标，或采用逐板计算法求解。另外，当所需理论板数极多时，因图解法误差大，则宜采用适当的数字计算法求解。

(3) 简捷法 常用的简捷法为吉利兰经验关联图法，该法用于估算理论塔板层数，方法简捷，但准确度稍差。

图 8-2 吉利兰关联图纵坐标中的理论板层数 N 及最少理论板层数 $N_{\min}$ 均不包括再沸器。

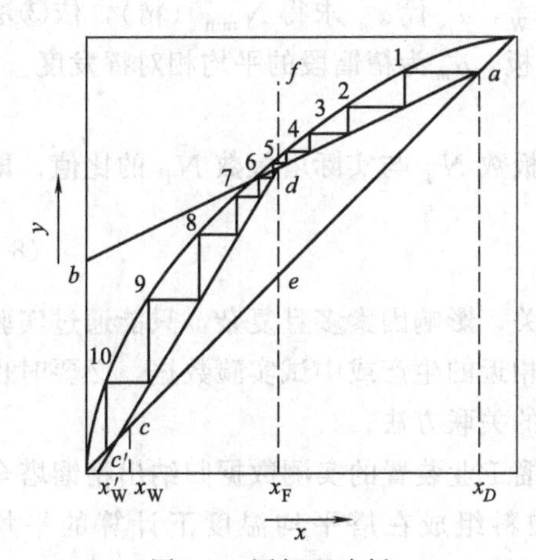

图 8-1 图解理论板

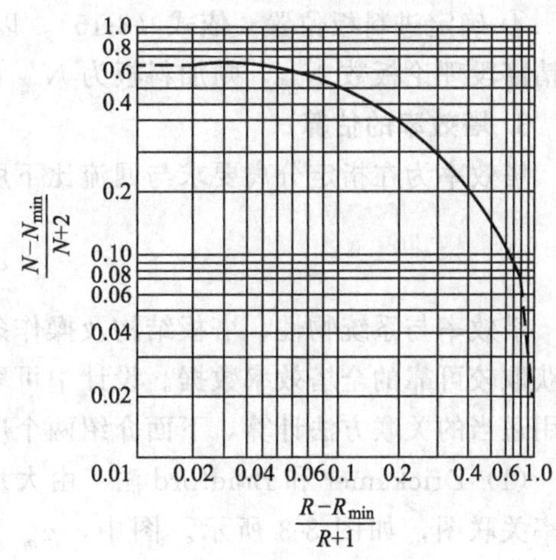

图 8-2 吉利兰关联图

此法求算理论塔板层数的步骤如下。

① 求算 $R_{\min}$ 和选定 R。对于理想溶液或在所涉及的浓度范围内相对挥发度可取为常数时，用以下各式计算 $R_{\min}$。

a. 进料为饱和液体时

$$R_{\min}=\frac{1}{\alpha_m-1}\left[\frac{x_D}{x_F}-\frac{\alpha_m(1-x_D)}{1-x_F}\right] \tag{8-13}$$

b. 进料为饱和蒸气时

$$R_{\min}=\frac{1}{\alpha_m-1}\left[\frac{\alpha_m x_D}{y_F}-\frac{1-x_D}{1-y_F}\right]-1 \tag{8-14}$$

式中 y_F——饱和蒸气进料的组成，摩尔分数。

对平衡曲线形状不正常的情况，可用作图法求 $R_{\min}$。

② 计算 $N_{\min}$。依下式计算：

$$N_{\min}=\frac{\lg\left[\left(\frac{x_D}{1-x_D}\right)\left(\frac{1-x_W}{x_W}\right)\right]}{\lg\alpha_m}-1 \tag{8-15}$$

式中 $N_{\min}$——全回流时的最小理论板数（不包括再沸器）；

α_m——全塔平均相对挥发度，α 变化不大时可取塔顶与塔底的 α 几何均值 $[\alpha_m=(\alpha_D\cdot\alpha_W)^{\frac{1}{2}}]$。[1]

---

[1] 理论板数 N 也可用吉利兰曲线的回归方程求得，即

$$y=0.54827-0.591422x+0.002743/x \tag{8-16}$$

式中 $x=\frac{R-R_{\min}}{R+1}$ $y=\frac{N-N_{\min}}{N+2}$

此式通用条件为 $0.01<x<0.9$

③ 计算$\frac{(R-R_{\min})}{(R+1)}$值。在吉利兰图横坐标上找到相应点，自此点引铅垂线与曲线相交，由与交点相应的纵标$\frac{(N-N_{\min})}{(N+2)}$值求算出不包括再沸器的理论板数 N❶。

④ 确定进料板位置。依式（8-15），以 x_F 代 x_W，α'_m 代 α_m 求得 $N_{\min}$（精），依③法求得精馏段理论板数 $N_{精}$，则加料板为 $N_{精}$ 的下一块板。α'_m 为精馏段的平均相对挥发度。

3. 塔效率的估算

塔效率为在指定分离要求与回流比下所需理论板数 N_T 与实际塔板数 N_P 的比值，即

$$E_T=\frac{N_T}{N_P} \tag{8-17}$$

塔效率与系统物性、塔板结构及操作条件等有关，影响因素多且复杂，只能通过实验测定获取较可靠的全塔效率数据。设计中可取自条件相近的生产或中试实验数据，必要时也可采用适当的关联方法计算，下面介绍两个应用较广的关联方法。

(1) Drickamer 和 Bradford 法　由大量烃类精馏工业装置的实测数据归纳出精馏塔全塔效率关联图，如图 8-3 所示。图中，μ_m 为根据加料组成在塔平均温度下计算的平均黏度，即

$$\mu_m=\sum x_{fi}\mu_{Li}$$

式中　μ_{Li}——进料中 i 组分在塔内平均温度下的液相黏度，mPa·s。

该图也可用下式表达：

$$E_T=0.17-0.616\lg\mu_m \tag{8-18}$$

适用于液相黏度为 0.07～1.4mPa·s 的烃类物系。

(2) O′connell 法　O′connell 将全塔效率关联成 $\alpha\mu_L$ 的函数，如图 8-4 所示，是较好的简易方法。图中 α 为塔顶及塔底平均温度下的相对挥发度；μ_L 为塔顶及塔底平均温度下进料液相平均黏度，mPa·s。

该曲线也可用下式表达：

$$E_T=0.49(\alpha\mu_L)^{-0.245} \tag{8-19}$$

此法适用于 $\alpha\mu_L=0.1$～7.5，且板上液流长度≤1.0m 的一般工业板式塔。

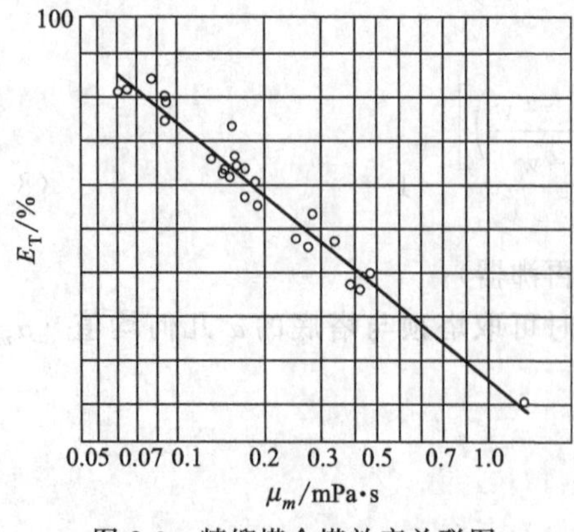

图 8-3　精馏塔全塔效率关联图

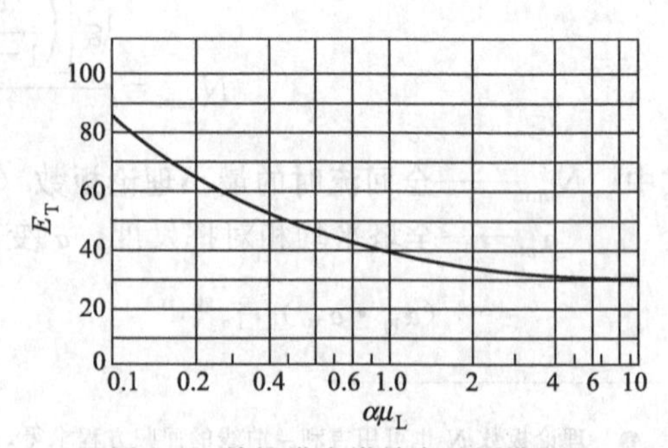

图 8-4　精馏塔全塔效率关联曲线

❶ 吉利兰简捷法适用于各种进料状态，相对挥发度为 1.26～4.05，最小回流比为 0.53～7.0，理论板数为 2.4～43.1 的场合。

四、塔和塔板主要工艺尺寸的设计

1. 塔高

塔的有效段高度依下式计算：

$$Z=\frac{N_T}{E_T}H_T \tag{8-20}$$

式中 Z——塔的有效段高度，m；

H_T——塔板间距，m。

塔板间距 H_T 的选定很重要，它与塔高、塔径、物系性质、分离效率、塔的操作弹性，以及塔的安装、检修等都有关，可参照表 8-1 所列经验关系选取。

表 8-1 板间距与塔径的关系

塔径 D_T/m	0.3～0.5	0.5～0.8	0.8～1.6	1.6～2.4	2.4～4.0
板间距 H_T/mm	200～300	250～350	300～450	350～600	400～600

选定时，还要考虑实际情况，例如塔板层数很多时，可选用较小的板间距，适当加大塔径以降低塔的高度；塔内各段负荷差别较大时，也可采用不同的板间距以保持塔径一致；对易起泡沫的物系，板间距应取大些，以保证塔的分离效果；对生产负荷波动较大的场合，也需加大板间距以保持一定的操作弹性。在设计中，有时需反复调整，选定适宜的板间距。

此外，考虑安装检修的需要，在塔体人孔处的板间距不应小于 600～700mm，以便有足够的工作空间，对只需开手孔的小型塔，开手孔处的板间距可取为 450mm 以下。

2. 塔径

根据流量公式计算塔径，即

$$D=\sqrt{\frac{4V_s}{\pi u}} \tag{8-21}$$

式中 V_s——塔内的气相流量，m^3/s；

u——空塔气速，m/s；

$$u=(0.6\sim0.8)u_{max}$$

$$u_{max}=C\sqrt{\frac{\rho_L-\rho_V}{\rho_V}} \tag{8-22}$$

式中 u_{max}——最大空塔气速，m/s；

ρ_L，ρ_V——分别为液相与气相密度，kg/m^3；

C——负荷系数。

负荷系数 C 值可由 Smith 关联图求取，如图 8-5 所示。

图 8-5 中的负荷系数是以表面张力 $\sigma=20mN/m$ 的物系绘制的，若表面张力为其他值的物系，可依下式校正后查出负荷系数，即：

$$C=C_{20}\left(\frac{\sigma}{20}\right)^{0.2} \tag{8-23}$$

依上述方法计算的塔径应按化工机械标准圆整并核算实际气速。一般塔径在 1m 以内按 100mm 增值计，塔径超过 1m 时，按 200mm 增值定塔径。若精馏段与提馏段负荷相差较大

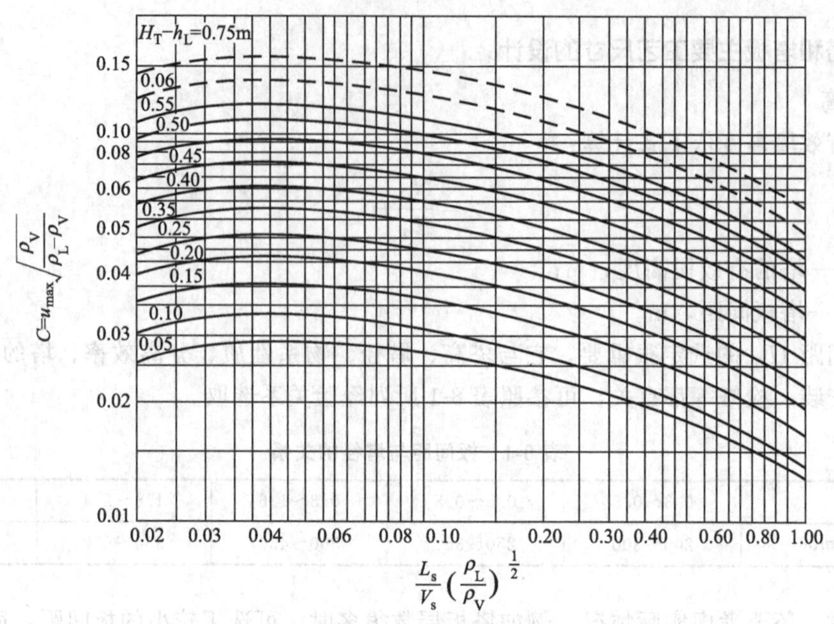

图 8-5　Smith 关联图

h_L—板上液层高度，m；常压塔 h_L＝0.05～0.0m；减压塔 h_L＝0.025～0.03m；

(H_T-h_L)—液滴沉降空间高度，m；$\left(\frac{L_s}{V_s}\right)\left(\frac{\rho_L}{\rho_V}\right)^{\frac{1}{2}}$—气液动能参数

也可分段计算塔径。

应予指出，这样算出的塔径系初估塔径，此后尚需进行流体力学验算等，合格后方能确定实际塔径。

3. 溢流装置与液体流型

板式塔的溢流装置包括溢流堰、降液管及受液盘。溢流装置的布置应考虑液流在塔板上的途径。一般根据塔径与液体流量，采用如图 8-6 所示的几种液流型式。

图 8-6（a）为 U 形流型，其液体流径长，板面利用好，但液面落差大，适用于小液体负荷；图 8-6（b）为单流型，液体流径较长、板面利用好，塔板结构简单，直径 2.2m 以下的塔普遍采用此型；图 8-6（c）为双流型，流径短可减少液面落差，但板面利用率低且结构复杂，一般用于液体负荷大，直径 2m 以上的大塔；图 8-6（d）为阶梯流型，结构复杂，仅适用于很大塔径大负荷的场合。

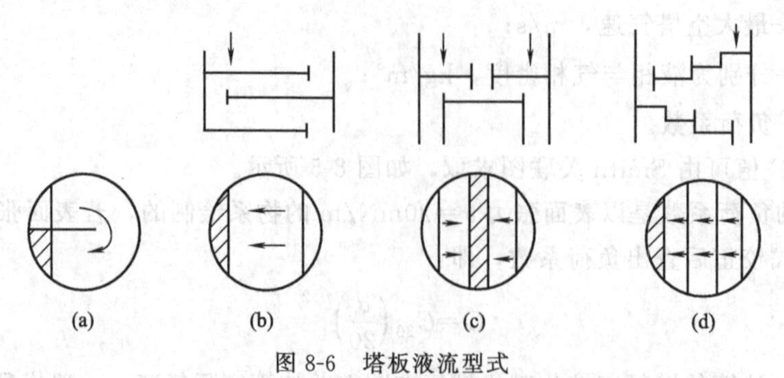

图 8-6　塔板液流型式

一般可根据初估塔径和液体流量，参考表 8-2 预选塔板的液流型式。

降液管有圆形与弓形两类，如图 8-7 所示。

表 8-2　选择液流型式参考表

塔径/mm	液体流量/(m^3/h)			
	U 形流型	单流型	双流型	阶梯流型
600	5 以下	5～25		
900	7 以下	7～50		
1000	7 以下	45 以下		
1400	9 以下	70 以下		
2000	11 以下	90 以下	90～160	
3000	11 以下	110 以下	110～200	200～300
4000	11 以下	110 以下	110～230	230～250
5000	11 以下	110 以下	110～250	250～400
6000	11 以下	110 以下	110～250	250～450
应用场合	用于较低液气比	一般应用	用于高液气比或大型塔板	用于极高液气比或极大型塔板

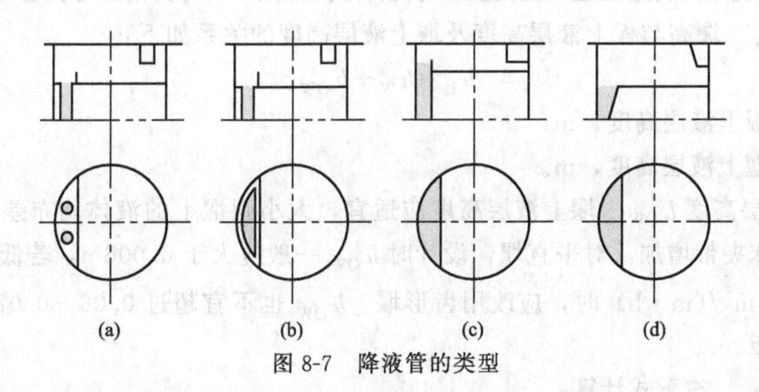

图 8-7　降液管的类型

图 8-7（a）为圆形降液管；图 8-7（b）为内弓形降液管，均适用于直径较小的塔板；图 8-7（c）为弓形降液管，它是由部分塔壁和一块平板围成的，由于它能充分利用内空间，提供较大降液面积及两相分离空间，普遍用于直径较大、负荷较大的塔板；图 8-7（d）为倾斜式弓形降液管，它既增大了分离空间又不过多占用塔板面积，故适用于大直径、大负荷的塔板。

下面参见塔板结构参数图（图 8-8），介绍单流型具有弓形降液管塔板的溢流装置设计。

（1）溢流堰（出口堰）　为维持塔板上一定高度的均匀流动的液层，一般采用平直溢流堰（出口堰）。

① 堰长 l_W　依据溢流型式及液体负荷决定堰长。单溢流型塔板堰长 l_W 一般取为 $(0.6～0.8)D$；双溢流型塔板，两侧堰长取为 $(0.5～0.7)D$，其中 D 为塔径。

堰长也可由溢流强度计算。溢流强度即通过单位堰长的液体流量，一般筛板及浮阀塔的堰上液流强度应为：

$$L_h/l_W \leqslant 100～130\text{m}^3/(\text{m}\cdot\text{h})$$

式中　l_W——溢流堰长，m；

L_h——液体流量，m^3/h。

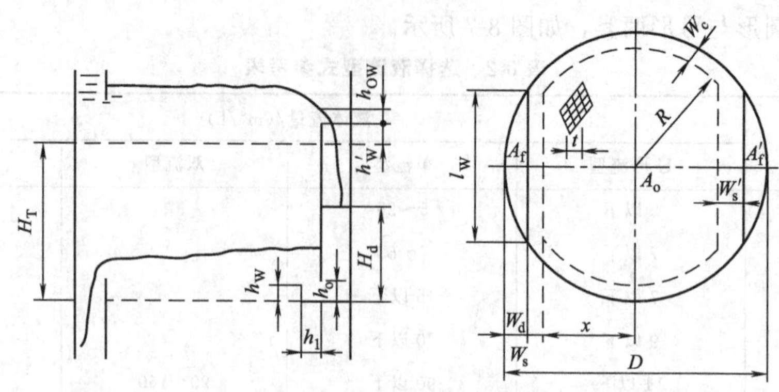

图 8-8 塔板结构参数

h_W—出口堰高，m；h_{OW}—堰上液层高度，m；h_o—降液管底隙高度，m；h_1—进口堰与降液管间的水平距离，m；h'_W—进口堰高，m；H_d—降液管中清液层高度，m；H_T—板距，m；l_W—堰长，m；W_d—弓形降液管宽度，m；W_s，W'_s—安定区宽度，m；W_c—无效周边宽度，m；D—塔径，m；R—开孔区半径，m；x—开孔区宽度的 1/2，m；t—同一横排的筛孔中心距，m

对少数液气比极大的过程堰上溢流强度可允许超此范围，有时为增加堰长也可增设辅助堰。

② 堰高 h_W 堰高与板上液层高度及堰上液层高度的关系如下：

$$h_L = h_W + h_{OW} \tag{8-24}$$

式中 h_L——板上液层高度，m；

h_{OW}——堰上液层高度，m。

③ 堰上液层高度 h_{OW} 堰上液层高度应适宜，太小则堰上的液体均布差，太大则塔板压降增大，雾沫夹带增加。对平直堰，设计时 h_{OW} 一般应大于 0.006m，若低于此值或液流强度 $L_h/l_W < 3m^3/(m \cdot h)$ 时，应改用齿形堰。h_{OW} 也不宜超过 0.06～0.07m，否则可改用双溢流型塔板。

平直堰的 h_{OW} 按下式计算：

$$h_{OW} = \frac{2.84}{1000} E \left(\frac{L_h}{l_W} \right)^{\frac{2}{3}} \tag{8-25}$$

式中 l_W——堰长，m；

L_h——塔内液体流量，m^3/h；

E——液流收缩系数，可根据图 8-9 查取。一般情况下可取 E 值为 1，所引起的误差不大。

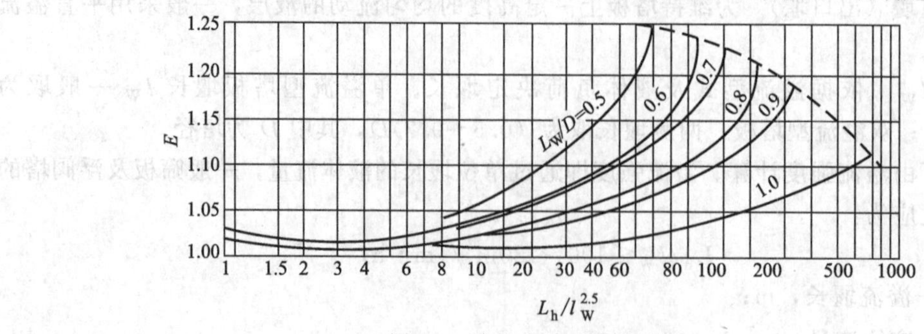

图 8-9 液流收缩系数计算图

齿形堰的 h_{OW} 可依下式计算：

如图 8-10 所示，堰上液层高度 h_{OW} 自齿底算起：

h_{OW} 不超过齿顶时　　$h_{OW}=1.17(L_S h_n/l_W)^{\frac{2}{5}}$　　(8-26)

h_{OW} 超过齿顶时　　$L_S=0.735\left(\dfrac{l_W}{h_n}\right)\left[h_{OW}^{\frac{2}{5}}-(h_{OW}-h_n)^{\frac{2}{5}}\right]$　　(8-27)

式中　L_S——液体流量，m^3/s；

h_n——齿深，m；一般情况下 h_n 可取为 0.015m。

由式（8-27）求 h_{OW} 需采用试差法计算。

一般筛板、浮阀塔板的板上液层高度在 0.05～0.1m 范围内选取。故依以上关系计算堰上液层高度 h_{OW} 后，可依下式确定堰高 h_W，即

$$0.05-h_{OW}\leqslant h_W\leqslant 0.10-h_{OW} \tag{8-28}$$

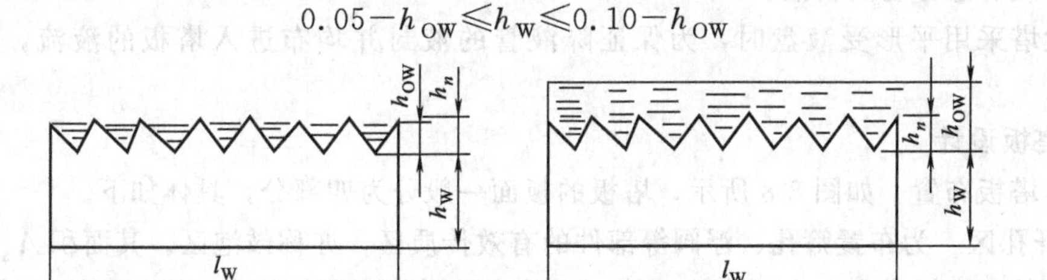

图 8-10　齿形堰 h_{OW} 示意图

在工业塔中，堰高一般为 0.04～0.05m，减压塔为 0.015～0.025m，高压塔为 0.04～0.08m，一般不宜超过 0.1m。

堰高还要考虑降液管底端的液封，一般应使堰高在降液管底端 0.006m 以上，大塔径相应增大此值。若堰高不能满足液封要求时，可设进口堰。

（2）降液管

① 降液管的宽度 W_d 与截面积 A_f　弓形降液管的宽度与截面积可根据堰长与塔径的比值 $\left(\dfrac{l_W}{D}\right)$，由图 8-11 查取。

降液管的截面积应保证溢流液中夹带的气泡得以分离，液体在降液管内的停留时间一般等于或大于 3～5s，对低发泡系统可取低值，对高发泡系统及高压操作的塔，停留时间应加长些。

故在求得降液管的截面积之后，应按下式验算液体在降液管内的停留时间，即

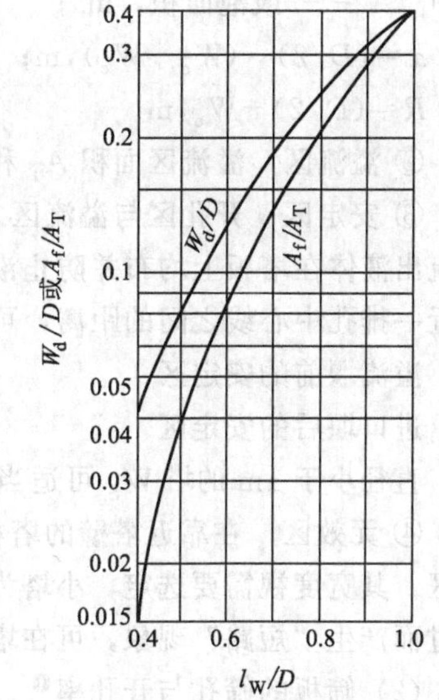

图 8-11　弓形降液管的宽度与面积

$$\tau=\frac{A_f H_T}{L_S} \tag{8-29}$$

式中　τ——液体在降液管中的停留时间，s；

A_f——降液管的截面积，m^2。

② 降液管底隙高度 h_o　降液管底隙高度即降液管下端与塔板间的距离，以 h_o 表示。为保证良好的液封，又不致使流体阻力太大，一般取为：

$$h_o = h_W - (0.006 \sim 0.012)\text{m}$$

h_o 也可按下式计算：

$$h_o = \frac{L_S}{l_W u'_o} \tag{8-30}$$

式中　u'_o——液体通过降液管底隙 h_o 的流速，m/s。

一般 u'_o=0.07～0.25m/s，不宜超过 0.4m/s。

h_o 也不宜小于 0.02～0.025m，以免引起堵塞。

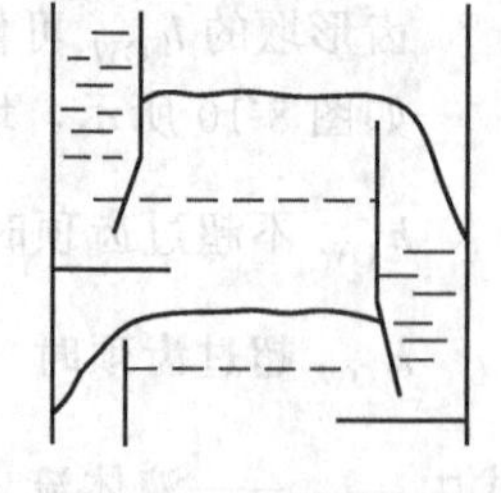

图 8-12　凹形受液盘

(3) 受液盘及进口堰　一般情况多采用平形受液盘，有时为使液体进入塔板时平稳并防止塔板液流进口处头几排筛孔因冲击而漏液，对直径为 800mm 以上的塔板，也推荐使用凹形受液盘，如图 8-12 所示，此结构也便于液体侧线抽出，但不宜用于易聚合或有悬浮物的料液。

当大塔采用平形受液盘时，为保证降液管的液封并均布进入塔板的液流，也可设进口堰。

4. 塔板设计

(1) 塔板布置　如图 8-8 所示，塔板的板面一般分为四部分，具体如下。

① 开孔区　为布置筛孔、浮阀等部件的有效传质区，亦称鼓泡区。其面积 A_a 可以在布置板面上的开孔后求得，也可直接计算。对垂直弓形降液管的单流型塔板可按下式计算，即

$$A_a = 2\left[x\sqrt{R^2 - x^2} + \frac{\pi}{180}R^2 \sin^{-1}(x/R)\right] \tag{8-31}$$

式中　A_a——鼓泡面积，m²；

$x = (D/2) - (W_d + W_c)$，m；

$R = (D/2) - W_c$，m。

② 溢流区　溢流区面积 A_f 和 A'_f 分别为降液管和受液盘所占面积。

③ 安定区　开孔区与溢流区之间的不开孔区域为安定区（破沫区），其作用为使自降液管流出液体在塔板上均布并防止液体夹带大量泡沫进入降液管。其宽度 W_S（W'_S）指堰与它最近一排孔中心线之间的距离，可参考下列经验值选定：

溢流堰前的安定区　　W_S=70～100mm

进口堰后的安定区　　W'_S=50～100mm

直径小于 1m 的塔 W_S 可适当减小。

④ 无效区　在靠近塔壁的塔板部分需留出一圈边缘区域供支撑塔板的边梁之用，称无效区。其宽度视需要选定，小塔为 30～50mm，大塔可达 50～75mm。为防止液体经边缘区流过而产生“短路”现象，可在塔板上沿塔壁设置旁流挡板。

(2) 筛板的筛孔与开孔率[1]

① 孔径 d_0　筛孔的孔径 d_0 的选取与塔的操作性能要求、物质性质、塔板厚度、材质及加工费用等有关，一般认为，表面张力为正系统的物系易起泡沫，可采用 d_0 为 3～8mm（常用 4～6mm）的小孔径筛板，属鼓泡型操作；表面张力为负系统的物系易堵，可采用 d_0 为 10～25mm 的大孔径筛板，其造价低，不易堵塞，属喷射型操作。

② 筛板厚度 δ

[1] 带有降液管的板式塔设计原则与步骤大同小异，本书介绍筛板设计，有关浮阀塔板设计参见化工原理教材。

一般碳钢　　　　　　$\delta=3\sim4$mm 或 $\delta=(0.4\sim0.8)d_0$

不锈钢　　　　　　　$\delta=2\sim5$mm 或 $\delta=(0.5\sim0.7)d_0$

③ 孔心距 t　筛孔在筛板上一般按正三角形排列，其孔心距 $t=(2.5\sim5)d_0$，常取 $t=(3\sim4)d_0$。

t/d_0 过小易形成气流相互扰动，过大则鼓泡不均匀，影响塔板的传质效率。

④ 开孔率 φ　筛板上筛孔总面积与开孔区面积之比称为开孔率 φ。筛孔按正三角形排列时可按下式计算：

$$\varphi=\frac{A_o}{A_a}=\frac{0.907}{(t/d_0)^2} \tag{8-32}$$

式中　A_o——筛板上筛孔的总面积，m^2；

A_a——筛板上开孔区的总面积，m^2。

一般，开孔率大，塔板压降低，雾沫夹带量少，但操作弹性小，漏液量大，板效率低。通常开孔率为 5%～15%。

⑤ 筛孔 n　筛板上的筛孔数按下式计算：

$$n=\left(\frac{1158\times10^3}{t^2}\right)A_a \tag{8-33}$$

式中　t——孔心距，mm。

孔数确定后，在塔板开孔区内布筛孔，若布孔数较多可在适当位置堵孔。

应予注意，若塔内上、下段负荷变化较大时，应根据流体力学验算情况，分段改变筛孔数以提高全塔的操作稳定性。

5. 筛板的流体力学验算

塔板流体力学验算的目的是为检验以上初算塔径及各项工艺尺寸的计算是否合理，塔板能否正常操作。验算项目如下。

(1) 塔板压降 Δp_P　气体通过筛板的压降 Δp_P 以相当的液柱高度表示时可由下式计算，即

$$h_P=h_C+h_L+h_\sigma \tag{8-34}$$

式中　h_P——气体通过每层塔板压降相当的液柱高度，m；

h_C——气体通过筛板的干板压降相当的液柱高度，m；

h_L——气体通过板上液层的压降相当的液柱高度，m；

h_σ——克服液体表面张力的压降相当的液柱高度，m。

① 干板阻力 h_C　一般可按以下简化式计算，即

$$h_C=0.051\left(\frac{u_o}{C_o}\right)^2\left(\frac{\rho_V}{\rho_L}\right) \tag{8-35}$$

式中　u_o——筛孔气速，m/s；

C_o——流量系数，其值对干板的影响较大。求取 C_o 的方法有多种，一般推荐采用图 8-13 所示的关系。

若孔径 $d_o\geqslant10$mm 时，C_o 应乘以修正系数 β，即

$$h_C=0.051\left(\frac{u_o}{\beta C_o}\right)^2\left(\frac{\rho_V}{\rho_L}\right) \tag{8-36}$$

式中　β——干筛孔流量系数的修正系数，一般取值为 1.15。

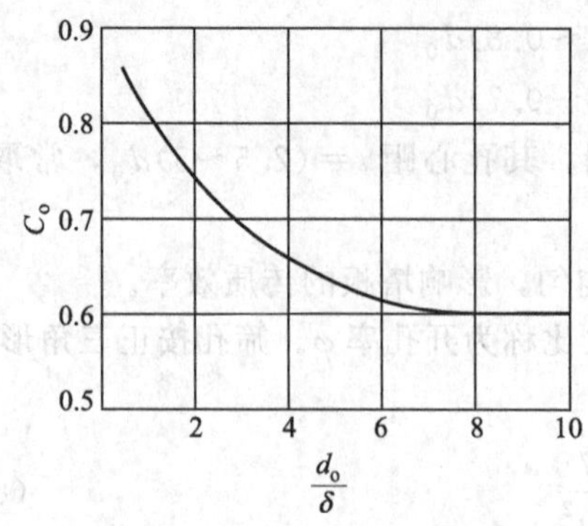

图 8-13 干筛孔的流量系数

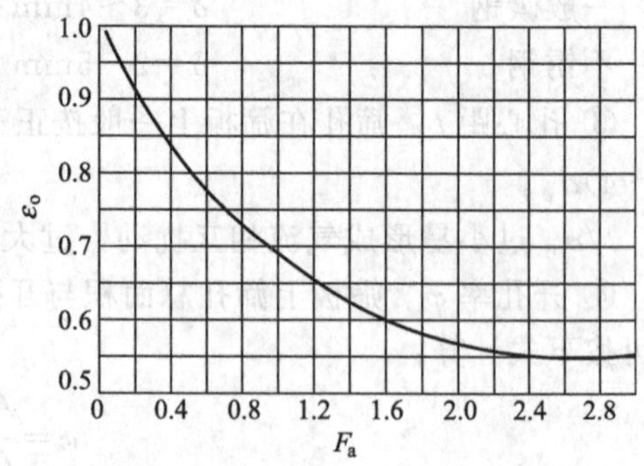

图 8-14 充气系数 ε_o 与 F_a 的关联图

② 气体通过液层的阻力 h_1

$$h_1=\varepsilon_o h_L=\varepsilon_o(h_W+h_{OW}) \tag{8-37}$$

图 8-14 中，ε_o 为充气系数，反映板上液层的充气程度，其值由图 8-14 查取，一般可近似取 ε_o 值为 0.5～0.6；F_a 为气相动能因数，

$$F_a=u_a\sqrt{\rho_V} \tag{8-38}$$

式中 u_a——按有效流通面积计算的气速，m/s，对单流型塔板，u_a 依下式计算，即

$$u_a=\frac{V_S}{A_T-A_f} \tag{8-39}$$

式中 A_T，A_f——分别为全塔、降液管的截面积，m^2。

③ 液体表面张力的阻力 h_σ

$$h_\sigma=\frac{4\sigma}{\rho_L g d_o} \tag{8-40}$$

式中 σ ——液体的表面张力，N/m。

气体通过筛板的压降计算值（$\Delta p_P=h_p\rho_L g$）应低于设计允许值。

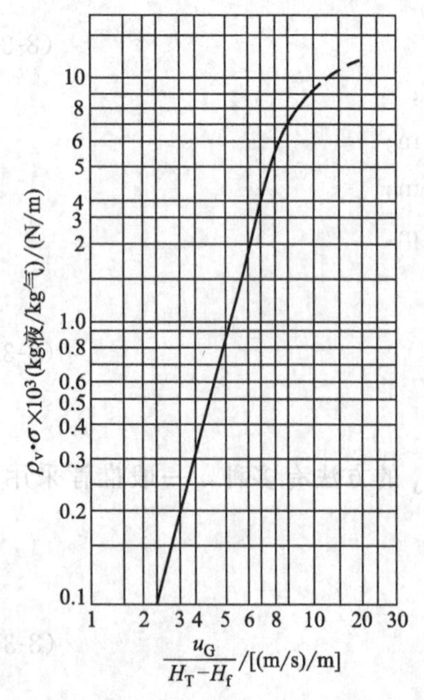

图 8-15 雾沫夹带量 l_V（kg 液/kg 气）

（2）雾沫夹带量 e_V（kg 液/kg 气） 雾沫夹带指气流穿过板上液层时夹带雾滴进入上层塔板上的现象，它影响塔板分离效率，为保持一定的塔板效率，应控制雾沫夹带量 $e_V<0.1$kg 液/kg 气。

计算雾沫夹带量的方法很多，推荐采用 Hunt 的经验式，如下式所示：

$$e_V=\frac{5.7\times10^{-6}}{\sigma}\left(\frac{u_a}{H_T-h_f}\right)^{3.2} \tag{8-41}$$

式中 h_f——塔板上鼓泡层高度，可按泡沫层相对密度为 0.4 考虑，即

$$h_f=(h_L/0.4)=2.5h_L$$

式（8-41）也可用图 8-15 求解，适用于 $\frac{u_a}{H_T-h_f}<12$ 的情况。

（3）漏液点气速 u_{OW} 当气速逐渐减小至某值时，塔板将发生明显的漏液现象，该气速称为漏液点气速

u_{OW}。若气速继续降低，更严重的漏液将使筛板不能积液而破坏正常操作，故漏液点为筛板的下限气速。

漏液点气速常依下式计算，即

$$u_{OW}=4.4C_o\sqrt{(0.0056+0.13h_L-h_\sigma)\rho_L/\rho_V} \tag{8-42}$$

当 h_L<30mm 或筛孔较小（d_0<3mm）时，用下式计算较宜：

$$u_{OW}=4.4C_o\sqrt{(0.01+0.13h_L-h_\sigma)\rho_L/\rho_V} \tag{8-43}$$

为使筛板具有足够的操作弹性，应保持一定范围的稳定性系数 K，即

$$K=\frac{u_o}{u_{OW}}>1.5\sim2.0$$

式中　u_o——筛孔气速，m/s；

u_{OW}——漏液点气速，m/s。

若稳定性系数偏低，可适当减小塔板开孔率 φ 或降低堰高 h_W，前者影响较大。

（4）液泛（淹塔）　降液管内的清液层高度 H_d 用于克服塔板阻力、板上液层的阻力和液体流过降液管的阻力等。若忽略塔板的液面落差，则可用下式表达：

$$H_d=h_P+h_L+h_d \tag{8-44}$$

式中　h_d——液体流过降液管的压强降相当的液柱高度，m。

若塔板上不设进口堰，h_d 可按如下经验式计算，即

$$h_d=0.153\left(\frac{L_S}{l_W h_o}\right)^2=0.153(u'_o)^2 \tag{8-45}$$

式中　u'_o——液体通过降液管底隙时的流速，m/s。

为防止液泛，降液管内的清液层高度 H_d 应为：

$$H_d\leqslant\Phi(H_T+h_W) \tag{8-46}$$

或

$$(H_d/\Phi)-h_W\leqslant H_T \tag{8-47}$$

式中　Φ——是考虑降液管内充气及操作安全的校正系数，对一般物系 Φ 取 0.5，易起泡物系 Φ 取 0.3～0.4，不易发泡物系 Φ 取 0.6～0.7。

塔板经以上各项流体力学验算合格后，还需绘出塔板的负荷性能图。

6. 塔板负荷性能图

对各项结构参数已定的筛板，须将气液负荷限制在一定范围内，以维持塔板的正常操作。可用气液相负荷关系线（即 V_S-L_S 线）表达允许的气液负荷波动范围，这种关系线即为塔板负荷性能图。

对有溢流的塔板，可用下列界限曲线表达负荷性能图，如图 8-16 所示。

（1）雾沫夹带线　如图 8-16 中线（1）。

取极限值 e_V＝0.1kg 液/kg 气，由式（8-41）标绘 V_S-L_S 线作出。

（2）液泛线　如图 8-16 中线（2）。

根据降液管内液层最高允许高度，联立式（8-34）、式（8-44）、式（8-45）、式（8-46）作出此线。

（3）液相上限线　如图 8-16 中线（3）。

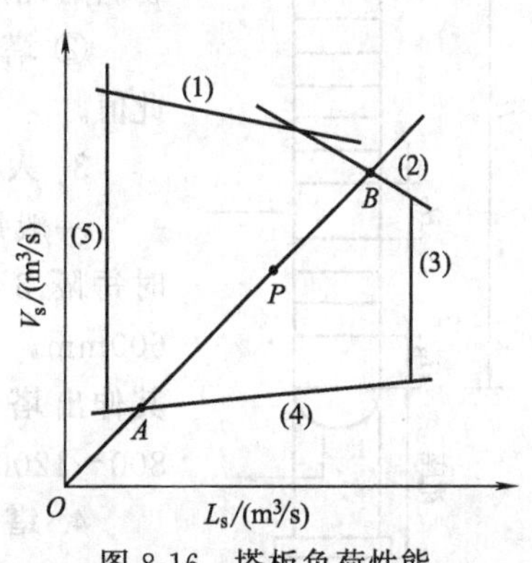

图 8-16　塔板负荷性能

取液相在降液管内停留时间最低允许值（3～5s），计算出最大液相负荷 $L_{S,max}$（为常数），作出此线，即

$$L_{S,max}=\frac{A_f H_T}{(3\sim5)}$$

（4）漏液线　如图 8-16 中线（4）。

由式（8-42）或式（8-43）标绘对应的 V_S-L_S 作出。

（5）液相负荷下限线　如图 8-16 中线（5）。

取堰上液层高度最小允许值（$h_{OW}=0.006$m），平堰由下式计算：

$$0.006=h_{OW}=12.84\times10^{-3}E\left(\frac{3600L_{S,min}}{l_W}\right)^{\frac{2}{3}}$$

由此求得最小液相负荷 $L_{S,max}$ 为常数作出。

（6）塔的操作弹性　在塔的操作液气比下，如图 8-16 所示，操作线 OAB 与界限曲线交点的气相最大负荷 $V_{S,max}$ 与气相允许最低负荷 $V_{S,min}$ 之比，称为操作弹性，即

$$操作弹性=\frac{V_{S,max}}{V_{S,min}}$$

设计塔板时，可适当用调整塔板结构参数使操作点 P 在图中处于适中位置，以提高塔的操作弹性。

第三节　板式塔的结构与附属设备

一、塔体结构

板式塔内部装有塔板、降液管、各物流的进出口管及人孔（手孔）、基座、除沫器等附属装置。除一般塔板按设计板间距安装外，其他处根据需要决定其间距。

1. 塔顶空间

塔顶空间指塔内最上层塔板与塔顶的间距。为利于出塔气体夹带的液滴沉降，此段远高于板间距（甚至高出一倍以上），或根据除沫器要求高度决定。

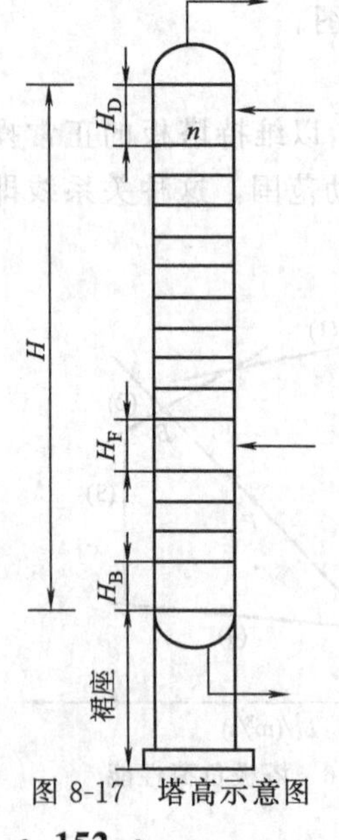

图 8-17　塔高示意图

2. 塔底空间

塔底空间指塔内最下层塔底间距。其值由如下两个因素决定。

① 塔底贮液空间依贮存液量停留 3～5min 或更长时间（易结焦物料可缩短停留时间）而定。

② 塔底液面至最下层塔板之间要有 1～2m 的间距，大塔可大于此值。

3. 人孔

一般每隔 6～8 层塔板设一人孔（安装、检修用），需经常清洗时每隔 3～4 块塔板处设一人孔。设人孔处的板间距等于或大于 600mm，人孔直径一般为 450～500mm（特殊的也有长方形人孔），其伸出塔体的筒体长为 200～250mm，人孔中心距操作平台约 800～1200mm。

4. 塔高

如图（8-17）所示。

$$H=(n-n_F-n_P-1)H_T+n_F H_F+n_P H_P+H_D+H_B \quad (8\text{-}48)$$

式中　H——塔高（不包括封头、裙座），m；

n——实际塔板数；

n_F——进料板数；

H_F——进料板处板间距，m；

n_P——人孔数；

H_P——设人孔处的板间距（图中未示出），m；

H_D——塔顶空间（不包括封头盖部分），m；

H_B——塔底空间（不包括封底盖部分），m。

二、塔板结构

塔板按结构特点，大致可分为整块式和分块式两类塔板。塔径为 300～900mm 时，一般采用整块式，塔径超过 800～900mm 时，由于刚度、安装、检修等要求，多将塔板分成数块通过人孔送入塔内。对塔径为 800～2400mm 的单流型塔板，分块数如表 8-3 所列。

表 8-3　塔板分块数

塔径/mm	800～1200	1400～1600	1800～2000	2200～2400
塔板分块数	3	4	5	6

三、精馏塔的附属设备

精馏塔的附属设备包括蒸气冷凝器、产品冷却器、再沸器（蒸馏釜）或直接蒸汽鼓泡管、原料预热器、塔的连接管、高位槽及泵等，可根据化工原理教材或化工手册进行选型与设计，以下着重介绍再沸器（蒸馏釜）和冷凝器的形式和特点。加热蒸汽及冷却剂耗用量及其传热面积通过热量衡算和传热计算求解，此处从略。

1. 再沸器（蒸馏釜）

该装置是用于加热塔底料液使之部分气化提供蒸馏过程所需热量的热交换设备，常有以下几种。

(1) 内置式再沸器（蒸馏釜）　直接将加热装置设于塔底部，可采用夹套、蛇管或列管式加热器。其装料系数依物系起泡倾向取 60%～80%。

图 8-18 (a) 所示为是小型蒸馏塔常用的内置式再沸器（蒸馏釜）。

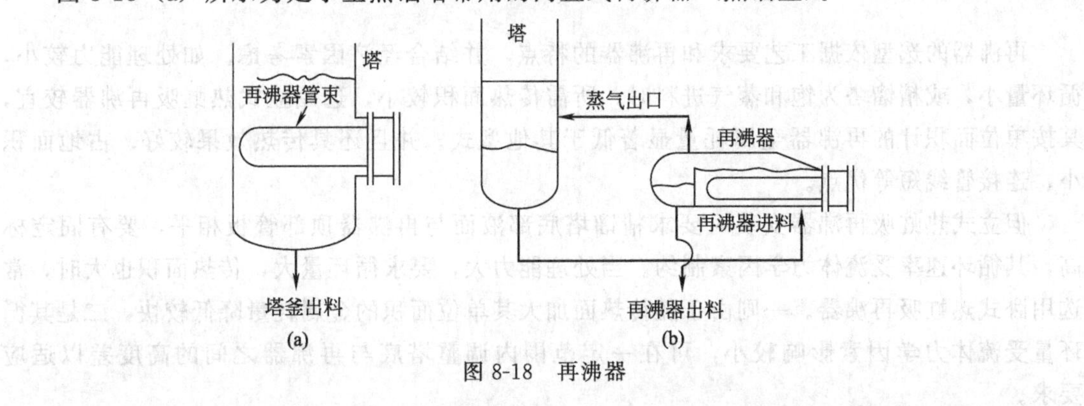

图 8-18　再沸器

(2) 釜式（罐式）再沸器　对直径较大的塔，一般将再沸器置于塔外，如图 8-18 (b)

所示。其管束可抽出，为保证管束浸于沸腾液中，管速末端设溢流堰，堰外空间为出料液的缓冲区。其液面以上空间为气液分离空间。

(3) 虹吸式再沸器　利用热虹吸原理，即再沸器内液体被加热部分汽化后，气液混合物密度小于塔内液体密度，使再沸器与塔间产生静压差，促使塔底液体被“虹吸”进入再沸器，在再沸器内汽化后返回塔，因而不必用泵便可使塔底液体循环。

热虹吸再沸器有立式热虹吸再沸器，如图 8-19 (a) 所示，卧式热虹吸再沸器，如图 8-19 (b)、图 8-19 (c) 所示。

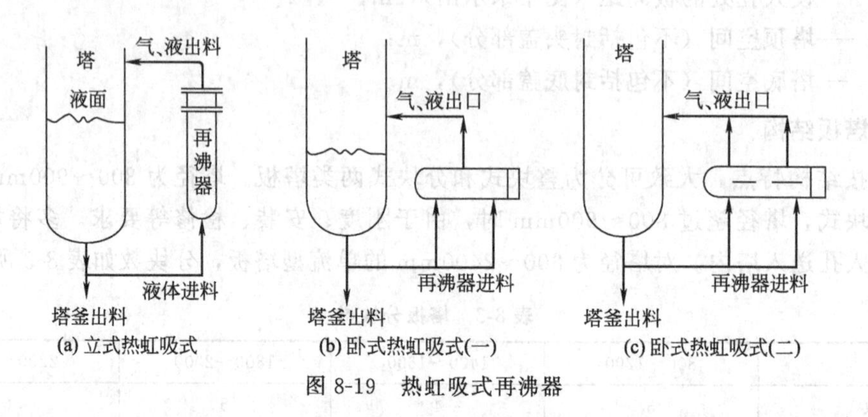

图 8-19　热虹吸式再沸器

(4) 强制循环式再沸器　对高黏度液体或热敏性物料宜用泵强制循环式再沸器，因其流速大，停留时间短，便于控制和调节液体循环量，如图 8-20 所示。

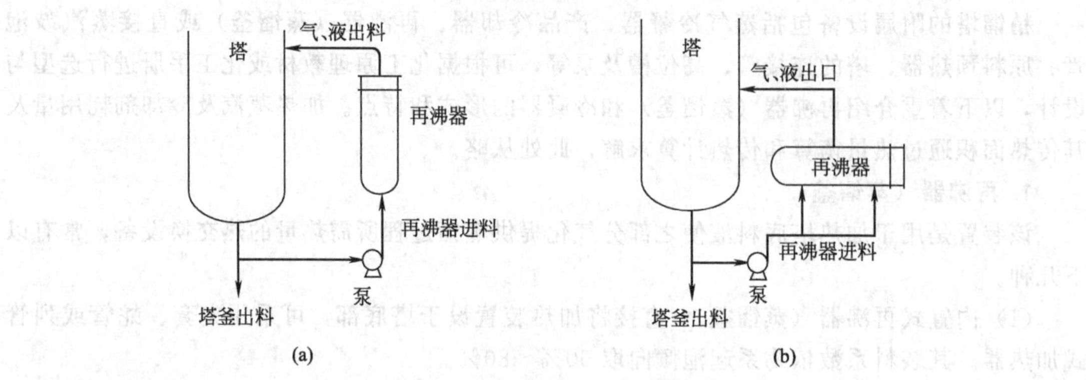

图 8-20　强制循环式再沸器

再沸器的选型依据工艺要求和再沸器的特点，并结合经济因素考虑。如处理能力较小，循环量小，或精馏塔为饱和蒸气进料时，所需传热面积较小，选用立式热虹吸再沸器较宜，其按单位面积计的再沸器金属耗量显著低于其他型式。并且还具传热效果较好、占地面积小、连接管线短等优点。

但立式热虹吸再沸器安装时要求精馏塔底部液面与再沸器顶部管板相平，要有固定标高，其循环速率受流体力学因素制约。当处理能力大，要求循环量大，传热面积也大时，常选用卧式热虹吸再沸器。一则由于随传热面加大其单位面积的金属耗量降低较快，二是其循环量受流体力学因素影响较小，可在一定范围内调整塔底与再沸器之间的高度差以适应要求。

热虹吸式再沸器的气化率不能大于 40%，否则传热不良，且因加热管不能充分润湿而易结垢，由于料液在再沸器中滞留时间较短也难以提高气化率。

若要求有较高气化率，宜采用罐式再沸器，其气化率可达80%。此外，对于某些塔底物料需分批移除的塔或间歇精馏塔，因操作范围变化大，也宜采用罐式再沸器。

仅在塔底物料黏度很高，或易受热分解而结垢等特殊情况下，才考虑采用泵强制循环式再沸器。

再沸器的传热面积是决定塔操作弹性的主要因素之一，故估算其传热面积时，安全系数要适当选大一些，以防塔底蒸发量不足影响操作。

2. 塔顶回流冷凝器

塔顶回流冷凝器通常采用管壳式换热器，有卧式、立式、管内或管外冷凝等形式。按冷凝与塔的相对位置区分，有以下几类。

(1) 整体式及自流式　对小型塔，冷凝器一般置于塔顶，凝液借重力回流入塔。如图8-21 (a)、图8-21 (b) 所示，其优点之一是蒸气压降较小，可借改变气升管或塔板位置调节位差以保证回流与采出所需的压头，可用于凝液难以用泵输送或泵送有危险的场合；优点之二是节省安装面积。常用于减压蒸馏或传热面积较小（例如$50m^2$以下）的情况。缺点是塔顶结构复杂，维修不便。

图8-21 (c) 所示为自流式冷凝器，即将冷凝器置于塔顶附近的台架上，靠改变台架高度获得回流和采出所需的位差。

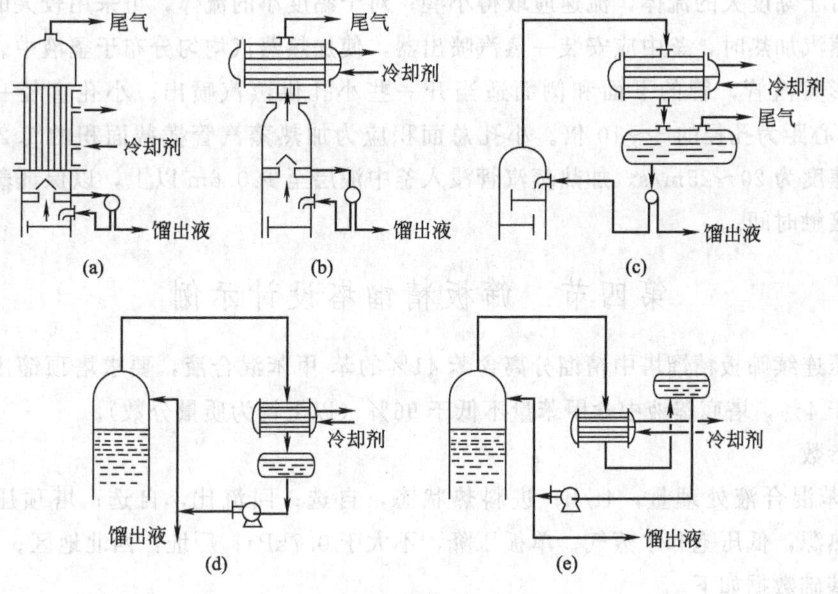

图8-21　塔顶回流冷凝器

(2) 强制循环式　当塔的处理量很大或塔板数很多时，若回流冷凝器置于塔顶将造成安装、检修等诸多不便，且造价高。可将冷凝器置于塔下部适当位置，用泵向塔顶送回流，在冷凝器和泵之间需设回流罐，即为强制循环式。如图8-21 (d) 所示为冷凝器置于回流罐之上，回流罐的位置应保证其中液面与泵入口间之位差大于泵的气蚀余量，若罐内液温接近沸点时，应使罐内液面比泵入口高出3m以上。图8-21 (e) 所示为将回流罐置于冷凝器的上部，冷凝器置于地面，凝液借压差流入回流罐中，这样可减少台架，且便于维修，主要用于常压或加压蒸馏。

3. 塔主要接管尺寸计算

接管尺寸由管内蒸气速度及体积流量决定。各接管允许的蒸气速度分别介绍如下。

(1) 塔顶蒸气出口管径　各种操作压强下蒸气管中的许可速度如表 8-4 所列。

表 8-4　管内蒸气许可速度

操作压强(绝压)	蒸气流速/(m/s)	操作压强(绝压)	蒸气流速/(m/s)
常压	12～20	6.7kPa 以上	45～60
13.3～6.7kPa	30～45		

(2) 回流液管径　借重力回流时，回流液速度一般为 0.2～0.5m/s；用泵输送回流液时，速度为 1～2.5m/s。

(3) 加料管径　料液由高位槽流入塔内时，速度可取为 0.4～0.8m/s；泵送料液入塔时，速度取为 1.5～2.5m/s。

(4) 料液排出管径　塔釜液出塔的速度一般可取 0.5～1.0m/s。

(5) 饱和水蒸气管径　表压为 295kPa 以下时，速度取 20～40m/s；表压为 785kPa 以下时，速度取 40～60m/s；表压为 2950kPa 以上时，速度取 80m/s。

4. 蒸汽喷出器

一般对于黏度大的流体，流速应取得小些；对于黏度小的流体，可采用较大的流速。塔采用直接蒸汽加热时，釜中应安装一蒸汽喷出器，使加热蒸汽均匀分布于釜液中。其结构一般为一环形蒸汽管，管的下面和侧面适当开一些小孔供蒸汽喷出。小孔直径一般为 3～10mm，孔心距为孔径的 5～10 倍。小孔总面积应为加热蒸汽管横截面积的 1.2～1.5 倍，管内蒸汽速度为 20～25m/s。加热蒸汽管浸入釜中液层至少 0.6m 以上，以保证蒸汽与溶液有足够的接触时间。

第四节　筛板精馏塔设计示例

在常压连续筛板精馏塔中精馏分离含苯 41%的苯-甲苯混合液，要求塔顶馏出液中含甲苯量不大于 4%，塔底釜液中含甲苯量不低于 96%（以上均为质量分数）。

已知参数：

苯-甲苯混合液处理量，4t/h；进料热状态，自选；回流比，自选；塔顶压强，4kPa（表压）；热源，低压饱和水蒸气；单板压降，不大于 0.7kPa；厂址：西北地区。

主要基础数据如下。

(1) 苯和甲苯的物理性质　见表 8-5。

表 8-5　苯和甲苯的物理性质

项目	分子式	摩尔质量 M/(kg/kmol)	沸点/℃	临界温度 t_C/℃	临界压强 p_C/kPa
苯	C_6H_6	78.11	80.1	288.5	6833.4
甲苯	$C_6H_5—CH_3$	92.13	110.6	318.57	4107.7

(2) 常压下苯-甲苯的气液平衡数据　见表 8-6。

(3) 饱和蒸气压 p°　苯、甲苯的饱和蒸气压可用 Antoine 方程求算，即

$$\lg p^{\circ}=A-\frac{B}{t+C} \tag{8-49}$$

式中　t——物系温度，℃；

p°——饱和蒸气压，kPa；

A，B，C——Antoine 常数，其值见表 8-7。

表 8-6　常压下苯-甲苯的气液平衡数据

温度 t/℃	液相中苯的摩尔分数/x	气相中苯的摩尔分数/y
110.56	0.00	0.00
109.91	1.00	2.50
108.79	3.00	7.11
107.61	5.00	11.2
105.05	10.0	20.8
102.79	15.0	29.4
100.75	20.0	37.2
98.84	25.0	44.2
97.13	30.0	50.7
95.58	35.0	56.6
94.09	40.0	61.9
92.69	45.0	66.7
91.40	50.0	71.3
90.11	55.0	75.5
80.80	60.0	79.1
87.63	65.0	82.5
86.52	70.0	85.7
85.44	75.0	88.5
84.40	80.0	91.2
83.33	85.0	93.6
82.25	90.0	95.9
81.11	95.0	98.0
80.66	97.0	98.8
80.21	99.0	99.61
80.01	100.0	100.0

表 8-7　Antoine 常数值

组分	A	B	C
苯	6.023	1206.35	220.24
甲苯	6.078	1343.94	219.58

(4) 苯与甲苯的液相密度 ρ_L 见表 8-8。

表 8-8　苯与甲苯的液相密度

温度 t/℃	80	90	100	110	120
$\rho_{L,苯}/(kg/m^3)$	815	803.9	792.5	780.3	768.9
$\rho_{L,甲苯}/(kg/m^3)$	810	800.2	790.3	780.3	770.9

（5）液体表面张力σ 见表 8-9。

表 8-9 液体表面张力

温度 t/℃	80	90	100	110	120
$\sigma_{苯}$/(mN/m)	21.27	20.06	18.85	17.66	16.49
$\sigma_{甲苯}$/(mN/m)	21.69	20.59	19.94	18.41	17.31

（6）液体黏度μ_L 见表 8-10。

表 8-10 液体黏度

温度 t/℃	80	90	100	110	120
$\mu_{L,苯}$/(mPa·s)	0.308	0.279	0.255	0.233	0.215
$\mu_{L,甲苯}$/(mPa·s)	0.311	0.286	0.264	0.254	0.228

（7）液体汽化热γ 见表 8-11。

表 8-11 液体汽化热

温度 t/℃	80	90	100	110	120
$\gamma_{苯}$/(kJ/kg)	394.1	386.9	379.3	371.5	363.2
$\gamma_{甲苯}$/(kJ/kg)	379.9	373.8	367.6	361.2	354.6

试设计筛板精馏塔并选择原料预热器、塔顶冷凝器及塔釜再沸器等附属设备，计算塔的主要接管尺寸。

【设计计算】

一、精馏流程的确定

苯-甲苯混合料液经原料预热器加热至泡点后，送入精馏塔。塔顶上升蒸气采用全凝器冷凝后，一部分作为回流，其余为塔顶产品经冷却后送至贮槽。塔釜采用间接蒸汽再沸器供热，塔底产品经冷却后送入贮槽。流程图从略。

二、塔的物料计算

（1）料液及塔顶、塔底产品含苯摩尔分数

$$x_F=\frac{41/78.11}{41/78.11+59/92.13}=0.45$$

$$x_D=\frac{96/78.11}{96/78.11+4/92.13}=0.966$$

$$x_W=\frac{1/78.11}{1/78.11+99/92.13}=0.0118$$

（2）平均摩尔质量

$$M_F=0.45\times78.11+(1-0.45)92.13=85.82\ (\text{kg/kmol})$$

$$M_D=0.966\times78.11+(1-0.966)92.13=78.59\ (\text{kg/kmol})$$

$$M_W=0.0118\times78.11+(1-0.0118)92.13=91.79\ (\text{kg/kmol})$$

（3）物料衡算

总物料衡算　　　　$D'+W'=4000$

易挥发组分物料衡算　　　　$0.96D'+0.01W'=0.41\times4000$

联立以上两式得：

$F'=4000$ (kg/h)　　　$F=4000/85.82=46.61$ (kmol/h)

$D'=1684.2$ (kg/h)　　$D=1684.2/78.59=21.43$ (kmol/h)

$W'=2315.8$ (kg/h)　　$W=2315.8/91.79=25.18$ (kmol/h)

三、塔板数的确定

(1) 理论塔板数 N_T 的求取　苯-甲苯属理想物系，可采用 $M.T.$ 图解法求 N_T。

① 根据苯-甲苯的气液平衡数据作 y-x 图及 t-x-y 图，如图 8-22 及图 8-23 所示。

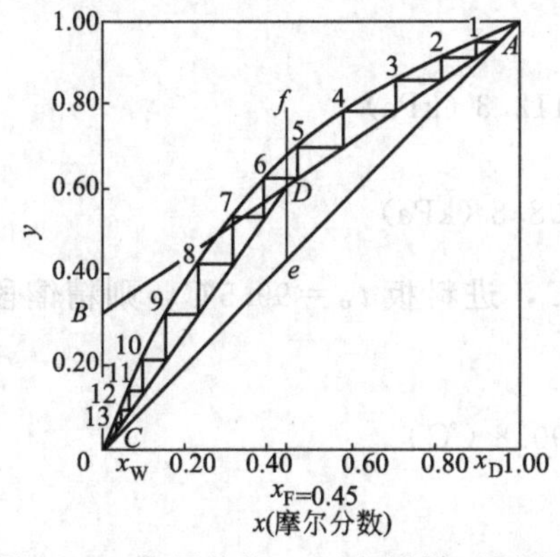

图 8-22　苯-甲苯的 y-x 图及图解理论板

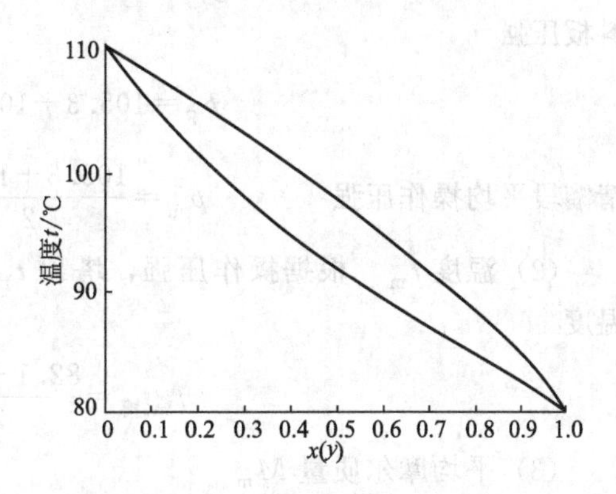

图 8-23　苯-甲苯的 t-x-y 图

② 求最小回流比 R_{min} 及操作回流比 R。因泡点进料，在图 8-22 中对角线上自点 e (0.45，0.45) 作垂线即为进料线 (q 线)，该线与平衡线的交点坐标为 $y_q=0.667$，$x_q=0.45$，此即最小回流时操作线与平衡线的交点坐标。依最小回流比计算式：

$$R_{min}=\frac{x_D-y_q}{y_q-x_q}=\frac{0.966-0.667}{0.667-0.45}=1.38$$

取操作回流比　$R=2R_{min}=2\times1.38=2.76$

③ 求理论板数 N_T，依式 (8-6) 精馏段操作线为：

$$y=\frac{R}{R+1}x+\frac{x_D}{R+1}$$

$$=\frac{2.76}{2.76+1}x+\frac{0.966}{2.76+1}=0.734x+0.257$$

如图 8-22 所示，按常规 $M.T.$ 作图法解得：

$N_T=(13.5-1)$ 层 (不包括釜)。其中精馏段理论板数为 5 层，提馏段为 7.5 层 (不包括釜)，第 6 层为加料板。

(2) 全塔效率 E_T

依式 (8-18)　　　　$E_T=0.17-0.616\lg\mu_m$

根据塔顶、塔底液相组成查图 8-23，求得塔平均温度为 95.15℃，该温度下进料液相平均黏度为：

$$\mu_m=0.45\mu_{苯}+(1-0.45)\mu_{甲苯}$$
$$=0.45\times0.267+(1-0.45)0.275=0.271\ (\text{mPa}\cdot\text{s})$$

故　　　　$E_T=0.17-0.616\lg0.271=0.519\approx52\%$

(3) 实际塔板数 N

精馏段 $N_{精}=5/0.52=9.6$，取 10 层

提馏段 $N_{提}=7.5/0.52=14.42$，取 15 层[1]

四、塔的工艺条件及物性数据计算

以精馏段为例进行计算。

(1) 压强 塔顶压强 $p_D=4+101.3=105.3\text{kPa}$，取每层塔板压降 $\Delta p=0.7\text{kPa}$，则进料板压强

$$p_F=105.3+10\times0.7=112.3\ (\text{kPa})$$

精馏段平均操作压强 $$p_m=\frac{105.3+112.3}{2}=108.8\ (\text{kPa})$$

(2) 温度 t_m 根据操作压强，塔顶 $t_D=82.1℃$，进料板 $t_F=99.5℃$，则精馏段平均温度

$$t_{m,精}=\frac{82.1+99.5}{2}=90.8\ (℃)$$

(3) 平均摩尔质量 M_m

塔顶 $$x_D=y_1=0.966\quad x_1=0.916$$

$$M_{VDm}=0.966\times78.11+(1-0.966)92.13=78.59\ (\text{kg/kmol})$$

$$M_{LDm}=0.916\times78.11+(1-0.916)92.13=79.29\ (\text{kg/kmol})$$

进料板 $$y_F=0.604\quad x_F=0.388$$

$$M_{VFm}=0.604\times78.11+(1-0.604)92.13=83.66\ (\text{kg/kmol})$$

$$M_{LFm}=0.388\times78.11+(1-0.388)92.13=86.69\ (\text{kg/kmol})$$

则精馏段平均摩尔质量：

$$M_{Vm,精}=\frac{78.59+83.66}{2}=81.3\ (\text{kg/kmol})$$

$$M_{Lm,精}=\frac{79.29+86.69}{2}=82.99\ (\text{kg/kmol})$$

(4) 平均密度 ρ_m

① 液相密度 ρ_{Lm}

依下式 $1/\rho_{Lm}=a_A/\rho_{LA}+a_B/\rho_{LB}$ （a 为质量分数）

塔顶 $$\frac{1}{\rho_{LmD}}=\frac{0.96}{812.7}+\frac{0.04}{807.9}\quad \rho_{LmD}=813.3\ (\text{kg/m}^3)$$

进料板，由加料板液相组成 $x_A=0.388$

$$a_A=\frac{0.388\times78.11}{0.388\times78.11+(1-0.388)\times92.13}=0.35$$

$$\frac{1}{\rho_{LmF}}=\frac{0.35}{793.1}+\frac{1-0.35}{793.1}\quad \rho_{LmF}=792.4\ (\text{kg/m}^3)$$

故精馏段平均液相密度 $\rho_{Lm,精}=\frac{1}{2}(813.3+792.4)=802.9\ (\text{kg/m}^3)$

[1] 经试差计算温度校核 $E_T=53\%$，$N_{精}=9.43$，取 10 层，$N_{提}=14.2$，取 15 层。

② 气相密度 ρ_{mV}

$$\rho_{mV,精}=\frac{pM_{m,精}}{RT}=\frac{108.8\times 81.13}{8.314(90.8+273.1)}=2.92\ (kg/m^3)$$

(5) 液体表面张力 σ_m

$$\sigma_m=\sum_{i=1}^{n}x_i\sigma_i$$

$$\sigma_{m,顶}=0.966\times 21.24+0.034\times 21.42=21.25\ (mN/m)$$

$$\sigma_{m,进}=0.388\times 18.9+0.612\times 20=19.57\ (mN/m)$$

则精馏段平均表面张力为：

$$\sigma_{m,精}=\frac{21.25+19.57}{2}=20.41\ (mN/m)$$

(6) 液体黏度 μ_{Lm}

$$\mu_{Lm}=\sum_{i=1}^{n}x_i\mu_i$$

$$\mu_{L,顶}=0.966\times 0.302+0.034\times 0.306=0.302\ (mPa\cdot s)$$

$$\mu_{L,进}=0.388\times 0.256+0.612\times 0.265=0.262\ (mPa\cdot s)$$

则精馏段平均液相黏度 $\mu_{Lm,精}=\dfrac{0.302+0.262}{2}=0.282\ (mPa\cdot s)$

塔的工艺条件及物性数据计算结果列表从略。

五、精馏段气液负荷计算

$$V=(R+1)D=(2.76+1)21.43=80.58\ (kmol/h)$$

$$V_S=\frac{VM_{Vm,精}}{3600\rho_{Vm,精}}=\frac{80.58\times 81.13}{3600\times 2.92}=0.62\ (m^3/s)$$

$$L=RD=2.76\times 21.43=59.15\ (kmol/h)$$

$$L_S=\frac{LM_{Lm,精}}{3600\rho_{Lm,精}}=\frac{59.15\times 82.99}{3600\times 802.9}=0.0017\ (m^3/s)$$

$$L_h=6.12\ (m^3/h)$$

六、塔和塔板主要工艺尺寸计算

(1) 塔径 D　见表 8-1，初选板间距 $H_T=0.40m$，取板上液层高度 $h_L=0.06m$，故

$$H_T-h_L=0.40-0.06=0.34$$

$$\left(\frac{L_S}{V_S}\right)\left(\frac{\rho_L}{\rho_V}\right)^{\frac{1}{2}}=\left(\frac{0.0017}{0.62}\right)\left(\frac{802.9}{2.92}\right)^{\frac{1}{2}}=0.045$$

查图 8-5 得 $C_{20}=0.072$，依式（8-23）校正到物系表面张力为 20.4mN/m 时的 C，即

$$C=C_{20}\left(\frac{\sigma}{20}\right)^{0.2}=0.072\left(\frac{20.4}{20}\right)^{0.2}=0.0723$$

$$u_{max}=C\sqrt{\frac{\rho_L-\rho_V}{\rho_V}}=0.0723\sqrt{\frac{802.9-2.92}{2.92}}=1.197\ (m/s)$$

取安全系数为 0.70，则

$$u=0.70u_{max}=0.70\times 1.197=0.838\ (m/s)$$

故
$$D=\sqrt{\frac{4V_S}{\pi u}}=\sqrt{\frac{4\times0.62}{\pi\times0.838}}=0.971\ (\text{m})$$

按标准，塔径圆整为1.0m，则空塔气速为0.79m/s。

(2) 溢流装置 采用单溢流、弓形降液管、平形受液盘及平形流堰，不设进口堰。各项计算如下。

① 溢流堰长 l_W 取堰长 l_W 为0.66D，即

$$l_W=0.66\times1.0=0.66\text{m}$$

② 出口堰高 h_W 计算如下

$$h_W=h_L-h_{OW}$$

由 $l_W/D=0.66/1.0=0.66$，$L_h/l_W^{2.5}=\frac{3600\times0.0017}{0.66^{2.5}}=17.3\text{m}$，查图8-9，知 E 为1.05，依式（8-25），即

$$h_{OW}=\frac{2.84}{1000}E\left(\frac{L_h}{l_W}\right)^{\frac{2}{3}}$$
$$=\frac{2.84}{1000}\times1.05\left(\frac{3600\times0.0017}{0.66}\right)^{\frac{2}{3}}=0.013\ (\text{m})$$

故
$$h_W=0.06-0.013=0.047\ (\text{m})$$

③ 降液管的宽度 W_d 与降液管的面积 A_f 由 $l_W/D=0.66$ 查图8-11，得 $W_d/D=0.124$，$A_f/A_T=0.0722$

故
$$W_d=0.124D=0.124\times1.0=0.124\text{m}$$
$$A_f=0.0722\times\frac{\pi}{4}D^2=0.0722\times0.785\times1.0^2=0.0567\text{m}^2$$

由式（8-29）计算液体在降液管中停留时间以检验降液管面积，即

$$\tau=\frac{A_f H_T}{L_S}=\frac{0.0567\times0.40}{0.0017}=13.34(>5\text{s 符合要求})$$

④ 降液管底隙高度 h_o 取液体通过降液管底隙的流速 u_o 为0.08m/s，依式（8-30）计算降液管底隙高度 h_o，即

$$h_o=\frac{L_S}{l_W u_o}=\frac{0.0017}{0.66\times0.08}=0.032\ (\text{m})$$

(3) 塔板布置

① 取边缘区宽度 $W_C=0.035\text{m}$，安定区宽度 $W_S=0.065\text{m}$。

② 依式（8-31）计算开孔区面积

$$A_a=2\left[x\sqrt{R^2-x^2}+\frac{\pi}{180}R^2\sin^{-1}\frac{x}{R}\right]$$
$$=2\left[0.311\sqrt{0.465^2-0.311^2}+\frac{\pi}{180}\times0.465^2\sin^{-1}\frac{0.311}{0.465}\right]$$
$$=0.532\text{m}^2$$

其中
$$x=\frac{D}{2}-(W_d+W_S)=\frac{1.0}{2}-(0.124+0.165)=0.311\ (\text{m})$$
$$R=\frac{D}{2}-W_C=\frac{1.0}{2}=0.035=0.465\ (\text{m})$$

以上各参数参见图 8-8，此处塔板布置图从略。

(4) 筛孔数 n 与开孔率 φ　取筛孔的孔径 d_o 为 5mm，正三角形排列，一般碳钢的板厚 δ 为 3mm，取 $t/d_o=3.0$，故

$$孔中心距\ t=3.0\times5.0=15.0\text{m}$$

依式 (8-32) 计算塔板上开孔区的开孔率 φ，即

$$\varphi=\frac{A_o}{A}\times100\%=\frac{0.907}{(t/d_o)^2}\times100\%=\frac{0.907}{3.0^2}\times100\%=10.1\%(在5\%\sim15\%范围内)$$

每层塔板上的开孔面积 A_o 为

$$A_o=\varphi A_a=0.101\times0.532=0.537\ (\text{m}^2)$$

气体通过筛孔的气速　$u_o=\dfrac{V_S}{A_o}=\dfrac{0.62}{0.0537}=11.55\ (\text{m/s})$

(5) 塔有效高度 Z (精馏段)

$$Z(10-1)\times0.4=3.6\ (\text{m})$$

(6) 塔高计算 (从略)

七、筛板的流体力学验算

(1) 气体通过筛板压降相当的液柱高度 h_P

依式 (8-34)　$h_P=h_C+h_L+h_\sigma$

① 干板压降相当的液柱高度 h_C　计算如下：

依 $d_o/\sigma=5/3=1.67$，查图 8-13，得 $C_o=0.84$

由式 (8-35)　$h_C=0.051\left(\dfrac{u_o}{C_o}\right)^2\left(\dfrac{\rho_V}{\rho_L}\right)=0.051\left(\dfrac{11.55}{0.84}\right)^2\left(\dfrac{2.92}{802.9}\right)=0.0351\ (\text{m})$

② 气流穿过板上液层压降相当的液柱高度 h_l　计算如下：

$$u_a=\frac{V_S}{A_T-A_f}=\frac{0.62}{0.785-0.057}=0.852\ (\text{m/s})$$

$$F_a=u_a\sqrt{\rho_V}=0.852\sqrt{2.92}=1.46$$

由图 8-14 查取板上液层充气系数 ε_o 为 0.61。

依式 (8-37)　$h_l=\varepsilon_o h_L=\varepsilon_o(h_W+h_{OW})=0.61\times0.06=0.0366\ (\text{m})$

③ 克服液体表面张力压降相当的液柱高度 h_σ

依式 (8-40)　$h_\sigma=\dfrac{4\sigma}{\rho_L g d_o}=\dfrac{4\times20.4\times10^{-3}}{802.9\times9.81\times0.005}=0.00207\ (\text{m})$

故　$h_P=0.0351+0.0366+0.00207=0.074\ (\text{mm})$

单板压降 $\Delta p_P=h_P\rho_L g=0.074\times802.9\times9.81\text{Pa}=580\text{Pa}<0.7\text{kPa}$ (设计允许值)

(2) 雾沫夹带量 e_V 的验算

依式 (8-41)　$e_V=\dfrac{5.7\times10^{-6}}{\sigma}\left(\dfrac{u_a}{H_T-h_f}\right)^{3.2}$

$$=\frac{5.7\times10^{-6}}{20.4\times10^{-3}}\left(\frac{0.85}{0.4-2.5\times0.06}\right)^{3.2}$$

$$=0.014\text{kg 液/kg 气}<0.1\text{kg 液/kg 气}$$

故在设计负荷下不会发生过量雾沫夹带。

(3) 漏液的验算

由式 (8-42) $u_{OW}=4.4C_o\sqrt{(0.0056+0.13h_L-h_\sigma)\rho_L/\rho_V}$

$=4.4\times0.84\sqrt{(0.0056+0.13\times0.06-0.00207)802.9/2.92}$

$=6.5$ (m/s)

筛板的稳定性系数 $K=\dfrac{u_o}{u_{OW}}=\dfrac{11.6}{6.5}=1.78(>1.5)$

故在设计负荷下不会产生过量漏液。

(4) 液泛验算 为防止降液管液泛的发生，应使降液管中清液层高度 $H_d\leqslant\Phi(H_T+h_W)$。依式 (8-44) 计算，即

$$H_d=h_P+h_L+h_d$$

h_d 依式 (8-45) 计算，即

$$h_d=0.153\left(\frac{L_S}{l_Wh_o}\right)^2=0.153\left(\frac{0.0017}{0.66\times0.032}\right)^2=0.00099\ (\text{m})$$

$$H_d=0.074+0.06+0.00099=0.135\ (\text{m})$$

取 $\Phi=0.5$，则 $\Phi(H_T+h_W)=0.5(0.4+0.047)=0.223$ (m)

故 $H_d<\Phi(H_T+h_W)$，在设计负荷下不会发生液泛。

根据以上塔板的各项流体力学验算，可认为精馏段塔径及各工艺尺寸是合适的。

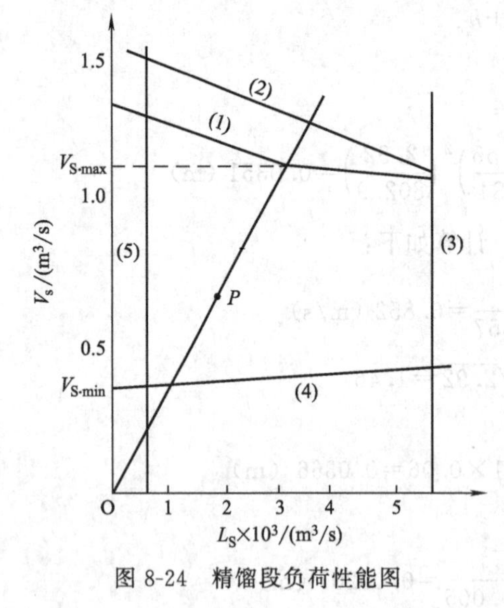

图 8-24 精馏段负荷性能图

八、塔板负荷性能图

(1) 雾沫夹带线 [见图 8-24 中 (1)]

依式 (8-41) $e_V=\dfrac{5.7\times10^{-6}}{\sigma}\left(\dfrac{u_a}{H_T-h_f}\right)^{3.2}$

式中 $u_a=\dfrac{V_S}{A_T-A_f}=\dfrac{V_S}{0.785-0.0567}=1.373V_S$ (a)

$h_f=2.5(h_W+h_{OW})$

$=2.5\left[h_W+2.84\times10^{-3}E\left(\dfrac{3600L_S}{l_W}\right)^{\frac{2}{3}}\right]$

近似取 $E\approx1.0$，$h_W=0.047$m，$l_W=0.66$ (m)

故 $h_f=2.5\left[0.047+2.84\times10^{-3}\left(\dfrac{3600L_S}{0.66}\right)^{\frac{2}{3}}\right]$

$=0.118+2.206L_S^{\frac{2}{3}}$ (b)

取雾沫夹带极限值 e_V 为 0.1kg 液/kg 气，已知 $\sigma=20.41\times10^{-3}$N/m，$H_T=0.4$m，并将 (a)、(b) 代入式 (8-41)，得下式：

$$0.1=\frac{5.7\times10^{-6}}{20.41\times10^{-3}}\left(\frac{1.373V_S}{0.4-0.118-2.206L_S^{\frac{2}{3}}}\right)^{3.2}$$

整理得 $V_S=1.29-10.09L_S^{\frac{2}{3}}$ (1)

在操作范围内，任取几个 L_S 值，依式 (1) 算出相应的 V_S 值列于表 8-12 中。

表 8-12　L_S 及 V_S 取值（一）

$L_S/(m^3/s)$	0.6×10^{-4}	1.5×10^{-3}	3.0×10^{-3}	4.5×10^{-3}
$V_S/(m^3/s)$	1.21	1.76	1.08	1.02

依表中数据在 V_S-L_S 图中作出雾沫夹带线（1），如图 8-24 所示。

（2）液泛线　［见图 8-24 中（2）］

联立式（8-44）及式（8-46）得

$$\Phi(H_T+h_W)=h_P+h_W+h_{OW}+h_d$$

近似取 $E\approx1.0$，$l_W=0.66$m，由式（8-25）

$$h_{OW}=2.84\times10^{-3}E\left(\frac{3600L_S}{l_W}\right)^{\frac{2}{3}}$$

$$=2.84\times10^{-3}\left(\frac{3600L_S}{0.66}\right)^{\frac{2}{3}}$$

故
$$h_{OW}=0.8825L_S^{\frac{2}{3}} \tag{c}$$

由式（8-34）
$$h_P=h_C+h_1+h_\sigma$$

由式（8-35）
$$h_C=0.051\left(\frac{u_o}{C_o}\right)^2\left(\frac{\rho_V}{\rho_L}\right)=0.051\left(\frac{V_S}{C_oA_o}\right)^2\frac{\rho_V}{\rho_L}$$

$$=0.051\left(\frac{V_S}{0.84\times0.0537}\right)^2\frac{2.92}{802.9}=0.0915V_S^2$$

由式（8-37）及式（c）
$$h_1=\varepsilon_o(h_W+h_{OW})=0.6(0.047+0.8825L_S^{\frac{2}{3}})$$

$$=0.0282+0.5295L_S^{\frac{2}{3}}$$

$$h_\sigma=0.00207\text{m（已算出）}$$

故
$$h_P=0.0915V_S^2+0.0282+0.5295L_S^{\frac{2}{3}}+0.00207$$

$$=0.303+0.0915V_S^2+0.53L_S^{\frac{2}{3}} \tag{d}$$

由式（8-45）
$$h_d=0.153\left(\frac{L_S}{l_Wh_o}\right)^2=0.153\left(\frac{L_S}{0.66\times0.032}\right)^2=343L_S^2 \tag{e}$$

将 H_T 为 0.4m，h_W 为 0.047m，$\Phi=0.5$ 及式（c）、式（d）、式（e）代入式（8-44）及式（8-46）的联立式得：

$$0.5(0.4+0.047)=0.303+0.0915V_S^2+0.53L_S^{\frac{2}{3}}+0.047+0.8825L_S^{\frac{2}{3}}+343L_S^2$$

整理得下式：

$$V_S^2=1.6-15.44L_S^{\frac{2}{3}}-3748.6L_S^2 \tag{2}$$

在操作范围内取若干 L_S 值，依式（2）计算 V_S 值，列于表 8-13，依表 8-13 中数据作出液泛线（2），如图 8-24 中线（2）所示。

表 8-13　L_S 及 V_S 取值（二）

$L_S/(m^3/s)$	0.6×10^{-4}	1.5×10^{-3}	3.0×10^{-3}	4.5×10^{-3}
$V_S/(m^3/s)$	1.48	1.39	1.25	1.10

（3）液相负荷上限线 ［见图 8-24 中（3）］

取液体在降液管中停留时间为 4s，由式（8-29）得：

$$L_{S,max}=\frac{H_T A_f}{\tau}=\frac{0.4\times0.0567}{4}=0.0567\ (m^3/s) \tag{3}$$

液相负荷上限线（3）在 V_S-L_S 坐标图上为与气体流量 V_S 无关的垂直线，如图 8-24 线（3）所示。

（4）漏液线（气相负荷下限线）［见图 8-24 中（4）］

由 $h_L=h_W+h_{OW}=0.047+0.8825L_S^{\frac{2}{3}}$、$u_{OW}=\frac{V_{S,min}}{A_o}$代入式（8-42）漏液点气速式：

$$u_{OW}=4.43C_o\sqrt{(0.0056+0.13h_C-h_\sigma)\rho_L/\rho_V}$$

$$\frac{V_{S,min}}{A_o}=4.4\times0.84\sqrt{[0.0056+0.13(0.047+0.8852L_S^{\frac{2}{3}})-0.00207]\frac{802.9}{2.92}}$$

A_o 前已算出为 $0.0537m^2$，代入上式并整理，得

$$V_{S,min}=3.28\sqrt{0.00964+0.115L_S^{\frac{2}{3}}} \tag{4}$$

此即气相负荷下限关系式，在操作范围内任取 n 个 L_S 值，依式（4）计算相应的 V_S 值，列于表 8-14，依表 8-14 中数据作气相负荷下限线（4），如图 8-24 线（4）所示。

表 8-14　L_S 及 V_S 取值（三）

$L_S/(m^3/s)$	0.6×10^{-4}	1.5×10^{-3}	3.0×10^{-3}	4.5×10^{-3}
$V_S/(m^3/s)$	0.335	0.346	0.36	0.371

（5）液相负荷下限线 ［见图 8-24 中（5）］

取平堰、堰上液层高度 $h_{OW}=0.006m$ 作为液相负荷下限条件，依式（8-25），取 $E\approx1.0$，则

$$h_{OW}=\frac{2.84}{1000}E\left(\frac{3600L_{S,min}}{l_W}\right)^{\frac{2}{3}}$$

$$0.006=\frac{2.84}{1000}\left(\frac{3600L_{S,min}}{0.66}\right)^{\frac{2}{3}} \tag{5}$$

整理上式得　$L_{S,min}=5.61\times10^{-4}\ (m^3/s)$

依此值在 V_S-L_S 图上作线（5）即为液相负荷下限线，如图 8-24 所示。将以上 5 条线标绘于图 8-24（V_S-L_S 图）中，即为精馏段负荷性能图。5 条线包围区域为精馏段塔板操作区，P 为操作点，OP 为操作线。OP 线与线（1）的交点相应气相负荷为 $V_{S,max}$，OP 线与气相负荷下限线（4）的交点为相应气相负荷 $V_{S,min}$。

可知本设计塔板上限由雾沫夹带控制，下限由漏液控制。

$$精馏段的操作弹性=\frac{V_{S,max}}{V_{S,min}}=\frac{1.11}{0.34}=3.27$$

九、精馏塔的附属设备及接管尺寸

选列管式原料预热器，强制循环式列管全凝器，如图 8-21（d）所示，列管式塔顶及塔底产品冷却器，热虹吸式再沸器，如图 8-19（a）所示。根据热量衡算计算各换热设备的加热蒸汽或冷却水的消耗量，换热面积依化工原理教材“传热”章介绍的方法计算，此处从略。

塔各主要接管计算从略。

十、筛板塔的工艺设计计算结果总表

见表 8-15。

表 8-15　筛板塔的工艺设计计算结果

项目		符号	单位	计算数据	
				精馏段	提馏段
各段平均压强		p_m	kPa	10.93	
各段平均温度		t_m	℃	90.8	
平均流量	气相	V_S	m^3/s	0.62	
	液相	L_S	m^3/s	0.0017	
实际塔板数		N	块	10	
板间距		H_T	m	0.4	
塔的有效高度		Z	m	3.6	
塔径		D	m	1.0	
空塔气速		u	m/s	0.79	
塔板液流型式				单流型	
溢流装置	溢流管型式			弓形	
	堰长	l_W	m	0.66	
	堰高	h_W	m	0.047	
	溢流堰宽度	W_d	m	0.124	
	管底与受液盘距离	h_o	m	0.032	略
板上清液层高度		h_L	m	0.06	
孔径		d_o	mm	5.0	
孔间距		t	mm	15.0	
孔数		n	个	2738	
开孔面积			m^2	0.0537	
筛孔气速		u_o	m/s	11.55	
塔板压降		h_P	kPa	0.58	
液体在降液管中的停留时间		τ	s	13.34	
降液管内清液层高度		H_d	m	0.135	
雾沫夹带		e_V	kg液/kg气	0.014	
负荷上限				雾沫夹带控制	
负荷下限				漏液控制	
气相最大负荷		$V_{S,max}$	m^3/s	1.11	
气相最小负荷		$V_{S,min}$	m^3/s	0.34	
操作弹性				3.27	

附 录 四

一、乙醇-水精馏塔设计

1. 设计题目

乙醇-水连续精馏塔的设计。

2. 设计任务及操作条件

① 进精馏塔的料液含乙醇25%（质量分数），其余为水。

② 产品的乙醇含量不得低于94%（质量分数）。

③ 残液中乙醇含量不得高于0.1%（质量分数）。

④ 生产能力为日产（24h）____t（质量分数94%）的乙醇产品。

⑤ 操作条件。

a. 精馏塔顶压强 4kPa（表压）。

b. 进料热状态 自选。

c. 回流比 自选。

d. 加热蒸汽 低压蒸汽。

e. 单板压降 ≤0.7kPa。

3. 设备型式

设备型式为筛板塔或浮阀塔。

4. 厂址

厂址为西北地区。

5. 设计内容

① 设计方案的确定及流程说明。

② 塔的工艺计算。

③ 塔和塔板主要工艺尺寸的设计。

a. 塔高、塔径及塔板结构尺寸的确定。

b. 塔板的流体力学验算。

c. 塔板的负荷性能图。

④ 设计结果概要或设计一览表。

⑤ 辅助设备选型与计算。

⑥ 生产工艺流程图及精馏塔的工艺条件图。

⑦ 对本设计的评述或有关问题的分析讨论。

6. 设计基础数据

① 常压下乙醇-水系统 t-x-y 数据 见附表4-1。

② 乙醇的密度 见附表4-2。

③ 乙醇的表面张力 见附表4-3。

④ 含水溶液表面张力的计算

二元的有机物-水溶液的表面张力在宽浓度范围内，可用下式求取，即

$$\sigma_m^{\frac{1}{4}}=\varphi_{SW}\sigma_W^{\frac{1}{4}}+\varphi_{SO}\sigma_o^{\frac{1}{4}}$$

$$\varphi_{SW}+\varphi_{SO}=1$$

$$A=\lg(\varphi_{SW}/\varphi_{SO})$$

$$A=B+Q$$

$$Q=0.441\left(\frac{q}{T}\right)\left(\frac{\sigma_o V_o^{\frac{2}{3}}}{q}-\sigma_W V_W^{\frac{2}{3}}\right)$$

$$B=\lg(\varphi_W/\varphi_O)$$

$$\varphi_W=x_W V_W/(x_W V_W+x_o V_\sigma)$$

$$\varphi_O=x_o V_o/(x_W V_W+x_o V_o)$$

式中，下标 W、O、S 分别指水、有机物及表面部分；x_W、x_o 指主体部分的摩尔分数；V_W、V_O 指主体部分的摩尔体积；σ_W、σ_O 指纯水及有机物的表面张力。q 值取决于有机物的形式与分子的大小。举例说明如附表 4-4 所列。

附表 4-1　常压下乙醇-水系统 t-x-y 数据

沸点 t/℃	乙醇分子/%（液相）	乙醇分子/%（气相）	沸点 t/℃	乙醇分子/%（液相）	乙醇分子/%（气相）
99.9	0.004	0.053	82	27.3	56.44
99.8	0.04	0.51	81.3	33.24	58.78
99.7	0.05	0.77	80.6	42.09	62.22
99.5	0.12	1.57	80.1	48.92	64.70
99.2	0.23	2.90	79.85	52.68	66.28
99	0.31	3.725	79.5	61.02	70.29
98.75	0.39	45	79.2	65.64	72.71
97.64	0.79	8.76	78.95	68.92	74.69
95.8	1.61	16.34	78.75	72.36	76.93
91.3	4.16	29.92	78.6	75.99	79.26
87.9	7.41	39.61	78.4	79.82	81.83
85.2	12.64	47.49	78.27	83.87	84.91
83.75	17.41	51.67	78.2	85.97	86.40
82.3	25.75	55.74	78.15	89.41	89.41

注：乙醇在 101.3kPa 下的沸点为 78.4℃。

附表 4-2　乙醇的密度

温度/℃	20	30	40	50	60	70	80	90	100	110
密度/(kg/m^3)	795	785	777	765	755	746	735	730	716	703

附表 4-3　乙醇的表面张力

温度/℃	20	30	40	50	60	70	80	90	100	110
表面张力/×10^{2}N/m	22.3	21.2	20.4	19.8	18.8	18	17.15	16.2	15.2	14.4

附表 4-4　举例说明

物　质	q	举　例
脂肪酸、醇	碳原子数	乙酸 $q=2$
酮类	碳原子数减一	丙酮 $q=2$
脂肪酸的卤代衍生物	碳原子数乘以卤代衍生物与原脂肪酸摩尔体积比	氯代乙酸 $q=2\dfrac{V_S(\text{氯代乙酸})}{V_S(\text{乙酸})}$

⑤ 塔板温度计算　已知条件：液相组成 x_A，操作压强 p

对于非理想溶液，由修正的拉乌尔定律可得：

$$p=\gamma_A P_A^O x_A+\gamma_B P_B^O(1-x_A) \tag{附 (4-1)}$$

式中　p_A^O，p_B^O——分别为纯组分 A、B 的饱和蒸气压；

γ_A，γ_B——组分 A、B 的活度系数。

压力、温度和浓度对活度系数的数值都有影响，但压强的影响很小，一般可以忽略。温度对活度系数的影响可按下面的经验公式估计，即

$$T\lg\gamma=常数$$

式中常数对不同物系不同组成，其值不同，可用一组已知数据求取。

求取的步骤如下。

a. 按已知的液相组成 x_A 在常压 t-x-y 相图上查出温度 t_O 及气相组成 y_A。

b. 用安托尼方程分别计算出 t_O 温度下的饱和蒸气压 p_A^O 与 p_B^O。

c. 用修正的拉乌尔定律计算活度系数

$$r_A^O=\frac{p y_A}{p_A^O x_A}$$

$$r_B^O=\frac{p(1-y_A)}{p_B^O(1-x_A)}$$

d. 对组分 A 及 B 的常数分别用 C_A 及 C_B 表示，于是

$$C_A=T_O\lg\gamma_A^O$$

$$C_B=T_O\lg\gamma_B^O$$

e. 溶液浓度为 x_A 的活度系数可表示如下：

$$T\lg\gamma_A=C_A \tag{附 (4-2)}$$

$$T\lg\gamma_B=C_B \tag{附 (4-3)}$$

由式附 (4-1)、式附 (4-2)、式附 (4-3) 及安托尼方程即可求出已知液相组成的塔板温度。其计算步骤如下。

a. 设一温度 t。

b. 用安托尼方程计算 t 下 A、B 组分的饱和蒸气压。

c. 用式附 (4-2)、式附 (4-3) 两式计算出 γ_A 及 γ_B。

d. 用式附 (4-1) 校验原设温度是否正确，若不能满足误差要求，应重设温度 t，重复 b～d 的计算。

二、生产工艺流程简图示例

见附图 4-1。

三、主体设备工艺条件图示例

见附图 4-2。

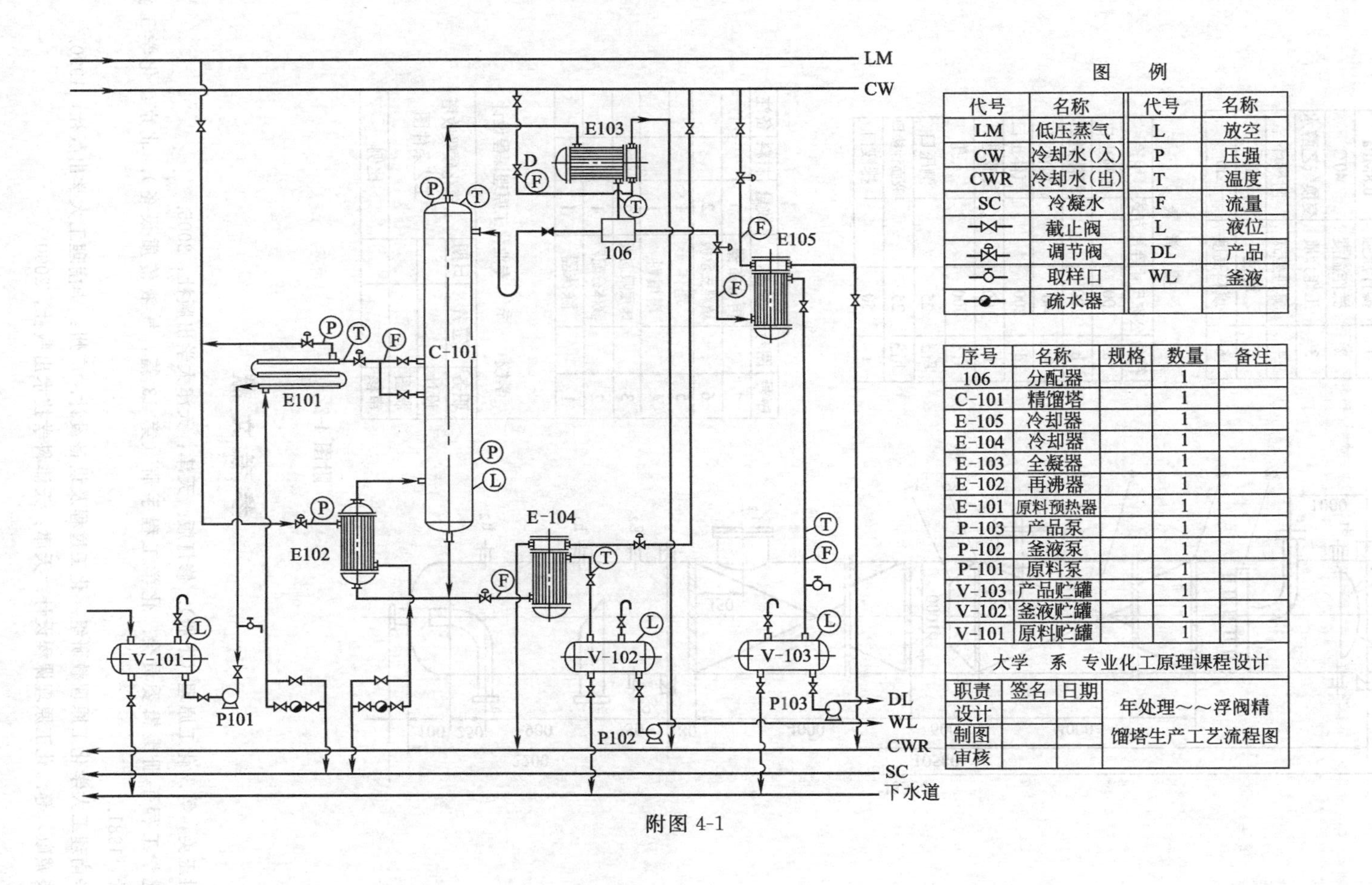
LM
CW
DL
WL
CWR
SC
下水道
E105
E103
E-104
E102
E101
106
D
C-101
V-101
V-102
V-103
P101
P102
P103
图例
代号 名称 代号 名称
LM 低压蒸气 L 放空
CW 冷却水(入) P 压强
CWR 冷却水(出) T 温度
SC 冷凝水 F 流量
截止阀 L 液位
调节阀 DL 产品
取样口 WL 釜液
疏水器
序号 名称 规格 数量 备注
106 分配器 1
C-101 精馏塔 1
E-105 冷却器 1
E-104 冷却器 1
E-103 全凝器 1
E-102 再沸器 1
E-101 原料预热器 1
P-103 产品泵 1
P-102 釜液泵 1
P-101 原料泵 1
V-103 产品贮罐 1
V-102 釜液贮罐 1
V-101 原料贮罐 1
大学 系 专业化工原理课程设计
职责 签名 日期
设计
制图
审核
年处理～浮阀精馏塔生产工艺流程图

附图 4-1

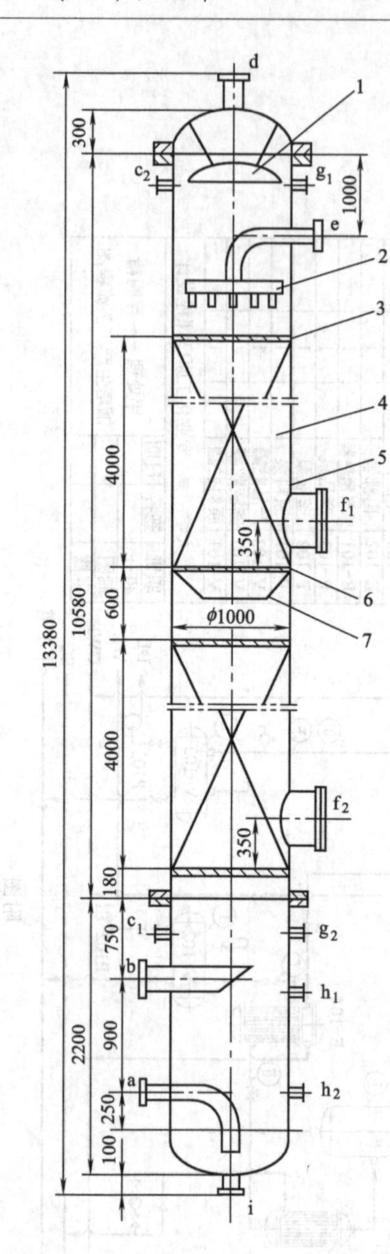

技术特性表

序号	名称	指标
1	操作压强	0.8MPa
2	操作温度	40℃
3	工作介质	交换气乙醇水
4	填料型式	阶梯环
5	塔径	1m
6	填料高度	2m

接　管　表

符号	公称尺寸	连接方式	用途
a	100		富液出口
b	200		气体进口
$c_{1.2}$	40		测温口
d	200		气体出口
e	100		贫液进口
$f_{1.2}$	400		入孔
$g_{1.2}$	25		测压口
$h_{1.2}$	25		液面计接口
i	50		排液口

序号	图号	名称	数量	材料	备注
7		再分布器	1		
6		填料支承板	2		
5		塔体	1		
4		塔填料	1		
3		床层限制板	2		
2		液体分配器	1		
1		除沫器	1		

学校　　系　专业化工原理课程设计

职务	签名	日期	二氧化碳吸收塔工艺条件图
设计			
制图			
审核			比例

附图 4-2

参 考 文 献

[1] 姚玉英，等．化工原理（下册）．修订版．天津：天津大学出版社，2005.

[2] 化学工程手册编辑委员会．化学工程手册（第 13 篇，气液传质设备）．北京：化学工业出版社，1981.

[3] 华南理工大学化工原理教研组．化工过程及设备设计．广州：华南理工大学出版社，1990.

[4] 柴诚敬，等．化工原理课程设计．天津：天津科学技术出版社，2000.